拉康精神分析介绍性辞典

[英]迪伦·埃文斯（Dylan Evans） | 著

李新雨 | 译

上海社会科学院出版社
SHANGHAI ACADEMY OF SOCIAL SCIENCES PRESS

目 录

图表目录　／vi
代译序一：拉康可以辞典化吗？　／vii
代译序二：辞典序—叙点词　／x
前言　／xii
辞典版式　／xxiii
致谢　／xxv
年表　／xxvii

A

缺位　／3
行动　／4
行动搬演　／6
适应　／8
情感　／10
侵凌性　／12
代数学　／14
异化　／17
分析者/精神分析者　／18
焦虑　／19
消失　／23
艺术　／24
自主的自我　／27

B

杠　／31
美的灵魂　／32
存在　／33
肯定　／34
生物学　／35
博洛米结　／37

C

捕获　／41
卡特尔　／41
阉割情结　／42
原因/事业　／46
偶然　／48
编码　／49
我思　／50

交流　　／51
情结　　／52
意识　　／54
相似者　　／55
反转移　　／56

D
死亡　　／61
死亡冲动　　／63
防御　　／64
妄想　　／66
要求／请求　　／67
欲望　　／69
分析家的欲望　　／75
发展　　／76
辩证法　　／79
拒认　　／81
话语　　／83
冲动　　／86
二元关系　　／90

E
自我　　／95
自我理想　　／97
自我心理学　　／98
分析的结束　　／100

能述　　／102
伦理学　　／103
存在／实存　　／107
外心性／外密性　　／108

F
c因素　　／113
幻想　　／113
父亲　　／116
恋物癖　　／119
排除／除权　　／121
构形／培养　　／124
基底言语　　／124
碎裂的身体　　／125
回到弗洛伊德　　／126
挫折　　／129

G
缺口　　／135
目光　　／136
生殖　　／138
格式塔　　／140
欲望图解　　／142

H
幻觉　　／147

无助 /148

癔症 /149

I

它/它我 /153

认同 /155

想象界 /157

意象 /160

指示符 /162

本能 /163

国际精神分析协会 /164

解释 /166

主体间性 /170

内摄 /171

颠倒 /172

J

享乐 /175

K

克莱因派精神分析 /181

认识/知识 /183

L

缺失 /187

语言 /188

法则 /193

字符 /195

力比多 /197

语言学 /198

爱 /200

引诱 /203

M

疯癫 /207

主人 /207

唯物主义 /209

数学 /211

数元/数学型 /213

误认 /214

记忆 /215

元语言 /216

隐喻 /217

换喻 /221

镜子阶段 /222

莫比乌斯带 /225

母亲 /226

N

父亲的名义 /233

自恋 /234

自然 /235

需要　/237
否定　/238
神经症　/239

O

对象关系理论　/243
对象小 *a*　/245
强迫型神经症　/247
俄狄浦斯情结　/249
光学模型　/254
秩序　/255
小他者/大他者　/257

P

偏执狂　/263
部分对象　/264
通过　/265
行动宣泄　/267
父性隐喻　/268
性倒错　/269
阳具　/273
哲学　/279
恐怖症　/281
快乐原则　/285
结扣点　/287
前俄狄浦斯期　/288

剥夺　/290
进展　/291
投射　/292
精神分析　/293
心理学　/294
精神病　/296
标点　/300

Q

四元组　/305

R

实在界　/309
现实原则　/312
回忆　/313
退行　/314
宗教　/315
重复　/317
压抑　/318
阻抗　/320

S

施虐狂/受虐狂　/325
场景　/326
L 图式　/327
学派　/330

科学　　/332
假相　　/336
研讨班　　/337
性别差异　　/342
性别关系　　/346
转换词　　/348
符号　　/349
意指　　/352
所指　　/354
能指　　/355
能指链条　　/357
圣状　　/358
滑动　　/361
镜像　　/361
言语　　/362
分裂　　/364
结构　　/365
主体　　/369
假设知道的主体　　/371
升华　　/374
暗示　　/375

超我　　/377
象征界　　/379
症状　　/382

T

原物/大写之物　　/387
时间　　/388
拓扑学　　/392
圆环面　　/394
训练　　/395
转移　　/397
互易感觉　　/403
治疗　　/404
真理　　/405

U

无意识　　/411

W

女人　　/417

附录:拉康《著作集》页码索引　　/421
参考文献　　/425
术语索引　　/440
译后记　　/445

图表目录

图1　博洛米结　/38
图2　四大话语的结构　/84
图3　四大话语　/85
图4　欲望图解——基本单位　/142
图5　欲望图解——完整图解　/143
图6　第一隐喻公式　/218
图7　第二隐喻公式　/219
图8　换喻公式　/221
图9　莫比乌斯带　/226
图10　光学模型　/255
图11　父性隐喻　/269
图12　L图式　/328
图13　L图式（简化形式）　/328
图14　性别差异图　/346
图15　索绪尔式符号　/350
图16　索绪尔式算法　/351
图17　圆环面　/394

表1　部分冲动表　/89
表2　三类对象缺失表　/187
表3　每一年研讨班的标题　/339

代译序一：拉康可以辞典化吗？

吴　琼[①]

不论你是阅读拉康还是研究拉康，打开他的书，几乎每一页你都能看到许许多多的"概念"：有的是精神分析专业领域的，有的是他自创的，有的看似是日常用语，但也被拉康概念化了。所以需要一本有关拉康概念的辞典来帮助我们进入他的世界。迪伦·埃文斯在1995年为拉康精神分析学写的"入门性"辞典就是这样一本工具书，在他之后，英语世界还出现了其他若干本拉康词汇的介绍，但迄今为止，埃文斯的辞典仍是最全面的，且在拉康的读者和研究者那里被广泛使用。

似乎从一开始人们就已经意识到，对一般公众而言，阅读或理解拉康需要"入门"来引导，所以在拉康研究中，"入门"写作已经成了一个产业。其实拉康自己就是这种方法的首创者。1966年《文集》出版的时候，拉康就委托未来的女婿雅克-阿兰·米勒为体量庞大的文集写了一个"术语索引"。米勒可谓用心良苦，将索引写成了拉康理论纲要，这可以算是最早的"拉康入门"。1973年，德里达的信徒让-吕克·南希和菲利普·拉库-拉巴特出版了一本书，细读拉康的论文《文字的代理作用》，拉康即刻在研讨班上告诉"信徒"，他很"受用"这种研究方式，但对两位作者的批评也毫不吝啬，十分刻薄地称两位不过是（德里达的）"小马仔"。拉康去世后，"入门"写作在拉康研究中一直很兴盛，并形成了特定的"文类"：导论式的、文本细读的、应用入门的，以及辞典。它们从不同的方面推进了拉康的普及，但也在一定程度上把拉康理论扁平化了。

例如辞典，就像埃文斯自己在"前言"中所说：一方面，辞典是

[①] 吴琼，中国人民大学哲学院教授。

一个共时性的系统,具有"封闭的、自我指涉的结构";另一方面,其意义又不呈现在任何地方,而总是在连续的换喻中被延宕。埃文斯的这个先行意识是准确的,但问题在于:作为一本辞典,该如何来确切呈现那个换喻的过程呢?或者说,面对拉康的连续换喻和无限延宕,他的术语可以被辞典化吗?

有几个方面的因素导致辞典化对理解拉康的理论是极其危险的。

首先,拉康是一个精神分析家。他谈论"主体"及其"欲望"的时候,指涉的都是分裂意义上的"主体",这种主体的欲望逻辑是我们日常的"非分裂语言"难以把握的。换言之,当我们用辞典这种"非分裂语言"的逻辑来转译分裂主体的逻辑之时,被抹平的分裂性就变成了一个需要重新"辞典化"的"剩余"。这种无尽的延宕将摧毁一切辞典的确定性和稳定性。

其次,拉康是一个辞说家,而不是一个作家。他没有"写过"书,他的绝大多数作品都是演讲,尤其是研讨班的演讲。拉康在那里设置的是一个"分析场景",也许听众的亢奋、瞌睡、咳嗽、耳语等都是他的"材料",反正那不是围绕单一主题的层层推进,而是主题的不断转换,是对"分析场景"本身的不断重置;同一个术语就在这些不同的主题和场景中往返穿行,留下的只是在演讲大厅飘荡的相同的语音/声音碎片,只是一个一个的"音素",其意义则需要在场景化和差异化的运作中来确立。

再次,拉康是一个理论旅行家。拉康最有名的口号就是"回到弗洛伊德"。其实,自1964年研讨班移到巴黎高师后,拉康就进入了另一个"返回":"回到拉康"。不断地回到拉康的"曾经"或"已经",不断地用新的技术手段来重新阐释他的"曾经",最终使一切的"曾经"都变成了"未来",使一切的"未来"都变成了曾经的"已然",这就是拉康的"先行到来"。这种不断的自我返回就是拉康的无意识重复,它实际上是拉康对自身理论想象性的"回溯式"重构,这使得我们对他所有概念的理论化努力都变得异常艰难。在这个意义上说,一部理想的拉康辞典,其重点应当不是去厘定他的术语的确切含义,而是为术语出现的不同语境提供完备的索引。

埃文斯的辞典出版于20世纪末,那时候拉康研讨班的文本还只有很少的部分被整理出版。这无疑极大地限制了埃文斯的梳理,虽然他利用了一些现场速记文本。此外,埃文斯在辞典中收录了200来个术语,在我看来,还遗漏了很多重要的术语,比如"拟态""装扮""僭越""斑点"等。

给一本书写序是件荣耀的事,如此"吐槽"有点儿不厚道,但拉康的事业本来就充满各种传奇式的"槽点",而拉康研究在某种意义上说也是在制造"槽点",更何况"槽点"正是精神分析最重要的素材。

不管怎么说,我们还是得感谢这本书的作者和译者,他们的辛苦劳作值得尊敬。

代译序二：辞典序—叙点词[①]

潘 恒[②]

回溯性地来看，如果说精神分析是与无意识的奇遇，那么10年前与这本辞典的偶遇则是其中必然的一幕。那年头手上并无多少能读懂的拉康文献，因此只能用"久旱逢甘霖"来形容得到它的那种感受。可以说，对它的翻阅为我研究拉康助力甚多。每每细细品味，仍有新意浮上心头。10年后，承蒙新雨的信任，才促成它今日以代序的方式反向地撞到笔者的脑袋。撞击后的陨石坑将围绕辞典原文以及译文来表现其轮廓。

1.评论辞典原文

（1）系统全面。和诸多辞典一样，它按照字母顺序来编排拉康的核心词汇。虽然没有囊括所有的概念，但是其系统性和全面性令人赞叹。整个辞典既包括了拉康早期理论中从语言学出发提出的核心图式与概念，比如L图式、欲望图解和父性隐喻等；又包含拉康中期从逻辑学出发提出的术语，例如性别差异等；还涵盖了拉康晚期的一系列拓扑学模型，其中最具代表性的就是博洛米结。

（2）理论与实践相结合。既简明清晰地阐述了精神分析理论，又结合恰当的临床实例来展现理论的妙用。

（3）引经据典，权威性高。该辞典参考了拉康历年研讨班和著作的原文，经得起推敲与检验。

（4）可读性强。鉴于术语之间错综复杂的关系，作者会在每个

[①] 此标题是根据精神分析术语"回溯性"玩了一个具有回文结构的文字游戏，即把"辞典序"三个字倒着读回去，就成了 Xudianci（叙点词）。而"叙点词"又回应了本文最后一段，作者说："我想用这样的词语和读者们叙一叙。"——编者注

[②] 潘恒，法国巴黎第七大学精神分析与精神病理学博士，精神分析行知学派创始成员，广州市惠爱医院临床心理科精神分析师。

词汇中标明其他应参考的术语,便于读者的对比和理解。

(5)拓宽知识面。在解释拉康理论的核心概念时,参考多学科的内容,使读者能够明了一个概念的演变过程及其与其他学科的关系。可以说,严格地遵照了拉康所提出的"外心性"原则。

2.评论译文

(1)语言凝练,用词精准。这个版本的译文更符合大陆读者的阅读习惯,译者字斟句酌,精确地表达了拉康的思想。

(2)注释丰富,拓展思路。此译文延续了译者既译又注的一贯风格。这及时补充了辞典中未涉及的区域。同时,其创造性的注释对其他研究者而言也极具启发性。

最后,我想用这样的词语和读者们叙一叙。弗洛伊德曾提到三种不可能的职业:教育、统治和精神分析。事实上,应当在这份清单中加入"翻译"。为何?因为一方面,要想公允地保持原意,翻译需突破语言之墙的封锁。然而,越是猛烈地撞击它,越凸显它无形的坚硬;另一方面,可以通过创造来绕过它,却又不免静悄悄地为再次环绕它做足了准备。拉康曾向语言学家乔姆斯基戏言道:"我用脚思考。倘若行进中不慎撞到墙,也会动动脑袋。"因此,面对语言之墙,要是头破血流了也过不去,译者就需用脚思考,以便翻越它。毕竟,欲望只能在能指的狭道中显现,而狭路相逢勇者胜。故而,作为智者的译者既为义者,亦为勇者!

前　言

> 我的话语以如下的方式进行：每一术语都只是被维系在它与其他术语的拓扑关系之中。
>
> ——雅克·拉康(S11, 89)

精神分析理论是用于讨论精神分析治疗的语言。如今有很多这样的语言，每一种语言皆有其自身特殊的词汇与句法。这些语言均使用着从弗洛伊德那里继承下来的许多相同的术语，这一事实可能会给人造成某种印象，让人觉得它们实际上统统是同一门语言的不同方言。然而，这样一种印象却是令人误解的。每一种精神分析理论都会以一种独特的方式来链接这些术语，而且也都会引入其自身的新的术语，因而作为一门独特的语言最终是不可翻译的。现今所使用的最重要的精神分析语言之一，即由法国精神分析学家雅克·拉康(1901—1981)发展而来。拉康的语言常常因其晦涩得令人抓狂，且有时也因其构成了一套完全不可理解的"精神病"系统而遭人指责，这部辞典即旨在探究并阐释这门语言的一种尝试。此种晦涩甚至被看作一种蓄意的企图，以保证拉康的话语始终是一小批知识精英的独占财产，并保护其免受外界的批评。倘若当真如此，那么这部辞典则是在反其道而行之，是旨在让拉康的话语向着更广泛的详细审查与批评性参与而开放的一次尝试。

辞典是探究一门语言的一种理想方式，因为它具有同语言一样的结构；它是一个共时性的系统，其中的词项皆没有任何肯定的存在，因为它们中的每一项皆是通过其相互差异而获得定义的；它是一个封闭的、自我指涉的结构，意义在其中并不充分地呈现于任何地方，而总是被延宕在连续的换喻之中；辞典中的每一项术语皆是通过参照其他术语而获得定义的，因而它拒绝给初学的读者以任何的切入点（而且借用一句拉康的惯用语来说，倘若没有切入点，就不可能有任何性关系的存在）。

还有很多人把辞典的价值看作一种探索精神分析理论的工具。最著名的例子即拉普朗什与彭塔力斯①合著的经典精神分析辞典（Laplanche and Pontalis，1967）。另外，里克罗夫特②也编纂了一部极具可读性的简明辞典（Rycroft，1968）。除了这两部主要集中于弗洛伊德的辞典之外，还有几部关于克莱因派精神分析（Hinshewood，1989）、荣格派精神分析（Samuels *et al.*，1986）以及精神分析与女性主义（Wright，1992）的辞典。

一本拉康派精神分析辞典在上述名单里的缺席是显而易见的。这并非是因为这样的辞典尚未被写就；事实上，有很多法文辞典都在广泛处理拉康的术语（Chemama，1993；Kauftman，1994），甚至还有一本拉康式诙谐辞典（Saint-Drôme，1994）。然而，这些辞典还没有一本被翻译过来，因而英文世界的拉康研究者仍旧没有一个有用的参考工具。拉普朗什与彭塔力斯（Laplanche and Pontalis，1967）以及赖特③（Wright，1992）的辞典虽然包含了涉及一些拉康术语的文章，但并不是很多。少数英文出版物虽然收录

---

① 拉普朗什（Jean Laplanche，1924—2012）与彭塔力斯（Jean-Bertrand Pontalis，1924—2013）两人皆是拉康早年的弟子，他俩在1967年合著出版的《精神分析词汇》（*Vocabulaire de la Psychanalyse*）一书是目前弗洛伊德研究领域在世界范围内最重要也是最权威的辞典之一，该书的繁体中文版由台湾的王文基和沈志中两位先生翻译，见《精神分析辭彙》，行人出版社，2001年。——译者注（本书中的所有注释皆为译者注。）

② 查尔斯·弗雷德里克·里克罗夫特（Charles Frederick Rycroft，1914—1998），英国精神病学家兼精神分析家，因反感梅兰妮·克莱因与安娜·弗洛伊德的争论而加入了费尔贝恩与温尼科特的中间学派来发展自己的理论，这里提及的《精神分析批判性辞典》（*Critical Dictionary of Psychoanalysis*）即其代表性著作。

③ 伊丽莎白·赖特（Elizabeth Wright），英国女性主义学者，剑桥大学格顿学院资深成员，其研究领域横跨精神分析与比较文学，同时她自己也是一位执业精神分析家，其在拉康研究方向的主要著作有《拉康与后女性主义》和《言说欲望可能是危险的：无意识的诗学》等，另参与了《精神分析批评》与《女性主义与精神分析：一部批判性辞典》的编辑与撰写。

了为一些拉康术语提供理解门径的专业词汇表（例如：Sheridan，1977；Roustang，1986），但是这些出版物也仅仅涵盖了很少的术语，而且在每项术语上也只是附有极其简短的注释。因此，当前的这部作品将会在一定程度上填补精神分析参考资料中的这一明显的缺口。

虽然很多人把辞典的价值看作一种探究精神分析语言的工具，但没有多少人充分意识到如此所陷入的危险。一个重要的危险即在于，因为强调语言的共时性结构，辞典可能会模糊掉语言的历时性维度。所有的语言，包括其他那些以精神分析理论而著称的语言，统统是处在一种连续的流动状态之中的，因为它们皆会随着使用而发生改变。由于忽略了这一维度，辞典便可能会造成这样一种错误的印象，让人误以为语言是固定不变的实体。

为了避免此种危险，这部辞典在任何适当的地方皆纳入了词源学的资料，并且针对拉康话语在其教学过程中的演化给出了某种指示。拉康所从事的精神分析理论工作，在时间上跨越了半个世纪，而他的话语在此期间经历了一些重要的改变，几乎是不会让人惊讶的。然而，这些改变却并非总是易于理解的。宽泛地说，存在着两种歪曲它们的主要方式。一方面，有些评论家根据戏剧性的冲突和突然的"认识论断裂"（epistemological breaks）来呈现拉康思想的发展。例如，1953年在有的时候就会被介绍为拉康著作中的一个根本性的全新"语言学转向"（linguistic turn）的时刻。另一方面，有些作者则走向了另一个极端，他们把拉康的著作呈现为一种单一展开的叙事，没有任何方向的改变，仿佛所有的概念从一开始即已存在似的。

借由讨论拉康话语中的各项术语如何在其著述过程中经历语义上的转变，我便是在试图避免这两方面的错误。通过说明这些变化常常是逐渐发生且迟疑不定的，我希望能够质疑那些有关认识论断裂的过分简单化叙述。此种叙述所忽略的一个重点便在

前言

于,无论拉康的术语在何时获得了新的意义,它们都从未失去其旧的意义;他的理论词汇皆是以增生而非突变的方式来演进的。与此同时,通过指出这些变化与语义上的转变,我也希望能够反驳那种认为拉康的所有概念皆是已经在那里的幻象(此种幻象是为拉康自己所谴责的;Lacan,1966c:67)。如此一来,我们便应该有可能同时觉察到那些在拉康教学中保持恒定的元素以及那些经过转变并演化的元素。

这本辞典包含了超过200个拉康在其著述中使用的术语的条目。本来还有更多术语是可以收录在内的,但选择这些术语而非其他术语的主要标准是它们出现的频率。因此,读者将会在本辞典中发现拉康著作中浓墨重彩的诸如"象征界"与"神经症"以及其他此类术语的条目,而找不到拉康只在三四个场合下讨论过的诸如"表句词"(holophrase)等其他术语的条目。

除了拉康频繁使用的这些术语之外,拉康鲜少使用或者从未使用的少数其他术语也被囊括在内。此组术语可用于给拉康自己的术语提供历史背景与理论语境(例如:"克莱因派精神分析"),而那些在其著作中集合了一套重要的相关主题的术语则会另外分布在截然不同的条目当中(例如:"性别差异")。

除了频率的标准与背景的信息之外,对术语的选择同样不可避免地会受制于我自己阅读拉康的特殊方式。其他对拉康有着不同阅读方式的作者,毋庸置疑地会对这些术语做出不同的选择。我不敢妄称暗含在我的术语选择中的阅读方式是唯一的或是最好的对于拉康的阅读方式。它只是对于拉康的诸多阅读方式中的一种,与任何其他阅读方式一样都是带有片面性和选择性的。

这本辞典的偏向与局限不但涉及术语选择的问题,而且也涉及资料来源的问题。因而,这本辞典并非是基于拉康的全部著作,它们迄今尚未全部出版,而只是基于他著作的选集(主要是业已出版的著作,外加少数未经出版的著作)。对于业已出版的材料的此种几乎排外的依赖，便意味着在这部辞典中存在着一些不可避免的不足。然而，诚如拉康自己所指出的，"任何阅读的条件，当然，即在于它给其自身强加了种种限制"（S20, 62）。

因此，本书的目标并非旨在呈现一部与拉普朗什和彭塔力斯合著的经典辞典同样广博且详尽的著作，而仅仅是旨在针对拉康话语中最突出的术语呈现一个宽泛的轮廓。因此，"介绍性"（introductory）这个形容词便出现在标题当中。在未来的某一天，这部辞典也许会基于拉康的全部著作而有一个更加全面与详尽的版本，但是在其现今的不完整与不成熟状态下出版这部作品的充分理由或许是，当前缺乏一些英文的拉康思想辞典。这部辞典因而可以被认为是一种阻抗，以拉康定义阻抗的方式来说，是"一种解释的现在状态"（S2, 228）。

另一个自我强加的限制，则是把二手资料来源的参考限定到最小的决定。因而，读者将会发现，本书很少提及那些拉康的评论者与知识继承人。排除对于现今拉康派分析家的著作的参考，并非如同它可能看似的那样，是一种严重的疏忽，因为这本辞典几乎完全是由对拉康的评注（commentaries）而非由那些彻底原创性的发展所组成的（雅克-阿兰·米勒[1]的著作是一个值得注意的例外）。这样的一则剧本全然不同于像保拉·海曼[2]、威尔弗雷德·

---

[1] 雅克-阿兰·米勒（Jacques-Alain Miller, 1944年生），法国著名精神分析家，拉康的女婿，也是拉康学术的继承人，拉康研讨班讲稿的官方编辑者。米勒早年曾是法国哲学家阿尔都塞的学生，后来转投拉康门下，在拉康1980年解散其"巴黎弗洛伊德学派"（EFP）之后，米勒直接促成了1981年"弗洛伊德事业学派"（ECF）的建立。尔后，米勒又在1992年创建了国际拉康派组织"世界精神分析协会"（AMP），是目前正统拉康派在世界范围内的领军人物。

[2] 保拉·海曼（Paula Heimann, 1899—1982），德国精神分析家，第二次世界大战（简称"二战"）期间移民英国，早年曾担任克莱因的秘书，后因理论观点的不同而与克莱因派团体决裂，她对精神分析理论的主要贡献在于提出反转移现象是病人的创造，是病人人格的一部分，因而分析家可以把自己对病人的反转移情感用作探索病人无意识的工具，她的这一思想对于日后的精神分析临床工作产生了非常重大的影响。代表作有《论反转移》（*On Countertransference*），载《国际精神分析期刊》（第31卷，1950年刊，第81-84页）。

比昂[1]与唐纳德·梅尔泽[2]等追随者以非常原创的方式所发展起来的克莱因[3]思想的剧本。

然而，排除对于比较激进的拉康批评家，诸如雅克·德里达[4]、埃莱娜·西克苏[5]与露西·依利加雷[6]，或是对于那些将他的著作应用于文学批评与电影理论领域的人的著作的参考，则可能是一种更加显眼的遗漏。对于此种省略有两个主要的原因。第一，英语世界往往会忘记，拉康著作的首要目标是旨在给分析家们提供操作分析治疗上的帮助。通过排除对于拉康著作在文学批评、电影研究与女性主义理论中的应用的参考，我希望能够强调这一点，从而对拉康著作的英文读者忽视其临床基础进行反驳。第二，我也想要鼓励读者直接与拉康本人交锋，专注于拉康自己的术语，不要因为参考了其仰慕者或是其批评者的观点而对他抱有支持或反

---

[1] 威尔弗雷德·比昂（Wilfred Bion, 1897—1979），英国著名精神分析家，团体动力学研究的先驱，曾跟从梅兰妮·克莱因进行分析，也是塔维斯托克（Tavistock）小组的成员，曾在1962—1965年担任英国精神分析学会的主席。比昂的精神分析思想在其怪诞性与特异性的方面与拉康齐名，因为他俩"皆不要病人变得更好，而是要病人追求真理"。比昂对精神分析理论的主要贡献在于他提出了一套完整的团体动力学理论，并且根据克莱因的"投射性认同"（projective identification）概念而发展出了著名的"容纳者"（container）模型，其著作被收录于2014年版的16卷《比昂全集》。

[2] 唐纳德·梅尔泽（Donald Meltzer, 1922—2004），英国精神分析家，后克莱因派代表人物之一，在儿童孤独症与自恋病理学方面颇有建树，代表作有《精神分析历程》《孤独症探究》等。

[3] 梅兰妮·克莱因（Melanie Klein, 1882—1960），奥地利精神分析家，儿童精神分析研究的先驱，继弗洛伊德之后最伟大的精神分析学家之一，其思想在儿童心理学与当代精神分析乃至心理治疗的领域均产生了广泛而深远的影响，其著作被收录于四卷本《梅兰妮·克莱因文集》。

[4] 雅克·德里达（Jacques Derrida, 1930—2004），法国当代著名哲学家，解构主义代表人物，其思想与拉康有着千丝万缕的联系，代表作有《论文字学》《书写与差异》等。

[5] 埃莱娜·西克苏（Hélène Cixous, 1937年生），法国女性主义作家、诗人、剧作家、哲学家、文学批评家兼修辞学家，曾在巴黎八大创建了欧洲第一个女性主义研究中心，与露西·依利加雷和茱莉亚·克里斯特娃（Julia Kristeva）并称法国后结构女性主义的三位一体，其思想主要受德里达与拉康等人的影响。《美杜莎的笑》（1975）是其最有影响的理论代表作，另著有小说、戏剧及散文若干。

[6] 露西·依利加雷（Luce Irigaray, 1930年生），法国女性主义者、哲学家、语言学家、心理学家、精神分析家、社会学家兼文化理论家，其主要著作有《他者女人的窥镜》（1974）、《此性非一》（1977）等。

对的偏见。然而,当围绕着一项特定术语的争论看上去是如此重要,以至于省略所有对它的参考都将给人误导的时候,对于此一省略规则也会存在一些例外(例如:"阳具""目光")。

我决定强调拉康著作的临床基础,并非旨在把非分析家们排除出同拉康的交锋。相反,这本辞典针对的不仅是精神分析家们,而且也是来自其他学科的研究拉康的读者们。拉康自己就曾主动鼓励过精神分析家与哲学家、语言学家、数学家、人类学家以及其他人之间的辩论,而如今在很多其他的领域之中,尤其是在电影研究、女性主义理论与文学批评之中,也存在着对于拉康派精神分析的日益增长的兴趣。对于具有这些学科背景的人而言,在阅读拉康时遇到的困难,可能恰恰极大地是由于他们对于精神分析治疗的动力学并不熟悉。通过强调拉康著作的临床基础,我希望能够把这些术语定位在其恰当的语境当中,从而使它们对于那些并非精神分析家的读者来说变得更加明晰。我相信,即便是对于那些希望把拉康的著作运用于诸如文化理论等其他领域的读者而言,这一点亦是非常重要的。

对于来自非精神分析背景的那些研究拉康著作的读者而言,另一个问题则可能是他们对于拉康著作所依托的弗洛伊德传统并不熟悉。这本辞典处理这一问题的办法,便是在很多情况下首先对弗洛伊德使用该术语的方式呈现一个简短的概要,继而再开始概述拉康的特殊用法。因为简略,这些概要便有把复杂的概念过分简单化的风险,也无疑会使那些比较熟悉弗洛伊德著作的人觉得稍显初级。然而,我还是希望它们能对那些不熟悉弗洛伊德的读者有所裨益。

鉴于这本辞典所针对的读者之广泛,一个问题便是要决定把这些条目定位在何种复杂性的水平上。我在此尝试的解决办法是把不同的条目定位在不同的水平上。因而,有一组基本的核心条目便被定位在较低复杂性的水平上,其中一些介绍了拉康话语中最基本的术语(例如:"精神分析""镜子阶段""语言"等),而其他的则概述了这些术语于其中演化的历史背景(例如:"回到弗洛伊德""国际精神分析协会""学派""研讨班""自我心理学"等)。这些条目因而会指引读者去查阅一些更加复杂的术语,这些术语被定位在较高的水平上,而且初学者不应希望能够立即掌握它们。我希望如此将允许读者在阅读这本辞典时能够找到某种方向。然而,这部辞典却并非是一本"对于拉康的介绍"(introduction to Lacan);在英文中已经有大量可用到的关于拉康的介绍性著作(例如:Benvenuto and Kennedy, 1986; Bowie, 1991; Grosz, 1990; Lemaire, 1970; Sarup, 1992),其中也不乏一些上乘之作(例如:Žižek, 1991; Leader, 1995)。更确切地说,这部辞典是一本"介绍性的参考书"(introductory reference book),是读者可以回来查阅以便回答一个特定的问题抑或追寻一种特殊的研究路径的指南。它无意成为阅读拉康的替代,而是意在成为此种阅读的伴侣。出于这一缘故,丰富的页码索引便自始至终都贯穿这部辞典,目的是使读者能够回到文本并把这些参考置入其语境当中。

另一个问题则与翻译有关。不同的译者使用了不同的词汇把拉康的术语学翻译成英文。例如,阿兰·谢里丹[1]和约翰·弗雷斯特[2]把拉康的"sens"(意义)与"signification"(意指)这一对立组译

---

[1] 阿兰·谢里丹(Alain Sheridan,1934年生),英国学者、翻译家,其译著囊括萨特、福柯与拉康等众多法国思想家的文献,由他翻译的《著作集文选》与《研讨班Ⅺ:精神分析的四个基本概念》均得到拉康的授权,于1977年在英国出版,是拉康著作最早的英文译本,另著有《米歇尔·福柯:真理的意志》与《安德烈·纪德:当下的生活》等。
[2] 约翰·弗雷斯特(John Forrester,1949—2015),英国学者,主要研究精神分析与精神病学的历史,他主持翻译了《研讨班Ⅰ:弗洛伊德的技术性论文》与《研讨班Ⅱ:弗洛伊德理论与精神分析技术中自我》,并创办、主编《精神分析与历史》(2005—2014)杂志,另著有《语言与精神分析的起源》《精神分析的诱惑:弗洛伊德、拉康与德里达》以及《真相游戏:谎言、金钱与精神分析》等。

作"meaning"与"signification",而斯图亚特·施耐德曼①则更倾向于分别使用"sense"与"meaning"。安东尼·威尔顿②将"parole"(言语)译作"word",而谢里丹则更倾向于"speech"。在所有情况下,我皆遵循的是谢里丹的译法,理由是他翻译的拉康《著作集》与《研讨班 XI:精神分析的四个基本概念》对于拉康著作的英文读者来说仍然是主要的文本。为了避免可能的混淆,拉康所使用的法文原词也都会连同英文翻译被一并给出。我同样遵循谢里丹的做法,保留了某些未经翻译的术语(例如:享乐[jouissance]),理由同样是这在英文世界的拉康话语中已然变成了一种既定的做法(尽管我个人同意弗雷斯特对于这样一种做法的批评,见:Forrester,1990:99-101)。

我不同于谢里丹的一点是,我决定以其法文原本的形式来保留拉康的代数学符号。例如,我按照原样保留了 A 和 a 的符号,而非像谢里丹所做的那样把它们译作 O 和 o。这不仅是把拉康著作翻译成其他语言(诸如西班牙语与葡萄牙语等)时的共同做法,而且拉康自己也更偏向于把自己的"小写字母"保留为不翻译的状态。此外,正如在拉康派精神分析的各种国际会议上业已变得明朗的那样,对于不同母语的分析家而言,有一些能够促进他们讨论拉康的共同基本符号也是非常有益的。

至于那些用来翻译弗洛伊德的德文术语的英文词汇,我一般

---

① 斯图亚特·施耐德曼(Stuart Schneiderman),美国精神分析家,曾为拉康的分析者之一,也是将拉康派精神分析引入美国心理治疗领域的先驱,代表作有《雅克·拉康:一位智识英雄的死亡》与《最后的精神分析家》,另编译有《回到弗洛伊德:拉康学派的临床精神分析》等。
② 安东尼·威尔顿(Anthony Wilden,1935 年生),英国学者,社会理论家,代表作有《系统与结构》等。他在 1968 年编译出版的《自体的语言:语言在精神分析中的功能》是拉康著作在英文世界中最早的译本。

都采用的是詹姆斯·斯特雷奇[1]在《标准版》(Standard Edition)英译本中所使用的译法,除了把"Trieb"译作"drive"(冲动)而非"instinct"(本能)之外(这是现在的共同做法)[2]。

另一个更具根本性的问题,则是在撰写一部拉康术语辞典的行动本身中所陷入的悖论。辞典通常都会试图固定每项术语的意义(这里的"意义"是复数)并根除歧义性。然而,拉康话语的全部实质却颠覆了任何这种旨在使所指在能指之下的连续滑动停止下来的企图。德里达指出,拉康以其艰涩性与复杂性而臭名昭著的风格是蓄意构造的,"以便于几乎永久地阻断任何在书写之外抵达某种可孤立的内容,某种不含混且可明确的意义的通路"(Derrida, 1975:420)。因此,那种旨在给拉康的术语提供"适当的定义"的企图,便是同拉康的著作完全不一致的,正如谢里丹在其写给《著作集》的译者按语中所评论的那样(Sheridan, 1977:vii)。谢里丹在上述译者按语中有关拉康术语的简略词表里指出,拉康自己更喜欢让某些术语在完全没有任何注解的情况下被保留下来,"理由是任何注解都会损害其有效的运作"(Sheridan, 1977:vii)。在这些情况下,拉康更喜欢让"读者在使用它们的过程中发展出自己对于这些概念的鉴别"(Sheridan, 1977:xi)。

基于这些评论,也许与我原先"一本辞典是探究拉康著作的理想方式"的说法正好相反,似乎没有什么比把拉康著作封闭在一部辞典中更加远离拉康著作的精神了。或许的确如此。没有人曾通

---

[1] 詹姆斯·斯特雷奇(James Strachey, 1887—1967),英国精神分析学家,弗洛伊德著作的英文翻译者,由他编译的 24 卷《西格蒙德·弗洛伊德心理学著作全集标准版》(Standard Edition of the Complete Psychological Works of Sigmund Freud)是英文世界中现行最具"权威性"的弗洛伊德译本。

[2] 据统计,弗洛伊德在其德文版全集中仅有五处使用到"本能"一词,而"冲动"则是弗洛伊德用来沟通精神与身体的一个边界概念,被弗洛伊德称作精神分析的"神话学",也就是说它更多属于元心理学的范畴。斯特雷奇以"本能"来翻译"冲动",无疑是为了迎合当时心理学界中的"生物学化"倾向。

过阅读一本辞典而学会一门语言,这是千真万确的。然而,我并不试图给每项术语提供"适当的定义",而只是意在唤起这些术语的某种复杂性,以便说明它们在拉康著述过程中的转变方式,并针对拉康话语的总体结构提供一些指示。因为这些条目皆是按照首字母的顺序来排列的,而不是根据一种特殊的构造来排序的,读者便可以从他们希望的任何地方着手,继而再回去参考拉康的文本,并且(或者)在这本辞典中使用对其他术语的交叉参照。如此一来,每一位读者都将找到自己阅读这部辞典的方式,一如拉康本人可能会说的那样,每个人都会由自己想要知道的欲望所指引。

迪伦·埃文斯

1995年6月于伦敦

辞典版式

每项词条的标题皆被译作中文并按英文首字母进行排序。除了个别总是以同种语言来使用的词汇之外（例如：objet petit *a*; aphanisis），中文译名的后面都会直接在括号里跟有法文原词与英文译名，倘若是弗洛伊德或黑格尔等人所使用的德文术语，则会在适当的地方加入德文原词作为参考。

阳性人称代词的使用皆不应被拿来暗指一种对于男性性别的专门指称。

对于这本辞典中其他词条的交叉参照皆以黑体字与大写字母表示。

页码索引皆指向现存的英文译本，倘若迄今仍然没有英文译本出版，则指向这些著作的法文原本。至于那些最常被引用的著作，本书皆使用如下的缩写：

E　　Jacques Lacan, *Écrits. A Selection*, trans. Alan Sheridan, London：Tavistock Publications, 1977（see Appendix）.

Ec　　Jacques Lacan, *Écrits*, Paris：Seuil, 1966（see Appendix）.

S1　　Jacques Lacan, *The Seminar. Book I. Freud's Pages on Technique, 1953-54*, trans. with notes by John Forrester, New York：Norton；Cambridge：Cambridge University Press, 1988.

S2　　Jacques Lacan, *The Seminar. Book II. The Ego in Freud's Theory and in the Technique of Psychoanalysis, 1954-55*, trans. Sylvana Tomaselli, notes by John Forrester, New York：Norton；Cambridge：Cambridge University Press, 1988.

S3　　Jacques Lacan, *The Seminar. Book III. The Psychoses, 1955-56*, trans. Russell Grigg, notes by Russell Grigg, London：Routledge, 1993.

S4　　Jacques Lacan, *Le Séminaire. Livre IV. La relation d'objet, 1956-57*, ed. Jacques-Alain Miller, Paris：Seuil, 1994.

S7 Jacques Lacan, *The Seminar. Book VII. The Ethics of Psychoanalysis*, *1959- 60*, trans. Dennis Porter, notes by Dennis Porter, London: Routledge, 1992.

S8 Jacques Lacan, *Le Séminaire. Livre VIII. Le transfert*, *1960- 61*, ed. Jacques-Alain Miller, Paris: Seuil, 1991.

S11 Jacques Lacan, *The Seminar. Book XI. The Four Fundamental Concepts of Psychoanalysis*, *1964*, trans. Alan Sheridan, London: Hogarth Press and Institute of Psycho-Analysis, 1977.

S17 Jacques Lacan, *Le Séminaire. Livre XVII. L' envers de la psychanalyse*, *1969- 70*, ed. Jacques-Alain Miller, Paris: Seuil, 1991.

S20 Jacques Lacan, *Le Séminaire. Livre XX. Encore*, *1972- 73*, ed. Jacques-Alain Miller, Paris: Seuil, 1975.

SE Sigmund Freud, *Standard Edition of the Complete Psychological Works of Sigmund Freud* (24 volumes), translated and edited by James Strachey in collaboration with Anna Freudm assisted by Alix Strachey and Alan Tyson, London: Hogarth Press and the Institute of Psycho-Analysis; New York: Norton, 1953-74.

致 谢

感谢剑桥大学出版社与诺顿出版集团准许本书引用并复制《研讨班Ⅰ：弗洛伊德的技术性著作》(*The Seminar. Book I. Freud's Pages on Technique*, 1953-54, trans. John Forrester, with notes by John Forrester, Cambridge University Press, 1987)的插图，以及引用《研讨班Ⅱ：弗洛伊德理论与精神分析技术中的自我》(*The Seminar. Book II. The Ego in Freud's Theory and in the Technique of Psychoanalysis*, 1954-55, trans. Sylvana Tomaselli, notes by John Forrester, Cambridge University Press, 1988)。

感谢诺顿出版集团同意本书从下列出版物中进行引用并复制插图，它们全都是雅克·拉康的著作：《著作集文选》(*Écrits: A Selection*. trans. Alan Sheridan, New York: Norton, 1977)；《著作集》(*Écrits*, Paris: Seuil, 1966)；《研讨班Ⅳ：对象关系》(*Le Séminaire. Livre IV. La relation d'objet*, 1956-57, ed. Jacques-Alain Miller, Paris: Seuil, 1994)；《研讨班ⅩⅦ：精神分析的反面》(*Le Séminaire. Livre XVII. L'envers de la psychanalyse*, 1969-70, ed. Jacques-Alain Miller, Paris: Seuil, 1991)；《研讨班ⅩⅩ：再来一次》(*Le Séminaire. Livre XX. Encore*, 1972-73, ed. Jacques-Alain Miller, Paris: Seuil, 1975)。

我要感谢所有那些以不同方式帮助出版这本辞典的人：朱莉娅·巴罗萨(Julia Borossa)、克里斯廷·鲍斯菲尔德(Christine Bousfield)、文森特·达吉(Vincent Dachy)、艾莉森·霍尔(Alison Hall)、埃里克·哈珀(Eric Harper)、米歇尔·于连(Michele Julien)、迈克尔·肯尼迪(Michael Kennedy)、理查德·克莱因(Richard Klein)、达瑞安·里德(Darian Leader)、戴维·梅西(David Macey)、阿兰·罗文(Alan Rowan)、费尔南多·特谢拉·菲尔

赫（Fernando S. Teixeira Filho）以及卢克·瑟斯顿（Luke Thurston）等人，他们全都阅读了部分的打印稿，并且提出了一些改进的意见，就像一位匿名的劳特里奇（Routledge）读者所做的那样。毋庸讳言，任何错误的责任皆完全在我本人。我要特别感谢卢克·瑟斯顿撰写了有关"圣状"（sinthome）的文章。感谢劳特里奇出版社的埃德温娜·维尔汉姆（Edwina Welham）与帕特丽莎·斯坦基维茨（Patricia Stankiewicz）监督了书稿从打印稿到印刷册的制作。

最后，我也要感谢我的伴侣玛塞拉·奥尔梅多（Marcela Olmedo）在我撰写这本辞典的过程中给予我的耐心帮助与支持。

年　表

　　以下的简略年表列入了拉康生平中的一些主要事件。这份年表是在鲍伊[①]（Bowie，1991：204-13）与梅西[②]（Macey，1988：ch. 7）尤其是鲁迪奈斯库[③]（Roudinesco，1986，1993）所提供的资料基础上汇编而成的。至于更加详细的信息,感兴趣的读者可以查阅这三份资料,也可以参考弗雷斯特（Forrester，1900：ch. 6）、米勒（Miller，1981）与特尔克[④]（Turkle，1978）。至于更多逸事的记述,可参见克莱芒[⑤]（Clément，1981）与施耐德曼（Schneiderman，1983）。

1901　　雅克-玛丽·爱弥尔·拉康（Jacques-Marie Émile Lacan）在4月3日诞生于巴黎,他是阿尔弗雷德·拉康（Alfred

---

[①] 马尔科姆·鲍伊（Malcolm Bowie，1943—2007）,英国著名学者,剑桥大学基督学院教授,主要研究法国文学,代表性著作有《星空中的普鲁斯特》《法国文学简史》与《拉康》等。
[②] 大卫·梅西（David Macey，1949—2011）,英国著名学者,专攻当代法国思想研究,一生翻译有60多部法文著作,其中包括阿尼卡·勒迈尔（Anika Lemaire）的《雅克·拉康》,另著有《语境下的拉康》。
[③] 伊丽莎白·鲁迪奈斯库（Elisabeth Roudinesco，1944年生）,法国著名的精神分析历史学家,代表性著作有两卷本的《法国精神分析的历史》《拉康大传:一种生活的概略、一部思想体系的历史》等。
[④] 雪莉·特尔克（Sherry Turkle，1948年生）,美国著名学者,哈佛大学社会学与人格心理学博士,麻省理工学院科学与技术社会研究所教授,同时也是临床心理学家,近些年以她的TED演讲而享誉世界,代表性著作有《屏幕上的生活:互联网时代的身份》《另一半:电脑与人类精神》与《精神分析的政治》等。
[⑤] 凯特琳娜·克莱芒（Cathérine Clément，1939年生）,法国当代著名的女性哲学家兼文学批评家,从1959年开始一直追随拉康的研讨班,巴黎弗洛伊德学派的"普通会员",著有《雅克·拉康的生活与传奇》等。

	Lacan)与艾米丽·鲍德里(Émilie Baudry)的第一个孩子①。
1903	拉康的妹妹玛德琳娜(Madeleine)出生(12月25日)。
1908	拉康的弟弟马克-弗朗索瓦(Marc-François)出生(12月25日)。
1910	弗洛伊德创立国际精神分析协会(International Psycho-Analytical Association, IPA)。
1919	拉康完成了他在斯坦尼斯拉斯中学(Collège Stanislas)的中等教育。
1921	拉康因为体瘦而被免除兵役。随后的几年,他在巴黎研究医学。
1926	拉康的第一篇合作撰写的出版物被刊登于《神经学期刊》(*Revue Neurologique*)。巴黎精神分析学会(Société Psychanalytique de Paris, SPP)创立。
1927	拉康开始了他在精神病学领域的临床训练。
1928	拉康在巴黎警察局附属精神病特别医院跟随加埃唐·盖廷·德·克莱朗博②学习。

---

① 拉康诞生于一个传统的天主教家庭,父亲阿尔弗雷德是奥尔良地区著名的食用醋生产商德索家族的后裔,母亲艾米丽则是一位朴素的女子,出身于巴黎的一个金匠家庭,两人于1900年结婚,次年拉康出生。这里值得一提的是,拉康在成年后便放弃了家族的天主教信仰,并抹去了自己名字中的"玛丽·爱弥尔"(Marie Émile);其中的教名"玛丽"即"圣母玛利亚",是家族贸易的"守护神",同时"玛丽"也出现在其母亲的名字中;而"爱弥尔"则是其祖父的名字,祖父是一个对待子女非常严厉的天主教权威式家长,拉康对他憎恶至极,同时"爱弥尔"还几乎等同于其母亲的教名"艾米丽"(Émilie)。因此,我们便可以说,拉康不仅抹去了自己名字中的信仰色彩,而且还划掉了其中的女性身份,或许正是在此种"心理传记"(拉康非常讨厌精神分析中的此种研究取径)的意义上,我们可以理解为什么拉康会在自己的理论中划去"女人"的存在,甚至我们可以说,"雅克·拉康"的出现似乎即意味着必须划掉"母亲的名字",以便让"父亲的名义"彰显出来。
② 加埃唐·盖廷·德·克莱朗博(Gaëtan Gatian de Clérambault, 1872—1934),法国著名精神病学家,是拉康在巴黎警察局附属精神病特别医院实习期间的导师,也是拉康在精神病学领域中唯一承认的导师。他提出的"心理自动性"(automatisme mental)概念,曾对拉康产生过深远的影响。

1929	拉康的弟弟马克-弗朗索瓦加入本笃会。
1930	拉康在《医学心理学年鉴》(*Annales Médico-psychologiques*)上发表了他的第一篇非合著文章。
1931	拉康对超现实主义日益产生兴趣,并结识了萨尔瓦多·达利[①]。
1932	拉康发表了他的博士论文《论偏执狂精神病及其与人格的关系》并给弗洛伊德寄去了一份拷贝。弗洛伊德用明信片回寄拉康以确认收悉。
1933	拉康在超现实主义杂志《牛头怪》(*Minotaure*)上发表了两篇文章。亚历山大·科耶夫[②]开始在巴黎高等研究学院(École des Hautes Études)讲授黑格尔的《精神现象学》。随后的几年里,拉康一直定期参加这些讲座。
1934	拉康以候选成员的身份加入巴黎精神分析学会,当时他已处在同鲁道夫·勒文斯坦[③]的分析之中。当年1月,他同玛丽-露易丝·布隆丹(Marie-Louise Blondin)结婚。同月,玛丽-露易丝产下了他们的第一个孩子卡洛琳娜(Caroline)。
1935	马克-弗朗索瓦·拉康接受了牧师的授命。
1936	在8月3日于马里昂巴(Marienbad)举办的第十四届国际精神分析协会大会上,拉康提交了他有关镜子阶段的论

[①] 萨尔瓦多·达利(Salvador Dalí,1904—1989),西班牙著名超现实主义画家,其作品以探索无意识的意象而著称,而他的"偏执狂批评"对拉康的镜像理论产生过重要的影响。

[②] 亚历山大·科耶夫(Alexandre Kojève,1902—1968),法籍俄国流亡哲学家、政治家,1933—1939年曾在巴黎高师开设关于黑格尔《精神现象学》的研讨班,对后来的法国思想界产生了巨大的影响,代表作有《黑格尔导读》《法权现象学纲要》与《权威的概念》等。

[③] 鲁道夫·勒文斯坦(Rudolph Loewenstein,1898—1976),波兰裔犹太精神分析家,巴黎精神分析学会的主要创立者之一,同时也是拉康的个人分析家(据说拉康在他那里接受了六年的个人分析,但最终却被他扣上了"不可分析"的帽子),于二战期间流亡美国,加入了自我心理学派阵营,同海茵茨·哈特曼(Heinz Hartmann)与恩斯特·克里斯(Ernst Kris)被并称为"自我心理学"的三驾马车。

	文。他开始作为一名精神分析家从事私人实践工作。
1938	拉康成为巴黎精神分析学会的正式成员,同时他关于家庭的文章也被发表于《法兰西百科全书》(*Encyclopédie Française*)。在希特勒吞并奥地利之后,弗洛伊德离开维也纳并定居伦敦。在去往伦敦的路途上他经过巴黎,但是拉康却决定不去参加向弗洛伊德致敬的小型聚会。
1939	拉康与玛丽-露易丝的第二个孩子蒂博(Thibaut)于 8 月出生。9 月 23 日,弗洛伊德于伦敦逝世,享年 83 岁。在希特勒侵占法国之后,巴黎精神分析学会停止了活动。战争期间,拉康在巴黎的一家部队医院工作。
1940	拉康与玛丽-露易丝的第三个孩子西比尔(Sibylle)于 8 月出生。
1941	拉康同与乔治·巴塔耶①分居的妻子西尔维娅·巴塔耶②生下了朱迪丝(Judith)。虽然朱迪丝是拉康的女儿,但是她却保有巴塔耶的姓氏,因为拉康仍然保持着同玛丽-露易丝的婚姻。玛丽-露易丝此时要求离婚。
1945	法国恢复自由以后,巴黎精神分析学会重新开始集会。拉康到英国旅行,他花了五个星期的时间在那边研究精神病学在战争年代的情况。他正式宣布同玛丽-露易丝离婚。
1947	拉康就他到英国的访问发表了一份报告。
1949	在 7 月 7 日于苏黎世举办的第十六届国际精神分析协会大会上,拉康提交了另一篇关于镜子阶段的论文。
1951	拉康开始在西尔维娅·巴塔耶位于里尔大街 3 号的公寓

---

① 乔治·巴塔耶(Georges Bataille,1897—1962),法国思想家、文学家、批评家,其作品极具反叛精神,大多涉猎哲学、伦理学、神学与文学等一切领域之"禁区",被誉为"后现代思想的策源地之一",代表作有《文学与恶》《色情史》《色情、耗费与普遍经济》以及《内在体验》等。
② 西尔维娅·巴塔耶(Sylvia Bataille,1908—1993),本姓玛克莱(Maklès),是 20 世纪三四十年代红极一时的法国电影明星,她曾在法国著名电影导演让·雷诺阿(Jean Renoir,1894—1979)的影片《乡间一日》(*Partie de campagne*)中担任女主角。

里举办每周一次的研讨班。此时,拉康已是巴黎精神分析学会的副主席。针对拉康运用可变时长(弹性时间)会谈的做法,巴黎精神分析学会的教导委员会要求拉康规律化自己的实践。拉康虽然答应这么做,但继续变换会谈的时间。

1953 拉康迎娶了西尔维娅·巴塔耶,同时当上了巴黎精神分析学会的主席。时年6月,丹尼尔·拉加什[①]、茱莉叶特·法维-布托尼埃[②]与弗朗索瓦兹·多尔多[③]从巴黎精神分析学会辞职,另外创立了法国精神分析学会(Société Française de Psychanalyse,SFP)。不久之后,拉康也退出了巴黎精神分析学会并加入了法国精神分析学会。拉康在7月8日给法国精神分析学会的成立典礼开幕,并在会上发表了一场题为"象征、想象与实在"的演说。他接到了国际精神分析协会的一封信函通知,信里说因为他退出了巴黎精神分析学会,所以他失去了国际精神分析协会的成员资格。当年9月,拉康在罗马参加了第十六届罗曼语系精神分析家大会;他为这一场合撰写的论文(即《言语与语言在精神分析中的功能与领域》)篇幅过长以至于无法宣读,而改为分发给与会者。当年11月,拉康开始了他在圣安娜医院(Hôpital Sainte-Anne)的第一期公众研讨班。这些研讨班在后来持续了27年,它们很快便成为拉康教学的主要讲台。

[①] 丹尼尔·拉加什(Daniel Lagache,1903—1972),法国精神分析家,20世纪精神分析学界的领军人物之一,主要研究精神病理学的领域,在"哀悼""转移"与"嫉妒"等主题的研究上颇有建树,代表性著作有《心理学的统一:实验心理学与临床心理学》以及《精神分析》等。

[②] 茱莉叶特·法维-布托尼埃(Juliette Favez-Boutonier,1903—1994),法国精神分析家,索邦大学临床心理学教授,著有《有关焦虑的心理学与形而上学贡献》等。

[③] 弗朗索瓦兹·多尔多(Françoise Dolto,1908—1988),法国著名儿童精神分析家,拉康的同事,代表作有《精神分析与儿科医学》《多米尼克个案》《一切皆语言》《身体的无意识形象》《儿童的利益》以及《青少年的利益》等。

1954	国际精神分析协会拒绝法国精神分析学会的入会申请。海因兹·哈特曼[①]在写给丹尼尔·拉加什的一封信中暗示拉康的存在是法国精神分析学会遭到拒绝的主要原因。
1956	法国精神分析学会重申其加入国际精神分析协会的请求,但再一次遭到拒绝。拉康看似又是主要的症结。
1959	法国精神分析学会再度重申其加入国际精神分析协会的请求。这一次,国际精神分析协会设立了一个委员会来评估法国精神分析学会的申请。
1961	国际精神分析协会委员会抵达巴黎会见了一些法国精神分析学会的成员,从而形成了一份报告。鉴于这份报告,国际精神分析协会驳回了法国精神分析学会作为成员学会的入会申请,但准予它改以"研究小组"的身份接受进一步的调查。
1963	国际精神分析协会委员会又接见了更多的法国精神分析学会成员,从而又形成了另一份报告,其中建议说只要把拉康与另两位分析家从训练性分析家的名单上除掉,法国精神分析学会就会被准予作为成员学会而入会。这份报告同样规定说,不仅拉康的训练活动必须要永远取缔,而且还应当阻止受训分析家们参加他的研讨班。拉康后来将此称作他的"逐出教会"。于是,拉康退出法国精神分析学会。
1964	当年1月,拉康把他的公众研讨班迁至高等师范学校(École Normale Supérieure),并且在6月创建了他自己的

[①] 海因兹·哈特曼(Heinz Hartmann,1894—1970),犹太裔美国精神分析家,自我心理学派主要代表人物之一,曾任国际精神分析协会主席,他把精神分析纳入了普通心理学的体系,强调自我的无冲突地带以及自我对于现实的适应,其代表作《自我心理学与适应问题》标志着自我心理学派的建立。

组织：巴黎弗洛伊德学派（École Freudienne de Paris, EFP）。

1965　法国精神分析学会解散。

1966　拉康筛选出一些论文的汇编，以"著作集"（*Écrits*）的标题出版。在巴尔的摩的约翰·霍普金斯大学的一次会议上，拉康递交了一篇论文。

1967　拉康提议巴黎弗洛伊德学派采取一套称作"通过"的新型程序，以便使其成员们能够证明自己分析的结束。

1968　拉康对当年5月的学生抗议深表同情。拉康的追随者们在文森大学（巴黎八大）设立了心理学系，并向12月期间连续的学生示威游行敞开了大门。

1969　拉康的公众研讨班转移至法学院（Faculté de Droit）。

1973　拉康1964年研讨班（即《精神分析的四个基本概念》）的文字记录经编辑后由瑟伊出版社（Éditions du Seuil）出版；这是第一部正式出版的拉康研讨班作品。

1975　拉康访问美国，他在耶鲁大学与麻省理工学院进行演讲，并在那里结识了诺姆·乔姆斯基[①]。

1980　在巴黎弗洛伊德学派内部的激烈争论之后，拉康便解散了巴黎弗洛伊德学派，继而成立了"弗洛伊德事业"（Cause freudienne）。他还出席了在加拉加斯举办的一届拉康派分析家国际会议。

1981　"弗洛伊德事业"解散，而"弗洛伊德事业学派"（École de la Cause freudienne, ECF）又被创建以取而代之。当年9月9日，拉康于巴黎逝世，享年80岁。

[①] 诺姆·乔姆斯基（Noam Chomsky, 1928年生），美国语言学家、哲学家、认知心理学家、社会批评家兼政治活动家，麻省理工学院语言学荣誉退休教授，代表性著作有《句法结构》《语言与心智》等。另外值得一提的是，拉康在与乔姆斯基的相遇中留下的经典桥段就是他著名的那句"我用脚思考"。

A

缺位

英：absence；法：absence

象征秩序是以缺位与在场之间的基本二元对立为特征的(S4, 76-8)。

在象征秩序中，"除非是在一种假定缺位的基础之上，否则便没有任何事物存在"(Ec, 392)。这便是象征界与实在界之间的一个基本差异；"实在界中没有任何缺位。只有当你提出在没有任何在场的地方可能有某种在场的时候，缺位才会存在"(S2, 313)（见：**剥夺**[PRIVATION]）。

正如罗曼·雅各布森[①]以其音素分析所表明的那样，所有的语言现象皆可能完全是根据某些"区分性特征"的在场或缺位而特征化的。拉康把弗洛伊德在《超越快乐原则》(Freud, 1920g)中所描述的"fort!/dɑ!"（不见了！/在这儿！）游戏看作代表着孩子登陆象征秩序的一对原始音素。孩子发出的这两个声音，O/A（噢/啊），"是一对根据在场与缺位而调节的声音"(E, 65)，而且这些声音还联系着"人物或事物的在场与缺位"(E, 109, n. 46)。

拉康注意到，词语是"某种由缺位所构成的在场"(E, 65)，因为(1)象征符是在事物的缺位之时被使用的，而且(2)能指的存在也仅仅是就它们对立于其他能指而言的。

因为缺位与在场在象征秩序中的这种相互牵连，所以缺位便可以说是在象征界中具有与在场同样肯定的存在。正是这一点允许拉康能够说，"虚无"（英：the nothing；法：le rien）就其本身而言，同样是一个对象（亦即：一个部分对象）(S4, 184-5)。

[①] 罗曼·雅各布森(Roman Jakobson, 1896—1982)，俄裔美国语言学家、诗学家兼文学理论家，著有《儿童的语言、失语症与音韵学的一般概念》《诗学问题》《声音与意义六讲》《语言的框架》等。

正是围绕着**阳具**(PHALLUS)的在场与缺位,孩子才得以象征性地理解性别差异。

行动
英:act;法:acte

拉康在所有动物皆参与其中的纯粹"行为"(behaviour)与象征性的且只能归于人类主体的"行动"之间做出了一个区分(S11,50)。一个行动的基本性质,即在于行动者是能够对其承担责任的;因而,行动的概念是一个伦理学的概念(见:**伦理学**[ETHICS])。

然而,精神分析的责任概念却非常不同于法律上的概念。这是因为责任的概念联系着整个的意向性(intentionality)问题。由于精神分析发现,除了主体的那些有意识的计划之外,他同样还具有一些无意识的意向,从而复杂化了意向性的问题。因此,某人很可能会干出他宣称并非故意的行动,但是分析会将此一行动揭示为某种无意识欲望的表达。弗洛伊德将这些行动称作"动作倒错"(parapraxes)或"过失行动"(英:bungled actions;法:acte manqué);然而,只有从有意识的意向的观点来看,它们才是"过失的",因为它们皆成功地表达了某种无意识的欲望(见:Freud,1901b)。虽然在法律上,除非可以证明行动是蓄意的,否则一个主体便无法被判决犯有谋杀罪(举例而言),但是在精神分析治疗中,主体则面对着甚至得为表达在其行动中的那些无意识欲望承担责任的伦理性义务(见:**美的灵魂**[BEAUTIFUL SOUL])。哪怕是那些明显意外的行动,他也必须将其承认为表达了某种意向的真正的行动——尽管是无意识的意向——并且把此种意向当作其自身的而承担下来。**行动搬演**(ACTING OUT)与**行动宣泄**(PASSAGE TO THE ACT)都不是真正的行动,因为主体并未对自己在这些行动中的欲望而承担责任。

精神分析的伦理学也同样责成分析家对自己的行动承担责任,即他在治疗中的那些干预。在这些干预上,分析家必须由一种恰当的欲望所引导,拉康将其称为分析家的欲望。只有当一个干预成功地表达了分析家的欲望——也就是说,当它有助于分析者走向分析的结束之时——它才能够被称作一个真正精神分析性的行动。拉康将其一个年度的研讨班专门用于进一步讨论精神分析性行动的本质(Lacan, 1967-8)。

如前所述,从无意识的观点来看,过失行动是成功的。不过,此种成功却也只是部分的,因为无意识的欲望是以一种扭曲的形式而获得表达的。由此可知,"自杀是唯一完全成功的行动",因为当自杀被充分地且有意识地承担起来的时候,这一行动便在当时完全表达了一种既是有意识的又是无意识的意向,是对无意识的死亡冲动的一种有意识的承担(另一方面,那种突发的冲动性的自杀企图则并非是一种真正的行动,而很可能是一种行动宣泄)。死亡冲动因而在拉康的思想中被紧密联系于伦理学的领域(见:恩培多克勒①的例子——E, 104;以及拉康对于《安提戈涅》②的讨论——S7, ch. 21)。

---

① 恩培多克勒(Empedocles,约公元前490年—前430年),古希腊哲学家,"四根说"的提出者。拉康把弗洛伊德的死亡冲动联系于海德格尔式"向死而在"的"此在"(Dasein)概念,并将恩培多克勒看作对此的典范,例如他曾在《罗马报告》中写道:"恩培多克勒把自己投进了埃特纳火山,从而将其向死而在的这一象征性行动永远地留在了人们的记忆之中"(Ec, 320)。
② 《安提戈涅》(Antigone)是古希腊三大悲剧作家之一的索福克勒斯继《俄狄浦斯王》之后的又一作品。

行动搬演

英：acting out；德：Agieren①

"行动搬演"是在《标准版》英译本中被用来翻译弗洛伊德所使用的德文单词 Agieren 的术语。拉康遵循精神分析作品中的传统，以英文来使用这一术语。

贯穿在弗洛伊德著作中的最重要的主题之一，即重复与回忆之间的对立。可以说，此两者是"把过去带入现在的两种相反的方式"（Laplanche and Pontalis, 1967: 4）。如果过去的事件从记忆中遭到压抑，它们便会经由将其自身表达在行动中的方式而返回；因此，当主体回忆不起过去的时候，他便注定会通过将其行动搬演而对之进行重复。相反，精神分析治疗则旨在通过帮助病人进行回忆来打破此一重复的循环。

尽管某种重复的元素可见于几乎每一种人类的行动，然而"行动搬演"这一术语通常被保留给了那些展现出"与主体的惯常动机模式相对不和谐的一个冲动的面向"且因此"相当易于从其活动的整体倾向中隔离出来"的行动（Laplanche and Pontalis, 1967: 4）。主体自己未能理解其行动背后的种种动机。

从一种拉康派的视角来看，行动搬演的这一基本定义固然正确，但不够完善；它忽略了大他者的维度。因而，当拉康主张行动搬演乃是起因于回忆过去的某种失败时，他便是在强调回忆的主体间维度。换句话说，回忆并不仅仅涉及把某件事情召回意识，而且还涉及经由语言将这件事情传达给一个大他者。因此，当大他

---

① 国内的精神分析文献通常把"acting out"译作"付诸行动"或"见诸行动"，但因为该词除了"把……付诸行动"之外还具有"把……表演出来"的意思，而弗洛伊德的德文术语"Agieren"则主要是"登台表演"和"角色扮演"之意，故而我在此将其译作"行动搬演"，以强调它与幻想场景（舞台）的关联。

者拒绝倾听而使回忆变得不可能的时候,便会导致行动搬演。当大他者变得"耳聋"的时候,主体便无法用言语将一则信息传递给他,而被迫在行动中来表达这一信息。因而,行动搬演是主体发送给大他者的一则加密信息,尽管主体自己既未意识到这一信息的内容,甚至也未意识到自己的行动在表达某种信息。正是大他者受到委托去破译这则信息;不过,这么做对他而言又是不可能的。

为了阐明自己有关行动搬演的评论,拉康提到了弗洛伊德曾经治疗过的同性恋少女的个案(Freud,1920a)。弗洛伊德报告说,这位年轻女子坚持要在她心爱女士的陪伴下出现在维也纳最繁华的那些街道上,尤其是出现在靠近她父亲的办公场所的那些街道上。拉康指出,这是一种行动搬演,因为它是这位年轻女子发送给她的那位无法倾听自己的父亲的信息(Lacan,1962-3;1963年1月23日的研讨班)。

在同性恋少女的例子中,行动搬演是先于她同弗洛伊德开始精神分析治疗的过程而发生的。这样的行动搬演可以被看作"无分析性的转移"(transference without analysis)或"野蛮转移"(wild transference)(Lacan,1962-3;1963年1月23日的研讨班)。然而,大多数分析家都认为,"当它发生在分析过程中的时候——无论是否发生在实际的会谈期间①——行动搬演都应当在其与转移的关系之中来理解"(Laplanche and Pontalis,1967:4)。弗洛伊德曾经宣称,精神分析治疗的一项基本原则,即在于"尽可能多地将其逼进记忆的渠道,并且尽可能少地使之作为重复而出现"(Freud,1920g;SE XVIII,19)。因此,当一位分析者在诊疗室外行动搬演

---

① 这里值得注意的是,美国精神分析家梅耶·齐利格斯(Meyer Zeligs,1957)曾将发生在实际分析情境之外的行动化称作"acting out"(行动演出),而与之相应地将发生在实际分析会谈期间的行动化称作"acting in"(行动演入)。前者往往涉及分析者在实际会谈之外针对由分析情境(譬如由分析家的节制规则)所引起的挫折的行动化补偿;而后者则往往表现为分析者在躺椅上的身体活动或姿势改变等非言语形式的交流,也包括分析者在分析会谈中持久的沉默、反复的停顿,以及企图攻击或诱惑分析家的行为等。

了在最近某次分析会谈期间唤起的一个无意识愿望的时候,这就必须被看作一种针对治疗的阻抗。然而,因为每一个针对分析的阻抗皆是分析家自身的阻抗(E,235),所以当行动搬演在治疗期间出现的时候,往往都是由于分析家所造成的某种失误。分析家的失误通常都在于提供了一则不恰当的解释,从而暴露出了对分析者言语的某种暂时性"耳聋"。作为对此的说明,拉康提到了自我心理学家恩斯特·克里斯[①]曾经描述过的一则案例(Kris,1951)。拉康指出,克里斯所给出的那则干预虽然在某种层面上是准确的,但却并未切中问题的核心,因而激起了一个行动搬演:在那次会谈过后,这位分析者到附近的一家餐馆吃了一些"新鲜脑子"(fresh brains)。拉康宣称,这一行动便是发送给分析家的一则加密信息,它表明此种解释未能触及病人症状的最本质方面(Lacan,1962-3:1963年1月23日的研讨班;亦见:E,238-9与S1,59-61)。

拉康将其1962—1963年度的研讨班中的几讲专门用来在行动搬演与**行动宣泄**(PASSAGE TO THE ACT)之间建立一个区分。

4　适应

英:adaptation;法:adaptation

适应是一个生物学的概念(见:**生物学**[BIOLOGY]);有机体理应受到驱使去调节自身以适应环境。适应即意味着在"内在世

[①] 恩斯特·克里斯(Ernst Kris,1900—1957),奥地利精神分析学家、艺术史学家,二战期间移民美国,自我心理学派的主要代表人物之一,主要研究早期儿童发展与精神分析的技术理论,著有《有关艺术的精神分析探索》《论精神结构的形成》与《童年记忆在精神分析中的恢复》等。

界"与"周围世界"之间有某种和谐的关系①。

自我心理学(EGO-PSYCHOLOGY)将这一生物学概念应用于精神分析,根据适应不良的行为来说明神经症的症状(譬如,将那些古老的防御机制应用在它们已不再适用的那些语境之下),并且认为精神分析治疗的目标是帮助病人来适应现实。

早在1930年代拉康的早期著作当中,他便已经开始反对任何根据适应来说明人类现实的企图(见:Lacan, 1938: 24; Ec, 158; Ec, 171-2)。这在拉康的著作中构成了一个恒定的主题。例如,在1955年,他便声称"分析所发现的维度是任何经由适应而进行的事物的对立面"(S2, 86)。他采取此种见解乃是出于以下几点原因:

(1)强调自我的适应性功能,即忽视了自我的异化性功能,而此种强调的基础则在于一种过分简单且毫无疑问的"现实"观。现实并非是自我必须适应的某种简单、客观的事物,而其本身是自我虚构的错误表象与某种投射的产物。因此,"问题不是要适应它〔现实〕,而是要向它〔自我〕表明它只是适应得太好,因为它协助了对于那一现实的建构"(E, 236)。精神分析的任务无非是旨在颠覆此种虚假的适应感,因为这会阻碍进入无意识的通路。

(2)把适应设定为治疗的目标,即把分析家变成了病人适应的仲裁者。分析家自身"跟现实的关系因而是不言而喻的"(E, 230);这便是在自动地假设分析家比病人适应得更好。如此便不可避免地会把精神分析变成分析家借以将其自身对有关现实的独特见解强加给病人的一种权力的实施;这不是精神分析,而是**暗示**(SUGGESTION)。

(3)在适应的概念中所暗含的有机体与其环境之间存在某种

---

① "内在世界"(Innenwelt)与"周围世界"(Umwelt)是由德国生物学家雅克布·冯·于克斯屈尔(Jakobvon Uexküll, 1864—1944)提出的概念,拉康曾多次针对这对概念提出过尖锐的批评。

和谐的观念并不适用于人类,因为人类在象征秩序中的登陆使他去自然化了,而这便意味着"在人类身上,[同自然的]想象关系是有所偏离的"。尽管"所有动物性机体皆被严格地固定于外部环境的种种条件"(S2,322),但是在人类身上却存在着"某种生物性的缺口"(S2,323;见:**缺口**[GAP])。任何旨在与自然重新获得和谐的企图,皆忽视了在死亡冲动中汇集起来的那种本质上过剩的冲动势能。人类在本质上即是适应不良的。

拉康指出,自我心理学由于强调自我对于现实的适应,从而把精神分析降格成了一种社会控制与服从的工具。他将此种态度看作对于精神分析的一种全然背叛,而精神分析在他看来则是一种根本颠覆性的实践。

适应的主题是由在1930年代后期移民至美国的那批欧洲精神分析家所发展起来的,拉康认为这一事实具有重要的意义;这些分析家不但感觉到他们不得不去适应在美国的生活,而且还感觉到他们不得不让精神分析去适应美国人的口味(E,115)。

情感

英:affect;法:affect;德:Affekt

在弗洛伊德的著作中,"情感"(Affekt)一词是与"表象"(Vorstellung)截然对立的术语。情感(affective)与理智(intellectual)之间的对立是哲学中最古老的主题之一,并经由德国心理学而传入了弗洛伊德的词汇。

然而,对拉康而言,情感与理智之间的这种对立在精神分析的领域中是无效的。"此一对立是同分析经验最为相反的,而且就理解分析经验而论也是最无启发的"(S1,274)。

因而,为了回应那些指责拉康是过度理智而忽略情感角色的人,我们可以指出,此种批评乃基于拉康眼中的一对虚假对立(拉康同样认为,关于过度理智的这些批评往往都只是对于思维混乱的借口——见:E, 171)。精神分析治疗乃是建立在象征秩序的基础之上,而象征秩序则超越了情感与理智之间的对立。一方面,精神分析的经验"并非一种情感的热吻"(S1, 55)。另一方面,精神分析的治疗也非一种理智的事务;"我们并不是在此处理一个理智的维度"(S1, 274)。故而,拉康派的精神分析家必须意识到,"情感的热吻"与理智化皆可能是针对分析的阻抗,是自我的想象性引诱。焦虑是唯一并非欺骗性的情感。

拉康反对那些把情感领域视作第一位的分析家,因为情感并非是同理智相对立的一个孤立的领域;"情感并不像是会逃离理智性考量(intellectual accounting)的一种特殊的愚钝。它并不存在于超越象征符生产且先于话语性建构的某种神话性彼岸"(S1, 57)。然而,他也拒绝人们指责他忽视了情感的角色,并且指出他恰好将整整一年的研讨班专门用来讨论焦虑(Lacan, 1973a: 38)。

拉康并未提出某种有关情感的一般性理论[1],而仅仅是就这些情感冲击到精神分析治疗而言才会触及它们。他坚持强调情感与象征秩序的关系;情感即意味着主体受到了自己与大他者的关系的影响(affected)[2]。他指出情感不是能指而是信号(S7, 102-3),并且强调弗洛伊德的如下立场,即压抑并不针对情感(情感只能遭受转化或者移置),而是针对表象代表[3](用拉康的话说,即能指)(Ec, 714)。

拉康有关情感概念的这些评论,在临床实践中皆有重要的蕴

---

[1] 有关拉康情感理论的系统论述,请读者参见法国著名拉康派精神分析家柯莱特·索莱尔(Colette Sole)夫人的《拉康式情感》一书(法文版:*Les affects lacaniens*, Paris: PUF, 2011;英文版:*Lacanian Affects: The Function of Affect in Lacan's Work*, London: Routledge, 2015)。
[2] "affect"在此作为动词,即"影响""侵袭"与"波及"的意思。
[3] 在弗洛伊德的元心理学框架下,"表象代表"(英:ideational representative;德:Vorstellungsrepräsentanz)是指在主体的历史进程中使冲动固着下来的一组观念或观念群,正是经由表象代表的中介,冲动才得以在精神中留下痕迹。对于此一概念的进一步解释,请详见拉普朗什与彭塔力斯的《精神分析词汇》。

意。首先，如果分析家要正确地指导治疗的话，那么先前在传统上根据情感来构想的所有那些精神分析学的概念，诸如转移等，就统统必须根据它们的象征结构而加以重新思考。

其次，这些情感皆是可能欺骗分析家的引诱，因此分析家必须警惕被其自身的情感所蒙骗。这并非意味着分析家应当无视其自身对于病人的感受，而仅仅意味着他必须知道如何恰当地使用自身的情感（见：**反转移**[COUNTERTRANSFERENCE]）。

最后，我们由此得出结论，精神分析治疗的目标并非对于过去经验的重新体验，也非对于情感的发泄，而是在言语中链接/道出（articulate）有关欲望的真理。

在拉康的话语中，与"情感"有关但又不同的另一项术语，便是"激情"（passion）。拉康谈到有"三种根本激情"，即爱、恨与无知（S1, 271）；这是一种对于佛教思想的指涉（E, 94）[1]。这些激情并非想象的现象，而是被定位在三大秩序之间的交界处[2]。

侵凌性

英：aggressivity；法：agressivité[3]

侵凌性是拉康在其1936年至1950年代早期的论文里所处理的核心议题之一。我们应当注意的第一点，便是拉康在侵凌性与侵凌（aggression）之间做出了区分，因为后者仅仅指涉那些暴力的行动，而前者则是一种基本的关系，这种关系不仅构成了此类行动

---

[1] 此三种根本激情分别对应着佛教思想中的"三毒"，即：贪（贪爱）、嗔（嗔恨）、痴（无明）。
[2] 在拉康的博洛米结中，爱被定位于想象界与象征界的交界，恨被定位于想象界与实在界的交界，而无知则被定位于象征界与实在界的交界。因为分析家的功能主要是在象征界与实在界之间运作，即作为象征的大他者（A）与实在的对象（a），故而拉康把"无知"称作"分析家的激情"。
[3] 国内精神分析学界大多将"aggressivity"译作"攻击性"，而我则遵循褚孝泉先生将其译作"侵凌性"。

的基础,而且还潜伏在很多其他现象的底层(见:S1,117)。因而,拉康指出,正如侵凌性存在于那些暴力的行动之中,它也同样存在于那些明显是爱的行动之中;"它构成了慈善家、空想家、教育家乃至改革家的活动之基础"(E,7)。在采取此种立场之时,拉康只是在重申弗洛伊德有关矛盾情感(ambivalence,即爱与恨的相互依存)的概念,拉康将其看作精神分析的根本性发现之一。

拉康把侵凌性定位于自我与相似者之间的二元关系。在**镜子阶段**(MIRROR STAGE)中,幼儿将其在镜中的映像视作一个整体,而这便与实在的身体上的不协调形成了鲜明的对比:此种反差会被体验为镜像与实在的身体之间的一种侵凌性的张力,因为形象的整体似乎以解体(disintegration)与碎裂(fragmentation)威胁着身体(见:**碎裂的身体**[FRAGMENTED BODY])。

随之发生的对于镜像的认同,故而便隐含着与相似者之间的一种同时涉及爱欲(eroticism)与侵凌的矛盾情感关系。此种"爱欲性侵凌"(erotic aggression)继而作为一种基本的矛盾情感,构成了未来所有认同形式的基础,而且它也是自恋的一项基本特征。自恋因而能够轻易地从极端的自爱(self-love)转向"自恋性自杀式侵凌"(法:agression suicidaire narcissique;英:narcissistic suicidal aggression)的相反极端(Ec,187)。

由于把侵凌性联系于有关爱欲(eros)的想象秩序,拉康似乎明显背离了弗洛伊德,因为弗洛伊德把侵凌性看作死亡冲动的一种向外表现(用拉康的话说,死亡冲动并不位于想象界,而是位于象征秩序)。侵凌性同样被拉康联系于黑格尔的殊死搏斗(the fight to the death)概念,后者是主奴辩证法中的一个阶段。

拉康认为,重要的是通过促使分析者的侵凌性作为负性转移而呈现,从而使分析者的侵凌性在治疗的早期发动。于是,这一指向分析家的侵凌性就变成了"分析戏剧的最初扭结"(E,14)。治疗的此一时期是十分重要的,因为倘若侵凌性得到分析家正确的处理,伴随而来的就会是"病人最深层阻抗的显著性减少"(Lacan, 1951b:13)。

代数学

英:algebra;法:algèbre

代数学是把问题的解决还原为符号式操作的一门**数学**(MATHEMATICS)分支。拉康在其1955年的著作中便开始使用一些代数学符号(见:**L 图式**[SCHEMA L]),以试图把精神分析加以形式化。在此种形式化目的的背后,存在着三个主要的原因:

(1) 形式化是让精神分析取得科学性地位所必需的(见:**科学**[SCIENCE])。正如克劳德·列维-斯特劳斯[①]运用了一些准数学的公式,以试图把人类学奠定在更具科学性的基础之上,拉康也尝试对精神分析做同样的事情。

(2) 形式化可以给精神分析理论提供某种内核,从而使之甚至能够被完整地传递给那些从未体验过精神分析治疗的人们。因而,各种公式就变成了精神分析家训练当中的一个基本面向,它们作为一种传递精神分析知识的媒介同训练性分析并驾齐驱。

(3) 根据代数学符号对精神分析理论加以形式化,是一种防止直觉化理解的手段,此种直觉化的理解被拉康看作阻碍通往象征界的一种想象性引诱。这些代数学符号应当以各种不同的方式来运用、操作并解读,而不是以一种直觉化的方式来理解(见:E, 313)。

拉康著作的大多数英文译本也都翻译了出现在其著作中的这

[①] 克劳德·列维-斯特劳斯(Claude Lévi-Strauss, 1908—2009),法国著名人类学家,哲学家、结构主义思潮的主要发起人之一,在1973年入选法兰西学院院士,与英国人类学家詹姆斯·乔治·弗雷泽(James George Frazer, 1854—1941)并称"现代人类学之父"。他建构起来的结构主义与神话学,不仅深深地影响了人类学的发展,而且还对哲学、社会学与语言学等诸多领域产生了广泛的影响。代表作有《忧郁的热带》《亲属关系的基本结构》《结构人类学》《原始思维》《图腾制度》《神话学》等。

些代数学符号。例如,阿兰·谢里丹就在其《著作集》的选译本中把符号 A(表示 Autre)译作 O(表示 Other)。然而,诚如谢里丹自己所指出的那样,拉康却反对这样一种做法(Sheridan, 1977: xi)。在这本辞典中,为了配合拉康自己的偏好,这些代数学符号均以它们在法语原文中的形式被保留。

拉康所使用的代数学符号主要出现在各种**数元/数学型**(MATHEMES)、**L 图式**(SCHEMA L)以及**欲望图解**(GRAPHE OF DESIRE)当中,它们连同其最常见的意义一起被罗列在下面。然而,重要的是要记得,这些符号在拉康著作的不同地方并非总是指涉相同的概念,而是随着其著作的发展以不同的方式来使用的。有关此种意义上的转变,最重要的例子就是对于符号 a 的使用,在1950 年代与 1960 年代,这个符号是以两种根本不同的方式来使用的。然而,即便是其他那些在意义上相对稳定的符号,偶尔也都是以非常不同的方式来使用的;例如 s 几乎总是指代所指,然而在一则算法中却被用来表示假设知道的主体(见:Lacan, 1967)。因此,在参考下面的等义列表时,读者应需特别谨慎。

A	=	大他者
$\bar{A}$	=	被画杠的大他者
a	=	(见:**对象小 a**)
a'	=	(见:**对象小 a**)
S	=	(1)主体(在 1957 年以前)
		(2)能指(从 1957 年开始)
		(3)原始的快乐主体(在两个萨德图式中)
$\bar{S}$	=	被画杠的主体
S_1	=	主人能指
S_2	=	能指链条/知识
s	=	所指(在索绪尔式算法中)
$S(\bar{A})$	=	大他者中缺失的能指

$s(A)$	=	大他者的意指(信息/症状)
D	=	要求
d	=	欲望
m	=	自我(moi)
$i(a)$	=	(1)镜像(R 图式)
		(2)理想自我(光学模型)
I	=	自我理想(R 图式)
$I(A)$	=	自我理想(欲望图解)
Π	=	实在的阳具
Φ	=	象征的阳具(大写 phi)
φ	=	想象的阳具(小写 phi)
$(-φ)$	=	阉割(负 phi)
S	=	象征秩序(R 图式)
R	=	现实领域(R 图式)
I	=	想象秩序(R 图式)
P	=	象征性父亲/父亲的名义
p	=	想象性父亲
M	=	象征性母亲
J	=	享乐(jouissance)
Jφ	=	阳具的享乐(phallic jouissance)
JA	=	大他者的享乐(jouissance of the Other)
E	=	能述
e	=	所述
V	=	享乐意志(volonté de jouissance)

这些排版印刷上的细节与区分性标志在拉康的代数学中是极其重要的。大写与小写符号之间的差异,斜体与非斜体符号之间的差异,撇号、负号以及下标的使用,等等,所有这些细则在代数学系统中皆具有其各自的作用。例如,大写字母往往指涉象征秩序,而小

写字母则通常指涉想象界。杠的使用也同样重要，甚至在同一公式中亦会有所变化。

异化

英：alienation；法：aliénation；德：Entfremdung

"异化"这一术语并非弗洛伊德理论词汇的组成部分。在拉康的著作中，此一术语同时隐含着对于精神病学与哲学的参照。

· **精神病学** 19世纪的法国精神病学（例如：皮奈尔[①]）曾把心理疾病构想为某种"心理异化"（aliénation mentale），而在法语中表示"疯子"的一个惯用措辞即"遭异化者"（aliéné）（这也是拉康自己使用过的一个术语；Ec, 154）。

· **哲学** "异化"一词是对在黑格尔与马克思的哲学中起着重要作用的德文术语"Entfremdung"的惯常译法。然而，拉康的异化概念在很大程度上却不同于该术语在黑格尔哲学与马克思主义传统中被使用的方式（正如雅克-阿兰·米勒所指出的；S11, 215）。对拉康而言，异化并不是降临于主体且能够被超越的一种偶有属性（accident）[②]，而是主体的一项基本构成性特征。主体从根本上是**分裂**（SPLIT）的，是异化于其自身的，而且也没有任何从此一割裂中逃脱的出口，没有任何"整体"（wholeness）或综合（synthesis）的可能性。

自我是通过认同相似者而构成的，异化便是此一过程的一个不可避免的结果："自我的最初综合在本质上是另一自我（alter ego），它是遭到异化的"（S3, 39）。用兰波的话说，即"我是一个他

[①] 菲利普·皮奈尔（Philippe Pinel, 1745—1826），法国著名医生，主张以更人道的方式来对待精神病患者，并且对精神障碍的分类做出了巨大贡献，被誉为现代精神病学之父。
[②] "accident"原本的意思是"意外事件"，在哲学上则表示非本质的"偶有属性"。

者"(E,23)①。因而,异化属于想象秩序:"异化是想象秩序的构成性要素。异化即想象界本身"(S3,146)。尽管异化是所有主体性的一项本质性特征,但精神病却代表着一种更加极端的异化形式。

拉康创造了**外心性**(EXTIMACY)这一术语来指代此种异化的性质,相异性(alterity)在其中居于主体最内在的核心。拉康将《研讨班 XI:精神分析的四个基本概念》的整个第 16 章专门用来讨论异化及其相关的分离(separation)概念。

分析者/精神分析者

英:analysand/psychoanalysand;法:analysant/psychanalysant②

在 1967 年以前,拉康把"进入"精神分析治疗的人称作"病人"(英:patient;法:patient)或"主体",或是使用"受分析者/受精神分析者"(analysé/psychanalysé)这一技术性术语。然而,在 1967 年,

---

① 亚瑟·兰波(Arthur Rimbaud,1854—1891),法国著名诗人,早期象征派诗歌的代表人物,超现实主义诗歌的鼻祖。这句"我是一个他者"(Je est un autre)出自兰波在 1871 年 5 月 15 日写给保罗·德梅尼的那封著名的"通灵者之信",见《兰波作品全集》(王以培译,北京:东方出版社,2000 年:第 329 页)。

② 国内心理学界大多将"analysand"译作"被分析者",而将与之相对的"analyst"则译作"分析师",从而暗示出在分析双方之间是一种施与受的主动—被动关系(类似于传统的医患关系模式)。然而,在拉康派精神分析的语境中,无论是对于"分析家"还是"分析者"而言,我们通常都只是说"做分析",这即意味着分析双方皆是主动参与在分析过程之中的,并非是一方主动施予而另一方被动接受的模式。因此,我在这里遵循霍大同先生的译法,把"analysand"译作"分析者",以强调分析者才是进行分析工作(即展开自由联想)的主体,至于把"analyst"译作"分析家"而非"分析师",除了避免与"老师"(相对于"学生")、"医师"(相对于"病人")、"上师"(相对于"信徒")等身份的混淆之外,主要还有以下三点依据:首先,在哲学家、科学家、艺术家等"行家里手"的实践意义上,分析家毕竟是在多年的个人分析中从分析者的经验走过来的,类似于从作者到作家的身份过渡,尽管这一头衔也多少反映出了一些精神分析从业者的职业自态;其次,在"一家之言"的理论意义上,即精神分析作为一个思想流派,与儒、墨、道、法等诸子百家类似;最后,也是最重要的一点,在"原生家庭"的精神意义上,正如分析者会把早年与父母的互动模式及情感关系等投射到分析家的身上,分析家作为转移的载体,恰恰是在超越现实的"另一场景"中给分析者开启了一个回到"精神家园"的无意识空间。

拉康却基于英文的"analysand/psychoanalysand"一词而引入了"analysant/psychanalysant"这项术语（Lacan，1967：18）。拉康更偏爱这一衍生自动名词的术语，因为该词指明了躺在躺椅上的那个人才是进行大部分工作的人。这与衍生自过去分词的陈旧术语"analysé/psychanalysé"形成了鲜明的对比，后者不是会令人联想到分析过程中的一种较不主动的参与，就是会暗示出分析的过程业已结束。在拉康看来，分析者并非被分析家"所分析的"（analysed）；正是分析者在进行分析，而分析家的任务则是帮助其分析更好地进行。

焦虑

英：anxiety；法：angoisse；德：Angst

在精神病学上，焦虑被长期认作心理障碍的最常见症状之一。有关焦虑的精神病学描述一般都会指涉到心理现象（忧虑、担心）与躯体现象（呼吸困难、心悸、肌肉紧张、疲劳、眩晕、冒汗及颤抖）两个方面。此外，精神病学家们还在广泛性焦虑状态（generalised anxiety states）与"惊恐发作"（panic attacks）之间做出了区分，前者是存在于大多数时间的"自由浮动性焦虑"（free-floating anxiety），后者则是"急性焦虑的间歇性发作"（intermittent episodes of acute anxiety）（Hughes，1981：48-9）。

弗洛伊德采用的德文术语（Angst）虽然具有上面描述的精神病学意义，但却绝不是一项专门的技术性术语，因为它在日常言语中也很常用①。弗洛伊德在其著述过程中曾发展过两种焦虑理论。从1884年至1925年,他宣称神经症性焦虑仅仅是对于尚未得到充分释放的性欲力比多的一种转化。然而,在1926年,他却抛弃了此种理论,并改而认为焦虑是针对"创伤性情境"(traumatic situation)的一种反应——在面对无法得到释放的兴奋积聚时的一种**无助**(HELPLESSNESS)体验。这些创伤性情境是由各种"危险情境"所促成的,诸如诞生、丧失作为对象的母亲、丧失爱的对象,而且尤其是阉割,等等。弗洛伊德区分了作为某一创伤性情境的结果而被直接引发的"自动性焦虑"(automatic anxiety)和作为对某一预期危险情境的警告而由自我主动再生的"信号性焦虑"(anxiety as signal)。

拉康在其二战前的著作中主要将焦虑联系于主体在镜子阶段中所面对的碎裂的威胁(见:**碎裂的身体**[FRAGMENTED BODY])。他认为,只有在镜子阶段之后很久,这些有关身体肢解的幻想才会围绕着阴茎而聚合起来,从而引发阉割焦虑(Lacan, 1938:44)。此外,他还把焦虑联系于被饕餮母亲(devouring mother)所吞噬的恐惧。这一主题(明显带有克莱因派的论调)此后始终是拉康对焦虑进行说明的一个重要面向,而且标志着拉康与弗洛伊德之间的一点显著的差异:弗洛伊德提出焦虑的原因之一是与母亲的分离,而拉康则认为恰恰是缺乏此种分离才诱发了焦虑。

在1953年以后,拉康逐渐开始把焦虑链接于他的实在界概念,即始终处在象征化之外且因此缺乏任何可能中介的一个创伤性元

---

① 德语的"Angst"一词在日常语言中同时具有"焦虑"与"害怕"的双重意涵。这里需要指出的是,弗洛伊德的"焦虑"与海德格尔在《存在与时间》中提出的"畏"使用的是同一个德语单词,故而两者存在着明显的内在关联性,不同之处在于弗洛伊德更侧重对"Angst"作为个体"情感状态"的心理学阐述,而海德格尔则更侧重于对"Angst"作为此在"生存境遇"的存在论分析。

素。这一实在界即"不再是任何对象的一个本质性对象,然而此种事物却面对着所有话语的终结与一切范畴的失败,是焦虑的绝佳对象"(S2,164)。

在把焦虑联系于实在界的同时,拉康也同样把它定位于想象秩序,并使之同他定位于象征界的罪疚(guilt)形成对照(Lacan, 1956b:272-3)。"焦虑,正如我们知道的那样,总是关联于某种丧失……关联于在濒临消隐之际由其他事物所接替的某种双边关系,以至于病人无法不带眩晕地去面对此种事物。"(Lacan, 1956b: 273)

在1956—1957年度的研讨班上,拉康继续在其讨论**恐怖症**(PHOBIA)的语境中进一步发展了他的焦虑理论。拉康认为,焦虑是主体不惜任何代价以试图避免的那种根本性的危险,而且在精神分析中所遇到的各种主体性的构形,从恐怖症到恋物癖,皆是对抗焦虑的防护(S4,23)。焦虑因而存在于所有神经症性的结构,但在恐怖症中尤其显著(E,321)。即便是恐怖症也比焦虑更为可取(S4,345);至少,恐怖症用恐惧(恐惧聚焦于某种特殊的对象,并因而可以被象征性地修通)取代了焦虑(焦虑之所以可怕,恰恰是因为它并未聚焦于某种特殊的对象,而是围绕着某种缺位而运转)(S4,243-6)。

拉康在其有关小汉斯个案(Freud,1909b)的分析中指出,焦虑发生在主体于想象的前俄狄浦斯三角与俄狄浦斯四元组之间游移不定的时刻上。正是在此一结点上,汉斯在幼儿手淫中感受到了其实在的阴茎;焦虑之所以产生,便是因为他如今可以衡量他因之而得到母亲喜爱的那个东西(即他作为想象的阳具的位置)与他实际上不得不交付的那个东西(即他无足轻重的实在的器官)之间的差异(S4,243)。焦虑恰恰是因为主体被悬搁在了他不再知道自己置身于何地的时刻与他再也无法重新寻回其自身的未来之间(S4,226)。借由实在的父亲的阉割性干预,汉斯便有可能从此种焦虑中被解救出来，然而这却并未发生；父亲未能干预进来以便使汉斯同其母亲相分离，故而汉斯便发展出一种恐怖症，作为对于此种干预的替代。从拉康有关小汉斯的说明中再度显现出来的是，引起焦虑的并非是与母亲的分离，而是与母亲分离的失败（S4，319）。因此，阉割非但不是焦虑的首要来源，反而实际上是把主体从焦虑当中解救出来的东西。

在1960—1961年度的研讨班上，拉康强调了焦虑与欲望之间的关系；焦虑是在对象丢失之时对欲望进行支撑的一种方式，而与此相反，欲望则是对于焦虑的一种补救，是比焦虑本身更易于承受的某种东西（S8，430）。他还指出，焦虑的来源并非总是内在于主体，而是往往可能来自一个他者，正如焦虑会在兽群中从一只动物传递到别的动物那样；"如果说焦虑是一则信号，那么这便意味着它可能来自一个他者"（S8，427）。这就是分析家必须不让其自身的焦虑干扰到治疗的原因所在，这是他唯一能够满足的一个要求，因为他维系着其自身的某种欲望，即分析家的欲望（S8，430）。

在1962—1963年度被简单冠以"焦虑"之名的研讨班上，拉康指出，焦虑是一种情感而非一种情绪（emotion），此外它还是唯一毋庸置疑的非欺骗性的情感（亦见：S11，41）。尽管弗洛伊德在（聚焦于某一特定对象的）恐惧与（没有任何特定对象的）焦虑之间做出了区分，然而拉康现在则声称焦虑并非没有对象（n'est pas sans objet）；它只是涉及一种不同类型的对象，一种无法像所有其他的对象那样以同样的方式来加以象征化的对象。这一对象是对象小 a（objet petit a），即欲望的对象因（object-cause of desire），而焦虑则发生于当某种事物出现在这个对象的位置上的时候。当主体面对着大他者的欲望，却不知道自己相对于那一欲望而言是怎样的对象的时候，焦虑便会发生。

同样是在这一期的研讨班中，拉康又把焦虑联系于缺失的概念。所有的欲望皆起因于缺失，而焦虑则发生在当这一缺失本身就是缺失的时候;焦虑是一种缺失的缺失。焦虑并非乳房的缺位,而是其包裹的在场;事实上,正是其缺位的可能性,将我们从焦虑中解救了出来。行动搬演与行动宣泄皆是对抗焦虑的最后防御。

焦虑同样联系着镜子阶段。即便是在看到自己的镜中映像这样一种往往令人惬意的经验当中,也还是可能会出现镜像遭到修改而突然对我们显得陌生的某种时刻。如此一来,拉康便把焦虑联系于弗洛伊德的"怪怖"(英:uncanny;德:Unheimliche)概念(Freud, 1919h)。

尽管1962—1963年度的研讨班主要涉及的是弗洛伊德的第二焦虑理论(即焦虑之为信号),然而在1974—1975年度的研讨班上,拉康则似乎又返回了弗洛伊德的第一焦虑理论(即焦虑之为经过转化的力比多)。因而,他便评论说,焦虑是当身体泛滥着阳具的享乐时存在于身体内部的东西(Lacan, 1974-5;1974年12月17日的研讨班)。

消失

希:aphanisis

此一希腊文术语的字面意义即"消失"。欧内斯特·琼斯[1]首先将其引入精神分析,用它意指"性欲望的消失"(Jones, 1927)。对琼斯而言,对于此种"消失"的恐惧在两性中皆有存在,它会引发男孩身上的阉割情结,并且引发女孩身上的阴茎嫉羡。

---

[1] 欧内斯特·琼斯(Ernest Jones, 1879—1958),英国首位精神分析家,国际精神分析协会(IPA)的创始成员,曾任英国精神分析学会主席,同时也是《国际精神分析期刊》的主编之一。他曾将精神分析理论应用于诸多主题:诸如文学理论、宗教、民族认同问题以及人类学等。代表作有《神经症的治疗》与《精神分析的社会影响》等。琼斯晚年曾写过一部有关弗洛伊德的三卷本"权威"传记《弗洛伊德的生活与工作》(1953—1957)。拉康有关琼斯的集中评论,见他的文章《纪念欧内斯特·琼斯:论他的象征意义理论》(À la mémoire d'Ernest Jones: Sur sa théorie de symbolisme),收录于《著作集》第697-713页。

拉康吸纳了琼斯的术语,但在实质上对其进行了修改。对拉康而言,"消失"并非意味着欲望的消失,而是意味着主体的消失(见:S11, 208)。主体的"消失"即主体的消隐,是构成了欲望辩证法(见:S11, 221)的主体的根本性割裂(见:**分裂**[SPLIT])。欲望的消失非但不是恐惧的对象,而恰恰是神经症患者力求达到的目标;神经症患者企图摆脱其自身的欲望,将其搁置一旁(S8, 271)。

拉康还使用了另一项术语,即"消隐"(fading),在某种程度上把它用作"消失"的同义词。消隐(拉康直接以英文来使用的一个术语)指的是主体在异化过程中的消失。此一术语也被拉康使用在描述冲动与幻想的**数元/数学型**(MATHEMES)的时候:正如主体在这些数元中被画杠的事实所表明的那样,当面对要求以及面对对象的时候,主体便会"消隐"或"消失"。

艺术

英:art;法:art

弗洛伊德曾把艺术评价为人类社会的众多伟大文化建制之一,而且他还专门写了很多文章,用于探讨一般而言的艺术创作过程以及特殊而言的某些艺术作品。他通过参照**升华**(SUBLIMATION)的概念来解释艺术创作,性欲力比多在此过程中会被重新导向一些非性欲化的目标。弗洛伊德同样写了很多文章专门来分析特定的艺术作品,尤其是文学作品,他声称文学作品能够在两个主要方面有助于精神分析。首先,这些作品往往以诗歌的形式表达了有关精神的某些真理,这意味着创造性作家们可以凭直觉而直接获悉精神分析家们后来只能通过一些较为费力的手段所发现的东西。其次,弗洛伊德同样认为,对于文学作品的一种严密的精神分析式解读可以揭示出作者精神中的某些要素。尽管弗洛伊德有关特定艺术作品的大多数文章皆涉及的是文学作品,然而他并未完全忽视其他的艺术形式。例如,他专门写了一篇文章来讨论米开朗基罗的摩西塑像(Freud,1914b)。

拉康的著作中同样充斥着对于特定艺术作品的讨论。如同弗洛伊德一样,他的大部分精力也主要用于关注各种体裁的文学作品:散文(例如:关于埃德加·爱伦·坡[①]的《失窃的信》[*The Purloined Letter*]的讨论,见:S2,ch. 16)、戏剧(例如:关于莎士比亚的《哈姆雷特》的讨论,见:Lacan,1958-9,以及关于索福克勒斯[②]的《安提戈涅》[*Antigone*]的讨论,见:S7,chs 19-21)以及诗歌(例如:关于维克多·雨果[③]的《沉睡的布兹》[*Booz Endormi*]的讨论,见:S3,218-25;S4,377-8;E,156-8;S8,158-9)。然而,拉康还讨论了一些视觉艺术,他将其1964年研讨班中的几次讲座专门用于讨论绘画,特别是畸像艺术(anamorphotic art)(S11,chs 7-9,他在那里讨论了荷尔拜因[④]的《大使像》[*The Ambassadors*],亦见:S7,139-42)。

不过,弗洛伊德与拉康探讨艺术作品的方式还是存在着一些重要的差异。虽然拉康确实谈到了升华,但是不同于弗洛伊德的是,他并不相信让精神分析家们基于对某一艺术作品的考察去谈论艺术家的心理是可能的,抑或甚至是可欲望的(参见他有关"心理传记"的评论;Ec,740-1)。拉康说到,仅仅因为精神分析理论中的最根本情结(俄狄浦斯)乃借鉴自一部文学作品,并不意味着精神分析可以说明任何有关索福克勒斯本人的问题(Lacan,

---

[①] 埃德加·爱伦·坡(Edgar Allan Poe,1809—1849),美国著名诗人、小说家、文学评论家,以哥特风格的恐怖小说与侦探小说闻名于世,代表作有小说《黑猫》《厄舍古屋的倒塌》与诗歌《乌鸦》等。
[②] 索福克勒斯(Sophocles,约公元前496年—前406年),古希腊三大悲剧诗人之一,一生共写有123部剧作,传世的代表作有《安提戈涅》《俄狄浦斯王》《俄狄浦斯在科洛诺斯》与《伊莱克特拉》等。
[③] 维克多·雨果(Victor Hugo,1802—1885),法国著名文学家,浪漫主义文学代表人物,代表作有《巴黎圣母院》《悲惨世界》等。
[④] 汉斯·荷尔拜因(Hans Holbein,约1497—1543),文艺复兴时期的德国著名画家,以人物肖像画见长。

1971：3）。

拉康把艺术家排除在他对艺术作品的讨论之外，这意味着他对文学作品的那些解读并不关涉针对作者意图的重构。在他对于作者意图问题的悬搁之中，拉康不仅是在表示他同结构主义运动的立场一致（毕竟，早在结构主义者们登台很久以前，新批评就已经把作者的意图置入了括号），而且更确切地说，也是在阐明分析家在倾听与解释分析者的话语之时所应当行进的道路。换句话说，分析家必须把分析者的话语当作一则文本来对待：

> 你必须从文本开始，一如弗洛伊德所做的与他所建议的那样，开始把文本当作《圣经》来看待。作者，亦即经文的抄写者，仅仅是一个抄写匠，而且他是居于第二位的……同样，就我们的病人而论，也请对文本而非对作者的心理给予更多的关注——我的教学的全部定向皆在于此。
>
> （S2，153）

因而，拉康有关文学文本的这些讨论，就其本身而言并非旨在文学批评方面的运用，而是旨在给他的听众示范一种观念，即如何去阅读他们病人的无意识。此种阅读方法类似于形式主义与结构主义所运用的方法；所指遭到忽视以支持能指，内容被置入括号以支持形式结构（尽管雅克·德里达业已指出，拉康其实并未遵循他自己的方法，见：Derrida，1975）。

除了充当拉康建议分析家们在阅读其病人的话语时所遵循的一种阅读方法的典范之外，拉康有关文学文本的讨论也同样旨在把某些充当隐喻的元素提取出来，以阐明他的某些最重要的思想。例如，在他有关爱伦·坡的《失窃的信》的解读中，拉康便指出这封循环的信函/**字符**（LETTER）是对于能指的决定性力量的一则隐喻。

所谓"精神分析式文学批评"的一个新的分支,现在自称受到了拉康着手分析文学文本的方法所启发(例如:Muller and Richardson, 1988 以及 Wright, 1984;处理拉康与文化理论的其他著作有:Davis, 1983;Felman, 1987;MacCannell, 1986)。然而,这样一些计划虽然就其本身而言是非常有趣的,但是它们通常并不是以跟拉康同样的方式来着手文学分析的。也就是说,虽然精神分析式文学批评旨在对其所研究的文本发表看法,但是拉康方法的两个面向(即阐明分析性解释的模式,以及阐明精神分析的概念)所涉及的并不是就文本本身发表看法,而仅仅是运用文本来提出有关精神分析的看法。这或许就是拉康着手分析艺术作品的方法与弗洛伊德的方法之间最重要的差异所在。弗洛伊德的某些著作往往被看作隐含有"精神分析是某种元话语(meta-discourse)或主叙事(master narrative)"的观念,即它提供了一把普遍解释学的钥匙,能够解开文学作品中迄今尚未得到解答的秘密,然而我们却不可能错误地以为拉康是在做出任何这样的主张。对拉康而言,虽然精神分析或许能够学到一些有关文学的东西,或是运用文学作品来阐明自己的某些方法与概念,但是文学批评是否能够从精神分析中学到什么则是令人怀疑的。因此,拉康便拒绝一种运用精神分析概念的文学批评可以被称作"应用精神分析"(applied psychoanalysis)的观念,因为"在该术语的严格意义上,精神分析仅仅被应用于一种治疗,且因而被应用于一个言说并倾听的主体"(Ec, 747)。

自主的自我

英:autonomous ego

"自主的自我"是由**自我心理学**(EGO-PSYCHOLOGY)的支持者们所创造的一项术语。根据自我心理学的这些支持者的观点,**自我**(EGO)可通过在其原始冲动与现实要求之间达到某种和谐的平衡而变得自主。因而,自主的自我便同义于"强大的自我"(the strong ego)、"适应良好的自我"(the well-adapted ego)以及"健康的自我"(the healthy ego)。精神分析被自我心理学的这些支持者们构想为帮助分析者的自我变得自主的过程:此一过程是通过让分析者认同于分析家的强大的自我而实现的。

拉康对于自主的自我这一概念持极具批判性的态度(见:E,306-7)。他指出,自我并非自由的,而是由象征秩序所决定的。自我的自主性仅仅是一种自恋式的主人性幻象。真正享有自主性的不是自我,而是象征秩序。

B

杠

英：bar；法：barre

"杠"这一术语在 1957 年首度出现于拉康的著作,当时它是在对索绪尔的**符号**(SIGN)概念进行讨论的语境下被引入的(E,149)。在此一语境下,杠是在索绪尔式算法(Saussurean algorithm)中将能指与所指分离开来的那道横线(见：图18),并且代表着只能在隐喻中被跨越的那种意指中所固有的阻抗。"杠"(barre)在法语中是对"树"(arbre)进行字母易位的一则字谜游戏,拉康对此喜闻乐见,因为索绪尔恰恰是用一棵"树"来阐明他自己的符号概念的(E, 154)。

在该术语首度出现于其中的这篇 1957 年的文章之后不久,即在 1957—1958 年度的研讨班上,拉康继而又用杠画穿了他的代数学符号 S 与 A,其方式令人联想到海德格尔[1]画去"存在"(being)一词的做法(见：Heidegger, 1956)。杠被用来画穿 S,以产生 $, 即"被画杠的主体"(barred subject)。杠在这里代表着主体遭到语言的割裂,即**分裂**(SPLIT)。因而,尽管在 1957 年以前,S 指代主体(例如：在 L 图式中),但是从 1957 年开始,S 就指代能指,而 $ 则指代(割裂的)主体。杠同样被用来画穿 A(大他者),以产生表示"被画杠的大他者"(barred Other)的代数学符号 $\bar{A}$。然而,拉康继续在其代数学中使用这两个符号(例如：在欲望图解中)。被画杠的大他者是遭阉割的、不完整的、由一个缺失所标记的大他者,而与之相对的那一完整的、一致的、不受阉割的大他者,即一个不被画杠

---

[1] 马丁·海德格尔(Martin Heidegger, 1889—1976),德国著名哲学家,20 世纪存在主义哲学的创始人与代表人物之一,主要著作有《存在与时间》《形而上学导论》《同一与差异》等。值得一提的是,拉康与海德格尔私交甚好,其早期对于分析经验的现象学描述也颇受海德格尔的影响。

的 A，则是不存在的。

在1973年，杠则被用来画穿定冠词"la"，只要该定冠词出现在名词"女人"（femme）的前面，譬如拉康的著名格言"女人不存在"（la femme n'existe pas）。定冠词在法语中表示普遍性，而拉康则通过将其划去来阐明自己的论题，即女性特质（femininity）是抵制所有形式的普遍化的（见：S20, 68）。

除了这些功能外，杠还可以被解释为象征的阳具（象征的阳具本身是从来不被画杠的）、在性化公式中表示否定的符号（见：**性别差异**[SEXUAL DIFFERENCE]）以及"单一特征"（trait unaire）（见：**认同**[IDENTIFICATION]）。

美的灵魂

英：beautiful soul；法：belle âme；德：schöne Seele

美的灵魂（德：schöne Seele）是黑格尔在《精神现象学》（*Phenomenology of Spirit*）里所描述的自我意识辩证法中的一个阶段（Hegel, 1807）。美的灵魂将其自身的混乱无序投射到世界之上，并试图通过将"内心法则"（the law of the heart）强加给所有其他人来治愈此种混乱无序。对拉康而言，美的灵魂是对于自我的一则完美隐喻；"现代人的自我……是在'美的灵魂'的辩证僵局中呈现出其形式的，即'美的灵魂'并未在它所谴责的世界上的混乱无序中认出其自身的'存在的原因'（raison d'être）"（E, 70）。以更加极端的方式，美的灵魂也同样阐明了偏执狂误认（见：**误认**[MÉCONNAISSANCE]）的结构（Ec, 172-3）。

美的灵魂的概念阐明了神经症患者往往会以怎样的方式来否认其自身对于发生在自己周围的事情的责任（见：**行动**[ACT]）。精神分析的伦理学即在于责令分析者承认在他们的痛苦中有其自身的参与。因而，当杜拉抱怨她被自己周围的男人们当成了一个交换对象的时候,弗洛伊德的第一项干预,便是让她去面对其自身在这一交换中的共谋(Ec, 218-9;见:Freud, 1905e)。

存在
英:being;法:être;德:Sein

拉康对于"存在"一词的使用,给他的话语引入了某种形而上学的论调,从而使他的话语有别于拒绝从事其形而上学与哲学基础的大多数其他精神分析理论学派(见:E, 228)。拉康认为,精神分析家们必须要介入这样的关切,因为当他进行干预的时候,他的行动"便走向了[分析者的]存在的核心",而这同样也会影响到他自身的存在,因为他无法"单独置身在游戏的场域之外"(E, 228)。因此,"分析家必定要在与存在的关系之中找到自己的操作性层面"(E, 252)。拉康同样指出,在治疗的过程期间,随着分析家渐渐被化约为对于分析者而言的一个纯粹的对象,他也会经受一种进行性的存在的丧失(法:désêtre)。

拉康有关存在的讨论,明显受到了海德格尔思想的影响(见:Heidegger, 1927)。存在属于象征秩序,因为正是"在与大他者的关系之中,存在找到了自己的地位"(E, 251)。此种关系,就像大他者本身那样,也是由一个缺失(manque)所标记的,而主体是由此种存在之缺失(manque-à-être)所构成的,这一存在之缺失便引发了欲望,即某种"存在之想望"(英:want-to-be;法:manque-à-être);因而,欲望在本质上是一种对于存在的欲望。

每当拉康把存在与**实存**(EXISTENCE)对立起来的时候,他都是在把存在的象征功能与实在界中的实存形成对照。因而,某种事物可能"存在"(be)而不"实存"(existing),即当它是从言语中被建构出来,但在实在界中找不到任何对应物的时候(例如:完整的大他者)。反之,某种事物可能"实存"(exist)而不"存在"(being),

譬如主体的"无法言说的、愚蠢的实存"便无法被完全化约为一种能指的链接(E,194)。

拉康根据动名词"存在"(être)与动词"言说"(parler)创造了"言在"(parlêtre)这一新词,以强调他的观点,即存在是在语言中并通过语言而构成的。人类的存在首先是一种言说的存在(speaking being)。

肯定

德:Bejahung

在他的《回应让·伊波利特①有关弗洛伊德的〈否定〉的评论》(Lacan,1954b)一文中,拉康描述了一种原始肯定的作用,它在逻辑上先于任何**否定**(NEGATION)的作用。拉康用弗洛伊德的德文术语"Bejahung"(肯定)来表示此种原始的肯定(Ec,387;见:Freud,1925h)。否定涉及弗洛伊德所谓的"存在判断"(judgement of existence),而"肯定"则表示某种更加根本的东西,即象征化(把某种事物纳入象征世界)本身的原始作用。只有当某种事物(在肯定的层面上)被加以象征化之后,存在的价值(value of existence)才能够被归附于它,或者不归附于它(即否定)。

拉康在"肯定"与他日后称作**排除**(FORECLOSURE)的精神病机制之间安置了一种基本的选替(alternative);前者是指把某种事物纳入象征界的原始运作,而排除则是拒绝把某种事物(即"父亲的名义")纳入象征界的原始运作(S3,82)。

---

① 让·伊波利特(Jean Hyppolite,1907—1968),法国著名哲学家,毕业于巴黎高师,是把黑格尔的《精神现象学》翻译成法文的第一人,主要著作有《逻辑与实存》《马克思与黑格尔研究》等。

生物学

英:biology;法:biologie

弗洛伊德的著作中充满着对生物学的参照。弗洛伊德把生物学视作一种严密科学的模型,而且把精神分析的新科学奠定在此模型的基础之上。然而,拉康却强烈反对任何试图把精神分析建构在一个生物学模型之上的做法,并且指出把生物学(抑或行为学/心理学)的概念(诸如**适应**[ADAPTATION]等)直接应用于精神分析,都将不可避免地是误导性的,而且也会消抹**自然**(NATURE)与文化之间的本质性区分。根据拉康的观点,有关人类行为的此种生物学化的解释,皆忽视了象征秩序在人类存在(human existence)中的首要性。一些精神分析家把欲望混淆于需要,并且把冲动混淆于本能,拉康在他们的著作中看出了此种"生物学主义"(biologism),而他则坚持强调要对这些概念加以区分。

这些论点明显可见于拉康非常早期的精神分析作品。例如,在其1938年论及家庭的著作中,他便拒绝任何试图基于纯粹生物学资料来说明家庭结构的做法,并且指出人类的心理是由情结而非由本能来调节的(Lacan, 1938:23-4)。

拉康认为,他对生物学还原论的拒绝并不是同弗洛伊德的某种矛盾,而是对于弗洛伊德著作之本质的某种返回。当弗洛伊德使用那些生物学模型的时候,他这么做只是因为生物学在当时总的来说是一种严密科学的模型,也是因为推测科学在那时还尚未达到同样的严密程度。当然,弗洛伊德并未把精神分析混淆于生物学或是任何其他的精确科学,而当他借用一些来自生物学的概念(诸如冲动的概念)时,他都会彻底地对它们进行改写,从而使它们变成全新的概念。例如,死亡本能的概念就"不是一个生物学的问题"(E, 102)。拉康以一则悖论来表达他的观点:"弗洛伊德式

的生物学与生物学没有丝毫关系。"(S2, 75)

同弗洛伊德一样,拉康也使用了一些借自生物学的概念(例如:意象①、开裂②),然后又在一个全然象征性的框架内对它们进行了改写。或许,对此最重要的例子就是拉康的**阳具**(PHALLUS)概念,他将其构想为一个能指,而非一个身体器官。因而,尽管弗洛伊德是根据阴茎的在场与缺位来构想阉割情结与性别差异的,然而拉康是在非生物学的、非解剖学的面向上(根据阳具的在场与缺位)来对它们加以理论化的。这已然成为拉康理论对于某些女性主义者而言的主要吸引力之一,她们将拉康的理论看作对性别化的主体性(gendered subjectivity)建构一种非本质主义说明的方式。

然而,虽然拉康一贯拒绝所有形式的生物学还原论,但是他也同样拒绝完全忽视生物学相关性的文化主义立场(Ec, 723)。如果"生物学化"(biologising)得到正确的理解(也就是说,不是把精神现象化约为粗糙的生物学决定,而是探明生物学资料影响精神领域的确切方式),那么拉康就会完全赞同生物学化的思想(Ec, 723)。对此,最清楚的例子就是拉康借助一些来自动物行为学的例子论证了形象充当释放机制(releasing mechanisms)的效力。因此,拉康在其有关镜子阶段的说明中便提到了鸽子与蝗虫(E, 3),而且在他有关拟态(mimicry)的说明中也提到了甲壳纲动物(S11, 99)(见:**格式塔**[GESTALT])。

因而,在拉康有关性别差异的说明中,他便遵循弗洛伊德的观点,拒绝"解剖抑或习俗"(anatomy or convention)之间的错误二分(Freud, 1933a:SE XXII, 114)。拉康关心的不是给任何一方赋予特权,而是要说明此两者在采取某种性别位置的过程中如何以复杂的方式相互作用。

---

① "意象"(imago)一词在生物学上是"成虫"的意思。
② "开裂"(dehiscence)在植物学上指成熟的种子荚壳的突然开裂。

博洛米结

英：Borromean knot；法：nœud borroméen

早在1950年代，对于扭结的提及便可见于拉康的著作（例如：E, 281），然而直至1970年代早期，拉康才开始根据这些扭结的拓扑学属性来考察它们。有关扭结理论的研究标志着拉康**拓扑学**（TOPOLOGY）中的一项重要发展；拉康从曲面（莫比乌斯带、圆环面等）的研究走向了复杂得多的扭结拓扑学的领域。拓扑学日益被看作探究象征秩序及其与实在界和想象界的交互作用的一种在根本上是非隐喻性的方式；拓扑学即结构，而不仅仅是表征结构。在其著作的晚期，相比于其他的扭结，有一种扭结更多地引起了拉康的兴趣，即博洛米结。

博洛米结（如图1所示）是把三个圆环以这样一种方式联结成一组，如果割断其中的任一圆环，所有三个圆环就会分离开来，而之所以这样命名它，则是因为这种图形被发现于博洛米欧（Borromeo）家族的徽章上（S20, 112）。严格地讲，将此种图形称作一个链条而非一个扭结或许是更加恰当的，因为它涉及的是若干不同线圈的相互联结，而一个扭结则仅仅由一条线绳构成。尽管构成一条博洛米链至少需要三个线圈或圆环，然而其环数没有最大值；这种链条可以通过添加更多的圆环而得以无定限地延伸下去，但仍然保留其博洛米结的属性（即如果切断其中的任一圆环，整个链条便会瓦解）。

拉康在其1972—1973年度的研讨班上首次采用了博洛米结，但是他有关此种扭结的最详尽的讨论却出现在1974—1975年度的研讨班中。正是在这一期的研讨班上，拉康特别把博洛米结用作一种方式来图解实在界、象征界与想象界之间的相互依存，并以此种方式来探究这三种秩序之间的共同之处。每一圆环都代表着三

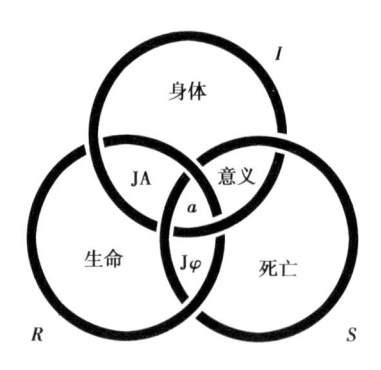

图 1　博洛米结

大秩序中的一个,因而某些元素便可以被定位于这些圆环之间的交界。

在 1975—1976 年度的研讨班上,拉康继而把精神病描述为博洛米结的拆解,而且提出通过添加"**圣状**"(SINTHOME)的第四环而把其他三个圆环联结起来,在某些情况下可以防止博洛米结的此种精神病式的拆解。

C

捕获

英：captation；法：captation

法语名词性实词 captation 是由法国精神分析家爱德华·皮雄[1]与奥黛特·柯岱[2]（Odette Codet）两人根据法语动词 capter（弗雷斯特将其译作"to captate"，从而在某种准技术性的意义上复兴了此一废弃的英语动词——见：S1，146 与注释）而创造的一个新词。此一术语在 1948 年为拉康所采纳，以指涉**镜像**（SPECULAR IMAGE）的那些想象性效果（见：E，18），从此时起，该词便时常出现在他的著作当中。这一法文术语的双重意义恰好表明了镜像力量的暧昧性本质。一方面，它携带有"魅惑"（captivation）的意义，因而表达出形象的迷惑性与诱惑性力量；另一方面，该术语同样传达了"俘获"（capture）的意思，而这则令人想到形象把主体禁锢于某种丧失能力的固着中的那种更加邪恶的力量。

卡特尔

英：cartel；法：cartel[3]

卡特尔是拉康将他的精神分析**学派**（SCHOOL）即"巴黎弗洛伊德学派"（École Freudienne de Psychanalyse，EFP）建立在其基础上的基本工作单位，而大多数拉康派协会如今都继续在各个卡特

---

[1] 爱德华·皮雄（Édouard Pichon，1890—1940），法国儿科医生兼精神分析学家，在 1926 年成为巴黎精神分析学会（SPP）的创始会员，在将语言学的方法融合于精神分析的思想方面对拉康产生过深远的影响。

[2] 奥黛特·柯岱（Odette Codet，1892—1964），法国精神分析家，曾任巴黎精神分析学会（SPP）主席。

[3] 关于"卡特尔"的进一步资料，可参见我的《学派的功能与精神分析家的训练》一文，原文可见于"精神分析行知学派"（EPS）的公众号。

尔中组织工作。

卡特尔基本上是由3—5人(尽管拉康认为4个人是最佳的人数)所构成的一个学习小组,再加上一位主持小组工作的督导(名叫"加一",法:plus-un)。当一组人决定就他们感兴趣的精神分析理论的某一特定方面共同工作的时候,他们便会创建一个卡特尔,然后这个卡特尔便会被登记在学派的卡特尔名单上。尽管参加卡特尔在拉康派分析家的训练(formation)中扮演着一个重要的角色,然而卡特尔的成员资格并不局限于学派的成员。实际上,拉康就很欢迎分析家们与那些来自其他学科的人们的思想交流,并把卡特尔看作一种用来鼓励此一交流的结构。

通过围绕着像卡特尔这样的一个小规模单位来组织研究工作,拉康希望避免的是那些群聚化的效应(effects of massification),因为他把这些群聚化的效应看作导致国际精神分析协会(IPA)僵化贫瘠的部分原因。

阉割情结

英:castration complex;法:complexe de castration;
德:Kastrationskomplex

弗洛伊德在1908年首次描述阉割情结时指出,孩子在发现两性之间的解剖学差异(阴茎的在场或缺位)之际,会假设此种差异是由于女性的阴茎被割掉所致(Freud, 1908c)。因而,阉割情结是当一种幼儿理论(人人皆有阴茎)为一种新的理论(女性遭到阉割)所取代的时刻。这一新的幼儿理论,在男孩和女孩身上会产生不同的结果。男孩恐惧他自己的阴茎会被父亲割掉(阉割焦虑);而女孩则将她自己看作已然遭到(母亲的)阉割,并试图对此进行否认或是通过寻求一个孩子作为阴茎的替代来对此进行补偿(阴茎嫉羡)。

阉割情结影响到两性,是因为它的出现紧密联系着阳具阶段(phallic phase),在此一心理性欲发展的时刻,孩子——无论男孩还是女孩——都只认识一个生殖器官,即男性生殖器。此一时期也以幼儿生殖组织(infantile genital organisation)而著称,因为它是各种部分冲动在生殖器官的首位之下获得统一的最初时刻。因而,它便预期了在青春期才出现的严格意义上的生殖组织,主体在此时业已获悉了男性与女性的性器官(见:Freud, 1923e)。

　　弗洛伊德认为,阉割情结与**俄狄浦斯情结**(OEDIPUS COMPLEX)虽然有着紧密的关联,但是它在俄狄浦斯情结中的作用对于男孩和女孩来说是不同的。对于男孩而言,阉割情结是出离俄狄浦斯情结的拐点,是俄狄浦斯情结的最终转折点;因为他对阉割的恐惧(往往由某种威胁所唤起),男孩会放弃自己对母亲的欲望,从而进入潜伏期。对于女孩而言,阉割情结则是进入俄狄浦斯情结的拐点;正是她对母亲的怨恨——她责备母亲剥夺了自己的阴茎——致使她把自己的力比多欲望导离母亲并重新导向父亲。因为此种差异,俄狄浦斯情结在女孩的情况下就没有可比较于男孩的决定性的最终转折点(Freud, 1924d)。

　　弗洛伊德渐渐地把阉割情结看作一种普遍的现象,此种现象的根源在于一种基本的"对于女性特质的拒绝"(Ablehung der Weiblichkeit)。它是每个主体都会遇到的现象,而且代表着精神分析治疗所无法超越的最终界限(Freud, 1937c)。

　　拉康在其早期著作中对于阉割情结的讨论并不是很多,他通常更多地谈及"阉割"而非"阉割情结"。他在自己有关家庭的文章中曾把几个段落专门用于阉割情结,在该文中他曾遵循弗洛伊德声称,阉割首先且首要的是一种有关阴茎切断的幻想。拉康将此种幻想同有关身体肢解的一系列幻想联系了起来,这些幻想皆起源于碎裂的身体的形象;这一形象与镜子阶段是同时期的(6至18个月),而只有到更晚些的时候,这些肢解幻想才会围绕着特定的阉割幻想而结合起来(Lacan,1938:44)。

直至1950年代中期,首先是在1956—1957年度的研讨班上,阉割情结才开始在拉康的教学中扮演某种突出的角色。正是在该期研讨班中,拉康把阉割确定为"对象缺失"(lack of object)的三种形式之一,其他两种形式是挫折与剥夺(见:**缺失**[LACK])。与挫折(即一个实在对象的想象性缺失)和剥夺(即一个象征对象的实在性缺失)不同,阉割被拉康定义为一个想象对象的象征性缺失;阉割并不是针对作为一个实在性器官的阴茎,而是针对想象的**阳具**(PHALLUS)(S4, 219)。拉康有关阉割情结的说明,因而便脱离了简单的生物学或者解剖学的维度:"它不能通过还原为任何生物学的给定来解决。"(E, 282)

拉康遵循弗洛伊德的观点指出,阉割情结是整个俄狄浦斯情结围绕其转动的枢轴(S4, 216)。然而,弗洛伊德认为这两个情结是被不同地表达在男孩和女孩身上的,而拉康则认为阉割情结在两性中皆始终表示着俄狄浦斯情结的最后时刻。拉康把俄狄浦斯情结划分成了三个"时间"(Lacan, 1957-8:1958年1月22日的研讨班)。在第一时间上,孩子发觉母亲欲望着某种超出孩子自身之外的东西——想象的阳具——于是便试图为了母亲而成为阳具(见:**前俄狄浦斯期**[PREOEDIPAL PHASE])。在第二时间上,想象的父亲介入进来,通过颁布乱伦禁忌而剥夺了母亲的对象;严格地讲,这不是阉割而是剥夺。阉割仅仅被实现于最后的第三时间,这个时间代表着俄狄浦斯情结的"消解"。于是,实在的父亲便通过表明他真正拥有阳具而介入进来,以这样一种方式迫使孩子放弃自己成为阳具的企图(S4, 208-9, 227)。

根据有关俄狄浦斯情结的此种说明,拉康显然是用"阉割"这一术语来指称两种不同的运作:

• **对母亲的阉割** 在俄狄浦斯情结的第一时间上,"母亲被两性皆视为拥有阳具的,是阳具母亲"(E, 282)。通过在第二时间上颁布乱伦禁忌,想象的父亲便被看作剥夺了她的这一阳具的人。拉康指出,严格地讲,这不是阉割而是剥夺。然而,拉康自己时常交替使用这些术语,既讲对母亲的剥夺,也讲对母亲的阉割。

•对主体的阉割　此即严格意义上的阉割,就它是针对一个想象性对象的象征性行动的意义而言。在俄狄浦斯情结的第二时间上发生的对母亲的阉割/剥夺,否定的是"有"(to have)的动词(母亲并不拥有阳具),而在俄狄浦斯情结的第三时间上对主体的阉割,则否定的是"是"(to be)的动词(主体必须放弃他为母亲而成为阳具的企图)。当放弃了自己想要作为母亲欲望的对象时,主体也就放弃了某种"享乐"(jouissance),此种享乐是他无论怎么努力都不会重新获得的;"阉割意味着享乐必须被拒绝,以至于它能够在欲望法则的翻转阶梯(l'echelle renversée)上被抵达"(E, 324)。这一点同样适用于男孩和女孩:此种"与阳具的关系……是在不考虑两性的解剖学差异的情况下被建立起来的"(E, 282)。

在一个更具根本性的层面上,"阉割"这一术语也可能并不指涉某种"运作"(想象的父亲或实在的父亲介入的结果),而是指涉早在主体诞生之前便已然存在于母亲身上的某种缺失状态。此一缺失明显可见于她自身的欲望,主体将其看作一种对于想象的阳具的欲望。也就是说,主体在很早的阶段便认识到,母亲就其本身而言并不是完整的与自足的,她也并不充分满足于自己的孩子(主体自己),而是对某种别的东西产生欲望。这是主体第一次发觉大他者并非完整的而是缺失的。

此两种形式的阉割(对母亲的阉割与对主体的阉割)皆给主体呈现了一种选择:要么接受阉割,要么拒绝阉割。拉康认为,只有通过接受(或是"承担"[assuming])阉割,主体才能抵达某种程度的精神正常。换句话说,对阉割的承担具有某种"正常化的效果"

(normalising effect)。此种正常化的效果要同时根据精神病理学（临床的结构与症状）和性别同一性两个方面来理解。

• **阉割与临床结构**　正是对阉割的拒绝处在所有精神病理性结构的根源。然而，因为全然接受阉割是不可能的，所以一种完全"正常"的位置便是从来不会被抵达的。最接近于这样一个位置的是神经症的结构，然而即便在这里，主体也仍旧会通过压抑对阉割的认识来防御大他者中的缺失。这就防止了神经症患者充分承担起他的欲望，因为"正是对阉割的承担造成了欲望被建立在其上的那一缺失"（Ec, 852）。相较于压抑而言，一种更激进的对抗阉割的防御是拒认，后者是性倒错结构的根源。精神病患者则走上了其中最极端的道路；他完全拒斥阉割，仿佛阉割从未存在过似的（S1, 53）。对于象征性阉割的此种拒斥，便导致了阉割在实在界中的返回，诸如以肢解的幻觉（例如在狼人的个案里；见：S1, 58-9）或甚至是以自行切断实在的生殖器官的形式返回实在界。

• **阉割与性别同一性**　唯有通过（在此两种意义上）承担阉割，主体才能够作为一个男人或是一个女人而占据某种性别位置（见：**性别差异**[SEXUAL DIFFERENCE]）。拒绝阉割的不同形态表现在各种形式的性倒错之中。

原因/事业
英：cause；法：cause

因果性（causality）的概念构成了贯穿在拉康全部著作中的一道重要线索。它首先出现在有关精神病的原因问题的语境之下，这是拉康博士论文中的一则核心关切（Lacan, 1932）。拉康在1946年又重新返回了这一问题，疯癫的原因在此时变成了所有精神因果性的真正本质。在1946年的这篇文章里，他重申了自己早前的观点,认为需要一种特殊的精神原因来解释精神病;然而,他同样质疑了根据与物质概念的一种简单对立来界定"精神"的可能性,而这则导致他在1955年摒弃了"心理发生"(psychogenesis)的过分简单化概念(S3,7)。

在1950年代,拉康着手探讨因果性的真正概念本身,并且认为它应当被定位于象征界与实在界之间的边界;它意味着"象征链与实在界之间的某种媒介"(S2,192)。他指出,因果性的概念虽然是支撑所有科学的基础,但其本身却是一种非科学的概念;"原因的概念本身……是被建立在某种原始赌注的基础之上的"(S2,192)。

在1962—1963年度的研讨班上,拉康指出,因果性的真正意义应当在焦虑的现象中来寻找,因为焦虑是怀疑的原因。于是,他便将此一观念联系于**对象小** *a*(OBJET PETIT *A*)的概念,后者现在被定义为欲望的"原因"(cause),而非欲望所趋向的对象。

在1964年,拉康用亚里士多德的原因类型学来说明象征界与实在界之间的差异(见:**偶然**[CHANCE])。

在1965—1966年度的研讨班上,拉康又重新返回了因果性的主题,他在那里根据巫术、宗教、科学与精神分析同作为原因的真理之间的关系而在它们之间做出了区分(见:Lacan,1965a)。

拉康同样玩味了这一术语的歧义性,因为除了"引起某种结果的原因"之外,该词还具有"人们为之而奋斗的、人们所捍卫的事业"的意思。拉康显然是把他自己看作在为"弗洛伊德事业"(the Freudian cause;他把这个名词赋予了自己在1980年建立的学派)而战斗,尽管只有当人们认识到无意识的原因始终是"一种丧失的原因"(a lost cause)的时候,这场战斗才可能取得胜利。

偶然

英：chance；法：chance

弗洛伊德常常因其粗陋的决定论而遭人指责，因为他认为无论在表面上多么无关紧要的口误或过失，都总是不能归因于偶然。实际上，弗洛伊德曾经写道："我相信外部（现实性）的偶然，那是千真万确的，而不相信内部（精神性）的意外事件。"（Freud，1901：257）

拉康以他自己的措辞表达了同样的信念：在纯粹偶然性（contingency）的意义上，偶然只存在于实在界。在象征秩序中，则根本没有纯粹偶然这样的事情。

在1964年的研讨班上，拉康借用亚里士多德在两种偶然之间的区分来阐明实在界与象征界之间的这一区分。在对因果性概念（见：**原因**[CAUSE]）进行讨论的《物理学》第二卷中，亚里士多德探究了偶然与命运在因果性中的角色。他区分了两种类型的偶然："自发"（automaton）与"机遇"（tyche），前者指的是世界上一般而言的那些偶然事件，后者则指的是会影响有道德行为能力的施动者的那种偶然。

拉康把"自发"重新界定为"能指网络"（the network of signifiers），从而将其定位于象征秩序。这一术语因而便开始指代那些看似偶然的现象，但它们其实是能指在决定主体方面的坚持。"自发"并没有真正的任意性：唯有实在界才具有真正的任意性，因为"实在界是超越自发的"（S11，59）。

实在界是与"机遇"排成一线的，拉康将其重新界定为"遭遇实在"（the encounter with the real）。"机遇"因而指的是实在界在象征秩序中的侵入："自发"是决定着主体的象征秩序的结构，与此不同，"机遇"则是纯粹的任意性，超出象征秩序的决定。它是打断梦境的敲门声,而它在某种更加令人痛苦的水平上就是创伤(trauma)。创伤性事件便是与实在界的相遇,是外在于意指的。

编码

英:code;法:code

拉康从罗曼·雅各布森的交流理论中借用了"编码"这个术语。雅各布森提出他的"编码与信息"(code VS. message)的对立相当于索绪尔的"语言与言语"(langue VS. parole)。然而,拉康却在**语言**(LANGUAGE)与编码的概念之间做出了一则重要的区分(见:E, 84)。编码是动物交流的领域,而非主体间交流的领域。语言的元素是**能指**(SIGNIFIERS),而编码的元素则是指示符(见:**指示符**[INDEX])。这个基本的差异便在于,在一个指示符及其指涉物之间有着某种固定的一一对应(一对一)的关系,而在一个能指与一个指涉物之间,或是在一个能指与一个所指之间,则没有任何这样的关系。因为指示符与指涉物之间的一一对应关系,编码便缺乏那种被拉康看作人类语言的基本特征的东西:歧义性与多义性的潜在可能性(见:Lacan, 1973b)。

拉康并非始终一致地在维持编码与语言之间的此种对立。例如,在1958—1959年度的研讨班上,当他提出欲望图解的基本单位时,他便把一个位点命名为编码,这个位点也被他指派为大他者的位置与能指的宝库。在此种情况下,"编码"这一术语便显然是基于跟"语言"一词的相同意义来使用的,即被用来命名主体可以使用的那些能指的集合。

我思

拉：cogito

拉康的著作中充满着对笛卡尔的那句著名格言"cogito ergo sum"（即"我思故我在"——见：Descartes，1637：54）的提及。在拉康的著作中，这句话（拉康常常简单地将其称作"我思"[cogito]）于是便代表着笛卡尔的全部哲学。拉康对于笛卡尔主义的态度是极其复杂的，这里只能概述少数最重要的几点。

(1)在某种层面上，"我思"代表着现代西方的**自我**(EGO)概念，其基础乃在于**意识**(CONSCIOUSNESS)的自足性(self-sufficiency)与自明性(self-transparency)以及自我的自主性(autonomy of the ego)等观念(见：E, 6)。虽然拉康并不认为现代西方的自我概念是由笛卡尔或是任何其他人所发明的，但是他却指出这个概念诞生自笛卡尔进行写作的同一时期(即16世纪中叶—17世纪初)，而且被笛卡尔特别清楚地表达了出来(见：S2, 6-7)。因而，尽管这个自我的概念在现今的西方人看来是那么的自然而永恒，然而事实上它是一个相当新近的文化性建构；其永恒与自然的显象其实是经由回溯作用而产生的一种幻象(S2, 4-5)。

拉康认为，精神分析治疗的经验是"一种导致我们反对任何直接产生自'我思'哲学的经验"(E, 1；见：S2, 4)。弗洛伊德对于无意识的发现，颠覆了笛卡尔式的主体性概念，因为它对"主体=自我=意识"的这一笛卡尔式方程提出了质疑。拉康对于自我心理学与对象关系理论的主要批判之一，就是这些学派由于返回到把主体看作一种自主的自我的前弗洛伊德式概念而背叛了弗洛伊德的发现(S2, 11)。

(2)在另一层面上，拉康的这些见解不仅可以被看作对于"我思"的某种颠覆，而且也可以被看作对于它的某种延伸，因为"我思"不但概述了拉康所反对的"主体=自我=意识"的这一错误等式,同时也把注意力集中在**主体**(SUBJECT)的概念上,而这是拉康希望保留的。因而,"我思"便在其自身内包含有其自身颠覆的种子,因为它提出的主体性的概念削弱了现代自我概念的基础。这一主体性的概念指涉的是拉康所谓的"科学的主体"(the subject of science);通往知识的所有直觉性的通路皆是在拒绝这个主体,因而只给他留下理性以作为通往知识的唯一路径(Ec, 831;见:Ec, 858)。

通过将主体对立于自我,拉康提出笛卡尔式的"我思"主体与无意识的主体其实是同一回事。精神分析因而能够以一种笛卡尔式的方法来操作,即从怀疑前进至确信,关键的差异在于它不是从宣称"我思",而是从断言"它思"(ça pense)而开始的(S11, 35-6)。拉康以各种不同的方式改写了笛卡尔的这句格言,诸如"我在我不在之处思,故我在我不思之处在"(I think where I am not, therefore I am where I do not think)等(E, 166)。拉康同样用"我思"来区分所述的主体(the subject of the statement)与**能述**的主体(the subject of the ENUNCIATION)(见:S11, 138-42;见:S17, 180-4)。

交流

英:communication;法:communication

现代语言学提供的大部分交流理论的特点皆于两项重要的特征。首先,它们通常都会涉及一种对于意向性范畴的参照,此一范畴被构想为与意识相毗连(例如:Blakemore, 1922:33)。其次,它们皆把交流表现为信息在其中由一个人(发信者)发送给另一个人(收信者)的一个简单过程(例如:Jakobson, 1960:21)。

然而,这两种特征由于精神分析治疗中的特殊交流经验而遭到了质疑。首先,**言语**(SPEECH)被揭示出拥有一种超出意识性目的的意向性。其次,言说者的信息不仅被看作指向另一个人,而且也指向他自己;"在人类的言语中,发送者同时总是一个接收者"(S3,24)。结合这两点来考虑,我们便可以说,言说者发送给其自身的那一部分信息便是这则信息背后的无意识的意向。当分析者对着分析家言说的时候,他也同样给自己发送了一则信息,但对此毫无觉察。分析家的任务即在于使分析者能够听到他无意识地发送给自己的这则信息;通过解释分析者的话语,分析家便允许分析者的信息能够在其真正的无意识的维度上返回到分析者那里。因此,拉康便把分析性的交流定义为"发送者以一种颠倒的形式从接收者那里接收到他自己的信息"的行动(Ec,41)。

情结

英:complex;法:complexe;德:Komplex

"情结"这个术语在拉康1950年以前的著作中占据着一个重要的位置,它在那里被紧密联系于**意象**(IMAGO)。意象是指联系于某人的一种想象性刻板,而情结则是由相互作用的若干意象组成的整个群集;它是主体最早的那些社会结构(即其家庭环境中的各个人物之间的种种关系)的内化。一个情结便涉及对所有这些相互作用的意象的多重性认同,并因而提供了一个剧本,导致主体按照这个剧本"作为唯一的演员去演出"其家庭成员之间的"那些冲突的戏剧"(Ec,90)。

拉康在其二战前的著作中认为,正是因为人类的心理乃基于那些完全是文化性产物的情结,而非基于那些自然性的**本能**(INSTINCTS),所以人类的行为便不能通过参照那些生物学的给定事实来解释。不过,在拉康阐明情结与本能之间的此种鲜明对比时,他也同样认识到情结可以被比作本能,因为它们补偿了人类婴儿的本能性不充分(insuffisance vitale),并指出这些情结是依靠诸如断奶之类的生物学功能来维持的(Lacan, 1938: 32-3)。

在 1938 年,拉康鉴别出了三种"家庭情结"(family complexes),其中的每一种情结都是伴随着一个"生活危机"的"精神危机"的痕迹。这些情结中的第一个是断奶情结(complexe du sevrage)。拉康采用了最早由勒内·拉弗格①在 1920 年代提出的"断奶创伤"(trauma of weaning)的概念,并指出无论断奶发生得多么晚,它都会被幼儿感知为过早地到来。

> 无论存在创伤性与否,断奶都会在人类的精神中对它所打断的那一生物性联系留下一道永久的痕迹。这一生活的危机实际上伴随着一个精神的危机,而其最初的解决办法毫无疑问具有一种辩证的结构。
>
> (Lacan, 1938: 27)

继断奶情结之后到来的是闯入情结(complexe de l'intrusion),此一情结代表着孩子在认识到自己有兄弟姐妹时所具有的经验。于是,孩子便必须应对这样一个事实,即他不再是其父母关注的唯一对象。第三个也是最后一个家庭情结是**俄狄浦斯情结**(OEDIPUS COMPLEX)。

在"断奶情结"与"闯入情结"出现于 1938 年的文章之后,这些术语便几乎完全从拉康的著作中消失了(虽然在 1950 年对它们有一处简短的提及,但是少有其他了;Ec, 141)。然而,俄狄浦斯情结仍然是一个贯穿始终的基本参照点,而这一点又在拉康从 1956 年开始对**阉割情结**(CASTRATION COMPLEX)日益增加的兴趣中得到了补充。

---

① 勒内·拉弗格(René Laforgue, 1894—1962),法国精神病学家兼精神分析家,巴黎精神分析学会(SPP)的创建者之一,代表作有《精神分裂症的情感》《失败的精神病理学》等。

28 意识

英：consciousness；法：conscience

在所谓的"地形学模型"（topographical model）中，弗洛伊德把意识作为精神中的一个部分离析出来，同**无意识**（UNCONSCIOUS）与前意识（preconscious）并存。拉康发觉弗洛伊德有关意识的评论远远不及他有关无意识的阐述；"虽然他[弗洛伊德]可以就精神装置（psychic apparatus）中的大多数其他部分给出某种一致的、均衡的说明，但是当涉及意识问题的时候，他总是会遇到一些相互矛盾的情况"（S2，117）。根据拉康的观点，弗洛伊德在探讨意识方面的难题反复地纠缠他的理论："这个意识系统所引发的困难反复出现在弗洛伊德的理论化的每个层面上"（S2，117）。特别是，拉康拒绝明显存在于弗洛伊德著作中的那些旨在把知觉意识系统联系于**自我**（EGO）的企图，除非此种联系是经过细致的理论化的。如果在自我与意识之间存在某种联系，那么这也是在引诱的方面而言的；这种完全自明的意识的幻象是由整个精神分析的经验所颠覆的（见：**我思**[COGITO]）。"人类的意识在本质上是一种两极的张力，一极是从主体中异化出来的自我（ego），另一极则是从根本上逃离自我的知觉，即一种纯粹的感知（percipi）"（S2，177）。

在1954年，拉康给出了"一则有关意识现象的唯物主义定义"（S2，40-52）。然而，物质不应当同自然相混淆；拉康认为，意识并不是从自然秩序中进化出来的；它在根本上是不连续的，而且它的起源也更加类似于创造，而非进化（S7，213-14；223）。

在1960年代，拉康又根据他的**假设知道的主体**（SUBJECT SUPPOSED TO KNOW）的概念，重新思考了向其自身充分呈现的自我意识（德：Selbstbewußtsein）的幻象。

相似者

英：counterpart；法：semblable

从1930年代开始，"相似者"这一术语便在拉康的著作中扮演着一个重要的角色，它指的是主体知觉到同自身具有某种相似性（主要是视觉上的相似）的其他人。相似者在闯入情结（intrusion complex）与**镜子阶段**（MIRROR STAGE）中扮演着一个重要的角色（它们本身是密切相关的）。

闯入情结是拉康在其1938年关于家庭的文章中讨论的三个"家庭情结"之一，它发生在孩子首度认识到自己有兄弟姐妹，认识到像他一样（like him）的其他主体也参与到家庭结构当中的时候。这里强调的重点在于相似性；孩子基于对身体相似性的识别而认同于自己的兄弟姐妹（当然，此种相似性取决于主体与其兄弟姐妹之间较小的年龄差异）。正是此种认同造成了"相似者的意象"（Lacan, 1938: 35-9）。

相似者的意象同主体自己身体的形象是可以互换的，即主体在镜子阶段中与之认同的**镜像**（SPECULAR IMAGE），后者导致了自我的形成。此种可互换性明显存在于诸如**互易感觉**（TRANSITIVISM）的现象之中，同时它也阐明了主体在其自我的基础上来建构其对象的方式。另一个人的身体形象，只有就它在知觉上相似于某人自己的身体而言，才能被认同，而反过来说，只有通过把某人自己的自我投射到相似者的身上，相似者才能被当作一个分离的、可辨认的自我来加以识别。

在1955年，拉康引入了"大他者"与"小他者"（抑或"想象的他者"）之间的区分，把后一术语保留给了相似者和/或镜像。相似者之所以是小他者，是因为它根本不是真正相异的；它不是由大他者所代表的那种根本相异性，而是就其相似于自我而言的小他者

（因此，L图式中的 a 与 a' 具有可互换性）。

反转移

英：contertransference；法：contre-transfert[1]

弗洛伊德创造了"反转移"这个术语来指称分析家朝向病人的"无意识情感"。虽然弗洛伊德只是非常罕见地使用到这一术语，但是在他死后，该术语在精神分析理论中得到了更加广泛的使用。特别是，关于指派给反转移的角色，分析家们很快便在技术的讨论中划分成了两大阵营。一方面，很多分析家认为，反转移的表现是在分析家身上未经彻底分析的那些元素的结果，这些表现因此应当通过更加彻底的训练性分析而被缩减至最小。另一方面，自保拉·海曼开始，一些克莱因学派的分析家便认为，分析家应当在自己的解释上由其自身的反转移反应来引导，将其自身的感受当作病人心理状态的指示器（Heimann, 1950）。前一群体把反转移视作对于分析的障碍，后一群体则将其看作一项有用的工具。

在1950年代，拉康把反转移呈现为某种**阻抗**（RESISTANCE），即某种阻碍精神分析治疗进展的障碍。如同所有针对治疗的阻抗那样，反转移归根结底是一种分析家的阻抗。因而，拉康便把反转移定义为在治疗的"辩证过程的某一时刻上，分析家的偏见、激情、困惑乃至不充分资料的总和"（Ec, 225）。

拉康提到了弗洛伊德的两例个案研究来阐明他的意思。在1951年，他提到了杜拉个案（Freud, 1905e），并且指出弗洛伊德的反转移的根源不仅在于他相信异性恋是自然的而非规范的看法，而且还在于他对K先生的认同。拉康认为，正是这两个因素致使

---

[1] 国内有些学者将该术语译作"反向转移"，但因为该术语的前缀"contre"同时具有"反向"与"反对"的双重含义，故而我在此将其译作"反转移"。

弗洛伊德糟糕地处理了治疗并且激起了"负性转移",从而导致杜拉突然中断了治疗(Lacan,1951a)。

在1957年,拉康又就弗洛伊德对于同性恋少女的治疗(Freud,1920a)提出了一则类似的分析。他指出,当弗洛伊德把这个女人的梦解释为一种想要欺骗他的愿望的时候,他便是聚焦在了这个女人的转移的想象性维度,而非象征性维度(S4,135)。也就是说,弗洛伊德把这个梦解释为某种针对他本人的东西,而非某种指向大他者的东西。拉康认为,弗洛伊德之所以这样做,既是因为他发觉这个女人很有吸引力,也是因为他认同了这个女人的父亲(S4,106-9)。再一次地,弗洛伊德的反转移使治疗过早地结束,尽管这一次是弗洛伊德决定要终止治疗的。

上述两个例子似乎暗示着,拉康同那些认为训练性分析应当让分析家有能力超越对于病人的所有情感反应的分析家站在同一阵线上。然而,拉康断然拒绝了此种观点,他将其看作一种"斯多葛派的理想"(stoical ideal)而不予理会(S8,219)。训练性分析并不会使分析家置身于激情之外,倘若如此认为,则是相信所有的激情皆滋生自无意识,而这是为拉康所拒绝的一种思想。甚至可能正好相反,分析家越是经历过更好的分析,他就越是可能会坦诚地爱上分析者,或是对分析者感到相当厌恶(S8,220)。因而,如果说分析家没有基于这些情感来行动,那也不是因为他的训练性分析耗尽了他的激情,而是因为它给他赋予了比那些激情更加强大的一种欲望,这种欲望被拉康称作**分析家的欲望**(DESIRE OF THE ANALYST)(S8,220-1)。

> 从来没有人说过分析家绝不应当对分析者产生情感。但是他不仅必须知道不要投身其中,而是要把这些情感保持在它们的位置上,而且还必须知道如何把这些情感恰当地运用

在自己的技术中。

(S1, 32)

如果说反转移是为拉康所谴责的,那么,这也是因为他不是根据分析家所感受到的各种情感来定义它的,而是把它定义为分析家未能恰当地使用那些情感的失败。

在1960年代,拉康对"反转移"这一术语开始持极具批判性的态度。他认为该术语意味着分析家与分析者之间存在着一种对称性的关系,而转移则根本不是一种对称性的关系。当谈到分析家的位置的时候,使用"反转移"这个术语便既是误导性的又是不必要的;仅仅是讲分析家与分析者被卷入转移中的不同方式就足够了(S8, 233)。"转移是主体与精神分析家被共同纳入其中的一种现象。根据转移与反转移来对其进行划分……永远都只不过是一种规避问题本质的方式"(S11, 231)。

D

死亡

英:death;法:mort

"死亡"这一术语在不同的语境下出现于拉康的著作。

(1)死亡是象征秩序的构成性要素,因为象征符(symbol)代替了它所象征的事物,从而便等同于那一事物的死亡:"象征符是对事物的谋杀"(E, 104)。同样,人类历史上的"第一个象征符"便是坟墓(E, 104)。唯有凭借能指,人类才得以触及并能够设想其自身的死亡;"正是在能指之中,并且就主体链接着一个能指链条而言,他才能够去面对自己可能会从他之所是的这一链条中消失的事实"(S7, 295)。能指同样也使主体超越了死亡,因为"能指早已将他视作死者,它在本质上使他不朽"(S3, 180)。象征秩序中的死亡也联系着父亲(Father)的死亡(即在《图腾与禁忌》中对于部落父亲的谋杀;Freud, 1912-13);象征的父亲始终是一个死亡的父亲。

(2)在1959—1960年度的研讨班《精神分析的伦理学》当中,拉康谈到了"二度死亡"(second death;这是他参照萨德侯爵①的小说《茱莉埃特》[*Juliette*]中的一段话而创造出来的措辞,其中的一个角色谈到了"二度生命"[second life],见:Sade, 1797:772,被引用于S7, 211)。首度死亡(first death)是身体的物理性死亡,此种死亡虽然终结了一个人的生命,但并未终止腐烂与再生的循环。二度死亡则阻止了死者身体的再生,它是"自然转化的循环真正覆

---

① 萨德侯爵(Marquis de Sade,1740—1814),法国历史上最伟大的情色作家,虐恋文学的开山鼻祖,其代表作有《索多玛120天》《美德的不幸》《茱莉埃特》与《闺房里的哲学》等,对当代法国的一众思想家均产生了广泛且深远的影响,诸如阿波利奈尔、巴塔耶、波伏瓦、罗兰·巴特、布朗肖、科罗索夫斯基等人皆有为其著书立说,从而造就了学术界的"萨德神话"。拉康对于萨德的集中评论可见于他的《康德同萨德》一文,该文早前由我翻译在"泼先生"独立出版。

灭的时刻"(S7, 248)。二度死亡的概念被拉康用来阐明了他在很多主题上的思想:美(S7, 260;美的功能即在于揭示出人类与其自身死亡的关系——S7, 295);与存在(being)的直接关系(S7, 285);以及施加永恒痛苦的施虐性幻想(S7, 295)。"介于两次死亡之间的空域"(l'espace de l'entre-deux-morts)这一措辞,原本是由拉康的一位学生所创造(见:S7, 320),则被拉康拿来命名"悲剧在其中上演的地带"(S8, 120)。

(3)死亡在黑格尔与海德格尔的哲学体系中皆扮演着一个重要的角色,而拉康则同时借鉴了他们俩的哲学来理论化死亡在精神分析中的角色。从黑格尔那里(经由科耶夫),拉康接受了这样一种思想,即死亡既构成了人类的自由,同时又构成了"绝对的主人"(Kojève, 1947: 21)。死亡在黑格尔式的**主人**(MASTER)与奴隶的辩证法中扮演着一个至关重要的角色,它在那里同欲望有着密切的关联,因为唯有凭借一种对于死亡的欲望,主人才能相对于一些他者来确认其自身(E, 105)。从海德格尔那里,拉康接受了这样一种思想,即唯有凭借死亡所设下的最终界限,人类的存在(existence)才会呈现出意义,因此人类主体严格地讲是一种"向死而在"(being-for-death);这对应着拉康的如下观点,即经由分析的过程,分析者应当最终承担起其自身必死的命运(E, 104-5)。

(4)在拉康把精神分析治疗比喻为桥牌游戏的时候,他把分析家描述为在扮演着"明手"(法语中的"le mort",在字面上即"死人"的意思)的位置。"分析家通过假装他是个死人而具体地介入分析的辩证法……他让死亡呈现"(E, 140)。分析家会"尸化"(se corpsifiat)其自身。

(5)那个构成了**强迫型神经症**(OBSESSIONAL NEUROSIS)的结构的问题也涉及死亡;这个问题便是"我是活着还是死了?"(S3, 179-80)。

死亡冲动

英：death drive；法：pulsion de mort；德：Todestriebe

虽然对于"死亡冲动"(Toderstrieb)概念的暗示很早便可见于弗洛伊德的著作，但是这一概念在《超越快乐原则》(Freud, 1920g)一文中才得到充分的阐述。在这部作品里，弗洛伊德在生命冲动(爱欲)与死亡冲动之间建立了一则基本的对立，前者被构想为一种朝向内聚与统合的趋向，而后者则在消解联结与毁灭事物的相反方向上运作。然而，生命冲动与死亡冲动却从来都不可见于一种纯粹的状态，而是始终按照不同的比例被混合/融合在一起。实际上，弗洛伊德就曾指出，倘若不是因为此种与爱欲的融合，死亡冲动便会逃离我们的感知，因为它在其本质上是缄默不语的(Freud, 1930a: SE, XXI, 120)。

死亡冲动的概念曾经是弗洛伊德所引入的最具争议性的概念之一，虽然他的很多弟子都曾拒绝过这一概念(把它看作纯粹的诗意，或者看作对于形而上学的非法入侵)，但是弗洛伊德在其余生中不断地重申这一概念。在众多非拉康派的精神分析理论学派当中，唯有克莱因派精神分析严肃地对待了此一概念。

拉康遵循弗洛伊德的观点，把死亡冲动的概念重新确认为精神分析的核心所在："忽视其[弗洛伊德]学说中的死亡本能，即完全误解了那一学说。"(E, 301)

1938年，在拉康有关死亡冲动的最初评论中，他将其描述为对于丧失之和谐的一种乡愁，即因为母亲乳房的丧失在断奶情结中给精神打下了标记而想要重新回到与母亲乳房的前俄狄浦斯式融合的一种欲望(Lacan, 1938: 35)。在1946年，他则把死亡冲动联系于自恋性的自杀倾向(Ec, 186)。由于把死亡冲动联系于前俄狄浦斯期并且联系于自恋，这些早期的评论大概都是把死亡冲动安置在了拉康日后渐渐将其称作想象界的秩序当中。

然而,在1950年代,当拉康开始发展出他有关想象界、象征界与实在界的三种秩序的概念之时,他并未把死亡冲动定位于想象界,而是将其定位于象征界。例如,在1954—1955年度的研讨班上,他便指出死亡冲动仅仅是象征秩序借以产生**重复**(REPETITION)的基本倾向:"死亡本能仅仅是象征秩序的面具"(S2, 326)。这一转变同样标志着与弗洛伊德的一点差异:对弗洛伊德而言,死亡冲动与生物学有着紧密的联系,它代表着所有生物都要归复于一种无机物状态的基本倾向。通过把死亡冲动坚决地定位于象征界,拉康便是将其同文化而非自然连接了起来;他宣称死亡冲动"并非一个生物学的问题"(E, 102),而且也必须跟归复于无生命状态的生物性本能区分开来。

拉康的死亡冲动概念与弗洛伊德的另一点差异出现在1964年。弗洛伊德曾经把死亡冲动对立于性的冲动,而拉康现在则指出死亡冲动并非一种单独的冲动,而实际上是所有**冲动**(DRIVE)当中的一个面向。"只有就生命冲动与死亡冲动之间的区分体现了冲动的两个面向而言,这一区分才会成立"(S11, 257)。因此,拉康写道——"每一冲动实质上都是一个死亡冲动"(Ec, 848),因为:(1)每一冲动皆在追求其自身的消亡;(2)每一冲动皆会涉及处在重复中的主体;(3)每一冲动皆是一种旨在超越快乐原则而抵达过度享乐(JOUISSANCE)之领域的企图,享乐在那里被体验为痛苦。

防御

英:defence;法:défense;德:Abwehr

从弗洛伊德最早期的著作开始,他便把防御的概念定位于其神经症理论的核心。防御指的是自我针对某些被自我视作危险的内部刺激的反应。虽然弗洛伊德后来渐渐认为,除了**压抑**(REPRESSION)之外还存在很多不同的"防御机制"(见:Freud,1926d),但是他也明确表示,压抑在其构成无意识的意义上是独一无二的。安娜·弗洛伊德①在她的《自我与防御机制》(*The Ego and the Mechanisms of Defence*)一书中曾试图对这些机制中的一些进行分类(Anna Freud,1936)②。

拉康对于安娜·弗洛伊德与自我心理学解释防御概念的方式持极具批判性的态度。他认为他们把防御的概念混淆于**阻抗**(RESISTANCE)的概念(Ec, 335)。出于这个原因,拉康在讨论防御概念的时候便显得相当谨慎,而且他也不愿把自己有关精神分析治疗的概念集中于防御。当拉康确实讨论到防御的时候,他都会使之与阻抗相对立;阻抗是对于象征界侵入的暂时的想象性回应,并且处在对象的一边,而防御则是主体性的更加持久的象征性结构(拉康通常将其称作**幻想**[FANTASY]而非防御)。此种在阻抗与防御之间进行区分的方式截然不同于精神分析的其他学派,如果说这些学派真要在防御与阻抗之间做出区分的话,那么他们一般也都会把防御看作暂时的现象,而把阻抗看作更加稳固的现象。

欲望与防御之间的对立,对于拉康而言,是一种辩证的对立。因而,他在1960年指出,如同神经症患者一样,性倒错者也会"在自己的欲望上进行防御",因为"欲望是一种防御(défense),是针对

---

① 安娜·弗洛伊德(Anna Freud,1895—1982),奥地利裔英国精神分析学家,弗洛伊德最小的女儿,儿童精神分析领域的先驱,其代表作《自我与防御机制》(1936)奠定了自我心理学派的基础。
② 安娜·弗洛伊德在《自我与防御机制》一书中辨别出了十种主要的防御机制,即退行(regression)、压抑(repression)、反向形成(reaction formation)、隔离(isolation)、抵消(undoing)、投射(projection)、内摄(introjection)、转而反对自身(turning against the self)、反转到对立面(reversal into the opposite),以及升华(sublimation)或者本能目标的移置(displacement of instinctual aims)。

在享乐中超出某种界限的禁止(défense)"①(E, 322)。在1964年，拉康又继而声称："欲望会涉及一个将其等同于不想要欲望的防御性阶段。"(S11, 235)

妄想
英：delusion；法：délire

在精神病学上，妄想通常被定义为稳固保持的、难以纠正的错误信念，此种信念同可资利用的信息与主体的社会群体中的信念不相一致（见：美国精神病学协会，1987: 395；Hughes, 1981: 206）。妄想是**偏执狂**(PARANOIA)的核心临床特征，而且其范围可涵盖从单一的观念到复杂的信念网络（即所谓的"妄想体系"[delusional systems]）。

用拉康的话说，偏执狂患者缺乏**父亲的名义**(NAME-OF-THE-FATHER)，而妄想则是偏执狂患者旨在填补由于这一原始能指的缺位而在其象征世界中留下的空洞的企图。因而，妄想便不是偏执狂的"疾病"本身；恰恰相反，它是偏执狂患者尝试疗愈自身，借助于某种替代形成(substitute formation)而把自己从象征世界的崩溃中解救出来的企图。正如弗洛伊德在他有关施瑞伯的作品中所评论的那样："我们将其当作病理性产物的东西，即妄想形成(delusional formation)，其实是旨在痊愈的企图与重构。"(Freud, 1911c: SE XII, 71)

拉康坚持妄想的意义性，并且强调密切关注精神病患者自己对其妄想说明的重要性。妄想是一种话语的形式，因此它必须被理解为"对某一能指进行组织的意指领域"(S3, 121)。出于此种

---
① 此处的法文单词"défense"同时具有"防御"与"禁止"的双重含义，故而在翻译上做了不同的处理。

原因,所有的妄想现象皆是"参照于言语的功能和结构而得到澄清的"(S3, 310)。

偏执狂的妄想性建构可以采取诸多形式。一种常见的形式,即"迫害妄想"(delusion of persecution),便是围绕着大他者的大他者(the Other of the Other)而运转的,正是这个隐匿的主体在幕后操纵着大他者(即象征秩序),正是他控制着我们的思想,阴谋暗算着我们,注视着我们,等等。

要求/请求

英:demand;法:demande①

法文术语"demander"与"demande"缺乏由英文单词"demand"所传达出的命令性或紧迫性的内涵,它们或许更接近于英文单词"ask for"(索要)与"request"(请求)。然而,为了维持一致性,拉康的所有英文译本皆使用了"demand"这个术语。

虽然只是从1958年开始,"要求"这个术语才开始突出地出现在拉康的著作当中,但是早在1956—1957年度的研讨班上,就已经出现了一些相关的主题。正是在这一期的研讨班上,拉康讨论了"呼唤"(l'appel),即婴儿朝向母亲的啼哭(S4, 182)。拉康指出,这个"啼哭"(cri)并不仅仅是某种本能的信号,而是"被嵌入了在象征系统中组织起来的一个共时性的啼哭的世界之中"(S4, 188)。换句话说,早在孩子能够表达出可辨认的单词很久以前,婴儿的哭闹便已然被组织在了一个语言结构之中。

正是婴儿哭闹的象征性本质,构成了拉康的要求概念的核心,拉康在1958年将其引入了他在**需要**(NEED)、要求与**欲望**(DE-

---

① 法文的"demande"一词同时具有"要求""需求""请求""索求""诉求""寻求""申请""询问"等多重含义,这里遵循学术界现行的一般译法将其译作"要求"以保持术语的一致性,而当涉及主体渴望进入分析的时候则将其译作对于分析的"请求"。

SIRE)之间进行区分的语境当中。拉康指出,因为婴儿没有能力去执行那些可满足其生物性需要的特定行动,所以它就必须以声音(即要求)的形式来链接/表达(articulate)那些需要,以便另一个人(即母亲)会替它去执行这一特定行动。关于这样一种生物性的需要,主要的例子是饥饿,孩子用哭闹(即要求)来表达饥饿,以便母亲会来哺育它。

然而,因为满足孩子需要的对象是由另一个人所提供的,所以该对象便作为大他者的爱的证据而具有了额外的意义。要求从而也就相应地获得了某种双重功能:除了链接/表达某种需要之外,它还变成了一种对爱的要求。而且,正如这一对象作为爱的证据的象征性功能掩盖了其满足需要的实在性功能,所以要求的象征性维度(作为一种对爱的要求)也就遮蔽了它的实在性功能(作为一种对需要的表达)。正是此种双重功能使欲望诞生了,因为要求所表达的需要是可以得到满足的,但是对爱的渴求是无条件的且无法满足的,因此,即便是在需要已经得到满足之后,对爱的渴求也依然会作为某种残余物而继续存在。于是,这个残余物便构成了欲望。

因而,要求与人类主体最初的**无助**(HEPLESSNESS)有着密切的联系。通过促使分析者完全在言语中来表达自己,精神分析的情境便将其放回到了无助的婴儿的位置上,从而激发出**退行**(RE-GRESSION)。

> 经由要求的中介,一直到童年早期的整个过去都会打开。主体除了要求以外从未做过任何事情,他无法以别的方式存活下来,而我们恰恰从那里继续下去。
>
> (E, 254)

然而,虽然分析者的言语本身便已经是一个要求(即要求某种回应),但是这一要求会被一些更深层的要求(即要求被治愈、向自身揭示、成为分析家)所巩固(E, 254)。分析家如何处理这些要求是至关重要的问题。当然,分析家并不试图去满足分析者的种种要求,不过这也并不仅仅是一个挫败它们的问题(见:**挫折**[FRUSTRATION])。

在1961年,拉康将力比多组织(libidinal organisation)的各个阶段重新思考为要求的不同形式。口腔阶段是由被喂养的要求所建立的,这是由主体所发出的一种要求。另一方面,在肛门阶段中,问题就不是主体的要求,而是大他者(在大小便训练中规范孩子的父母)的要求(S8, 238-46, 269)。在这两个前生殖阶段中,要求的满足都遮蔽了欲望;只有在生殖阶段中,欲望才最终得以充分地构成(S8, 270)。

欲望

英:desire;法:désir;德:Wunsch/Begierde

拉康的"désir"(欲望)一词,是在弗洛伊德的法文译本中被用来翻译弗洛伊德的"Wunsch"的术语,该词在《标准版》中被斯特雷奇翻译成"wish"(愿望)。因此,拉康著作的英文译者们便面对着一个两难困境:他们是应该用"wish"来翻译"désir",这样更接近于弗洛伊德的"Wunsch",还是应该将其译作"desire",这样更接近于法文术语,但缺乏对于弗洛伊德的影射?拉康著作的所有英文译者都选择了后者,因为英文术语"desire"就像法文术语一样传达着某种持续力量的意涵,此即拉康概念的本质。这个英文术语也像法文术语那样带有对于黑格尔的"Begierde"的影射,并因而保持了哲学上的细微差别,这对拉康的"欲望"概念而言是如此的本质,而且使它成为"一个比弗洛伊德自己所使用的任何概念都要更加宽泛且更加抽象的范畴"(Macey, 1995:80)。

如果说有任何一个概念能够宣称是拉康思想的真正核心的话，那么这便是欲望的概念。拉康遵循斯宾诺莎的观点声称"欲望是人的本质"（S11，275；见：Spinoza，1677：128）；欲望是人类存在（human existence）的中心，同时也是精神分析的核心关切。然而，当拉康谈论欲望的时候，他指涉的并不是任何类型的欲望，而始终都是无意识的欲望。这并非因为拉康把有意识的欲望看作不重要的，而仅仅是因为正是无意识的欲望构成了精神分析的核心关切。无意识的欲望完全是性欲化的，"无意识的动机仅限于……性的欲望……另一种主要的一般性欲望，即饥饿的欲望，是不被表征的"（E，142）。

精神分析治疗的目标，即在于引导分析者承认有关其欲望的真理。然而，只有当某人的欲望在言语中被道出的时候，承认这个欲望才是可能的："只有当它在他者的面前被表述、被命名的时候，那个欲望，无论它是什么，才会在该词的充分意义上得到承认。"（S1，183）

因此，在精神分析当中，"重要的就是要教会主体去命名、去道出、去生成这个欲望"（S2，228）。然而，它涉及的不是给某种特定的欲望寻找一种全新的表达方式，因为这可能隐含着一种表现主义的语言理论（expressionist theory of language）。相反，通过在言语中道出欲望，分析者生成了它：

> 主体应当抵达对其欲望的承认与命名，这便是分析的有效性行动。但是，这涉及的不是去承认某种可能完全是给定的东西……通过给它命名，主体便在世界上创造了、生成了一个全新的在场。

（S2，228-9）

然而，至于欲望能够在多大程度上以言语来道出，却存在着一个限制,因为"在欲望与言语之间存在着某种根本的不可相容性"(E,275);正是此种不可相容性说明了无意识的不可化约性(即事实上,无意识并不是不被知道的东西,而是无法被知道的东西)。尽管就某种程度而言,有关欲望的真理在所有的言语中皆会存在,然而言语却永远无法道出有关欲望的全部真理;只要言语试图去道出欲望,就总是会产生某种残留,某种超出言语的剩余。拉康对于其同时代的精神分析理论的最重要的批评之一,便是它们倾向把欲望的概念混淆于**要求**(DEMAND)与**需要**(NEED)的相关概念。与此种倾向相反,拉康坚持强调在这三个概念之间进行区分。这一区分在1957年便开始出现在他的著作当中(见:S4,100-1,125),但是直至1958年才具体成形(Lacan,1958c)。

需要是一种纯粹的生物性**本能**(INSTINCT),是一种根据有机体的需求而出现并在得到满足时完全(即便只是暂时性地)缓和的胃口。人类主体由于诞生于一种无助的状态,无法满足其自身的种种需要,因此便依赖于大他者帮助其来满足这些需要。为了得到大他者的帮助,婴儿便必须用声音来表达自己的需要;需要必须在要求中得到链接/获得表达。婴儿的那些原始要求可能只是一些表达不清的哭闹,但是这些哭闹足以将大他者招来以满足婴儿的需要。然而,大他者的在场就其本身而言很快获得了某种重要性,此种重要性超越了需要的满足,因为这一在场象征化了大他者的爱。因此,要求很快便具有了某种双重功能,既充当着需要的表达,又充当着对爱的要求。然而,虽然大他者能够提供主体所要求的那些满足其需要的对象,但是大他者无法提供主体所渴望的那种无条件的爱。因此,即使在那些用要求来表达的需要得到满足之后,要求的另一面向,即对爱的渴望,却始终得不到满足,而这个剩余物便是欲望。"欲望既非对满足的胃口,亦非对爱的要求,而是从后者中减去前者所得的差值"(E,287)。

因而,欲望是由于需要在要求的链接中被表达出来而产生的剩余,"在要求变得同需要分离开来的空白边际,欲望开始形成"(E, 311)。需要可以得到满足,继而停止刺激主体,直至另一需要产生为止,与此不同的是,欲望却永远无法得到满足;在其压力上它是恒定的,而且是永恒的。就其本身而言,欲望的实现并非在于得到"满足",而是在于欲望的再生。

拉康对于需要与欲望的区分,把欲望的概念完全抬升到了生物学的领域之外,从而令人强烈地联想到科耶夫对于动物欲望与人类欲望的区分;当欲望要么被导向另一个欲望,要么被导向一个"从生物学观点来看是完全没有用的"对象的时候,它就显得是人类独有的欲望(Kojève, 1947: 6)。

重要的是在欲望与冲动之间做出区分。尽管它们两者皆属于大他者的领域(与爱相反),然而欲望是单一的,而冲动则是繁多的。换句话说,冲动是被称作欲望的某种单一力量的一些特殊(部分)表现(尽管也可能有一些欲望没有被表现在冲动之中;见:S11, 243)。欲望只有一个对象,即**对象小 a**(OBJET PETIT *A*),而且这一对象是由不同部分冲动中的各种部分对象所代表的。**对象小 *a***并非欲望所趋向的对象,而是欲望的原因。欲望不是一种与对象的关系,而是一种与**缺失**(LACK)的关系。

拉康最经常重复的一则公式即:"人的欲望是大他者的欲望。"(S11, 235)这句话能够以很多互补的方式来理解,下面便是其中最重要的几种理解:

(1) 欲望在本质上是"对于大他者的欲望的欲望",这既意味着欲望成为一个他者欲望的对象,也意味着欲望得到一个他者的承认。拉康经由科耶夫从黑格尔那里接受了此种思想,科耶夫宣称:

> 只有当一个人欲望的不是身体,而是他者的欲望(Desire)的时候……也就是说,当他想要"被欲望"或是"被爱"的时候,

或者更确切地讲,想要让其个人价值"被承认"的时候,欲望才是人类的欲望……换句话说,所有人类的、人类发生学上的欲望(Desire)……最终,都会起到一种对于"承认"的欲望的功能。

(Kojève, 1947: 6)

科耶夫继续指出(仍然是遵循黑格尔),为了获得所欲望的承认,主体就必须在一场为了纯粹声望的斗争(struggle for pure prestige)中冒上牺牲自己生命的危险(见:**主人**[MASTER])。欲望在本质上是欲望成为一个他者欲望的对象,这一点在俄狄浦斯情结的第一"时间"上得到了清楚的阐明,主体在此时间上欲望着成为母亲的阳具。

(2)主体正是作为大他者来进行欲望的(E, 312):也就是说,主体是从一个他者的立场来进行欲望的。如此的结果便是"人类欲望的对象……在本质上是一个为别人所欲望的对象"(Lacan, 1951b: 12)。把一个对象变得可欲望的东西,并非事物本身的任何内在品质,而仅仅是它被另一个人所欲望的这一事实。大他者的欲望因而便是把对象变得等价且可交换的东西;这虽然"往往会减少任何一个特殊对象的特别重要性,但它同时又会把无数对象的存在带入视野"(Lacan, 1951b: 12)。

这种思想同样得自科耶夫对于黑格尔的解读,科耶夫指出:"指向一个自然对象的欲望,只有就它被另一个人指向同一对象的欲望(Desire)所'中介'而言,才是人类的欲望;只有人类会因为其他人对某种东西的欲望而去欲求其他人所欲求的这个东西。"(Kojève, 1947: 6)对此的原因可以追溯至前面有关人类的欲望即对于承认的欲望的观点;通过欲求一个他者所欲求的东西,我便可以让这个他者承认我占有那一对象的权力,从而让这个他者承认我凌驾在他之上的优越性(Kojève, 1947: 40)。

欲望的这一普遍特征在癔症中尤其明显；癔症患者即这样的一种人，她支撑着另一个人的欲望，同时又将另一个人的欲望转变成她自己的欲望（例如，杜拉欲望K夫人，就是因为她认同了K先生，因而把他被感知到的欲望据为己有；S4，138；见：Freud，1905e）。

因此，在对一个癔症患者的分析当中，重要的就不是要找出她所欲望的对象，而是要发现她从中欲望的位置（即她所认同的主体）。

（3）欲望是对于大他者的欲望（玩味法语介词"de"的多义性）。根本性的欲望即对于母亲这个原始大他者的乱伦性欲望（S7，67）。

（4）欲望永远是"对于别的东西的欲望"（E，167），因为我们不可能对自己已经拥有的东西产生欲望。产生欲望的对象是在不断延宕的，这就是为什么欲望是一则**换喻**（METONYMY）（E，175）。

（5）就起源而言，欲望出现在大他者的领域之中，即出现在无意识之中。

从拉康的这句话中显示出来的最重要的一点，即欲望是一种社会性的产物。欲望并非它看上去所是的私人事务，而是始终在与其他主体被感知到的欲望的辩证关系中被构成的。

第一个占据大他者位置的人便是母亲，而且孩子也首先会被她的欲望所支配。只有当父亲（Father）通过阉割母亲而将欲望链接于法则的时候，主体才会从对反复无常的母亲欲望的屈从（subjection）之中被解救出来（见：**阉割情结**[CASTRATION COMPLEX]）。

分析家的欲望

英:desire of the analyst;法:désir de l'analyste

"分析家的欲望"是一个歧义性的措辞,它在拉康的著作中似乎摇摆于两种意义之间:

• 被归于分析家的欲望　正如分析者会把知识归于分析家,所以他也会把欲望归于分析家。因此,分析家不仅是一个**假设知道的主体**(SUBJECT SUPPOSED TO KNOW),而且还是一个"假设欲望的主体"(subject supposed to desire)。因而,"分析家的欲望"这一措辞便并非指涉分析家精神中的真实欲望,而是指涉分析者归于他的欲望。

分析家贯穿治疗始终的任务,都是在于使分析者不可能确定自己知道分析家想要从他那里得到什么;分析家必须确保他的欲望对于分析者而言"始终保持着某种未知"(S11, 274)。如此一来,分析家的被假设的欲望就变成了分析过程的驱动力,因为它使分析者不断地工作,不断地试图去发现分析家想要从他那里得到什么;"分析家的欲望归根结底便是在精神分析中运作的东西"(Ec, 854)。通过给分析者呈现出一个谜一般的欲望,分析家便占据了大他者的位置,主体向其询问"你要什么"(Che vuoi? ——"你想从我这里得到什么"),其结果便是主体的基本幻想在转移中显现出来。

• 专属于分析家的欲望　"分析家的欲望"这一措辞的另一层意义,指的是必定在其指导治疗的方式上驱策分析家的欲望。相比于肯定性的定义,这种欲望更倾向于否定性的定义。它当然不是一种对于不可能的欲望(S7, 300)。它也不是一种旨在"行善"或"治愈"的欲望;相反,它是一种"对于治愈的不欲望"(S7, 218)。

它不是一种让分析者认同分析家的欲望,"分析家的欲望……趋向的恰恰是认同的对立面"(S11, 274)。分析家欲望的不是认同,而是让分析者自身独特的真理在治疗中显现,这一真理绝对不同于分析家的真理;分析家的欲望因而是"一种旨在获得绝对差异的欲望"(S11, 276)。正是在"专属于分析家的欲望"这层意义上,拉康希望把分析家的欲望的问题定位于精神分析伦理学的核心。

分析家要如何被这个专属于其功能的欲望所指导呢?根据拉康的说法,这只能凭借一种训练性分析而发生。成为一个分析家的基本要求与必要条件(sine qua non),便是要亲身经历分析性的治疗。在此治疗过程中,某种欲望经济学上的突变将会产生在这位未来分析家(analyst-to-be)的身上;他的欲望将会得到重构与重组(S8, 221-2)。只有当这发生的时候,他才能够恰当地起到作为一个分析家的功能。

发展

英:development;法:développement

自我心理学(EGO-PSYCHOLOGY)把精神分析呈现为发展心理学的一种形式,因为它强调儿童性欲的时间性发展。根据此种解释,弗洛伊德说明了孩子如何经由各个前生殖阶段(即口腔阶段与肛门阶段)而在**生殖**(GENITAL)阶段中发展至成熟。

在拉康的早期著作中,至少是就三个"家庭情结"(Lacan, 1938)与种种自我防御(E, 5)的发生学次序而言,他似乎接受了对于弗洛伊德的此种发展性阅读(拉康为之贴上了"遗传论"的标签)。迟至1950年,他才开始严肃对待诸如"对象固着"(objectal fixation)与"发展停滞"(stagnation of development)这类的发生学概念(Ec, 148)。然而,在1950年代初期,他出于各种原因而开始变得对遗传论持有极端批判的态度。首先,遗传论为性欲的发展预设了某种自然的次序,而没有考虑到人类性欲的象征性表达(symbolic articulation),从而忽视了冲动与本能之间的根本性差异。其次,遗传论的基础在于一种线性的时间概念,然而此种时间概念与精神分析的**时间**(TIME)理论是完全相抵触的。最后,遗传论假设性欲的最终综合既是可能的,也是正常的,但是对拉康而言根本不存在这样的综合。因而,尽管自我心理学与**对象关系理论**(OBJECT-RELATIONS THEORY)都提出了心理性欲发展的一个最终阶段的概念,在此阶段上主体会与对象建立某种"成熟"关系,这种关系被描述为一种生殖关系(genital relation),然而此种观念却是拉康全然拒绝的。拉康认为,这样一种最终完整且成熟的状态是不可能的,因为主体的分裂是无法挽回的,而且欲望的欲望也是无法停止的。此外,拉康还指出:"那个对应于晚期本能成熟阶段的对象,是一个被重新发现的对象"(S4,15);所谓的最终成熟阶段,只不过是同孩子的最初满足的对象的相遇。

　　拉康驳斥了对于弗洛伊德的此种遗传论阅读,并且将其描述为一种"本能成熟的神话"(E,54)。他认为,弗洛伊德曾经加以分析过的各个"阶段"(即口腔阶段、肛门阶段与生殖阶段),并不是可观察到自然发展的生物学现象,诸如感觉运动发展的各个阶段,而"显然是更加复杂的结构"(E,242)。这些前生殖阶段并不是按时序排列的儿童发展的时刻,而是在本质上被回溯性地投射到过去的无时间结构;"它们是依照俄狄浦斯情结的回溯作用来排序的"(E,197)。因而,拉康便摒弃了所有那些旨在通过"所谓的对于儿童的直接观察"来为心理性欲阶段的顺序拿出经验证据的尝试,而强调在成人分析中对于这些阶段的重构;"正是经由从成人的经验来着手,我们必须回溯性地,在事后(nachträglich)来处理那些据称是原始的经验"(S1,217)。在1961年,这些前生殖阶段被拉康构想为**要求**(DEMAND)的不同形式。

现象的时序发生与结构的逻辑顺序之间的这一复杂关系,也可以通过参照语言获得的问题来加以阐明。一方面,心理语言学已经发现了一种自然的发展次序,在此种顺序中,婴儿会依循一系列在生物学上被预先决定的阶段而前进(首先是咿呀学语,跟着是音素的获得,继而是孤立的单词,再然后是愈来愈复杂的句子)。然而,拉康对于此种时序性的顺序并不感兴趣,因为它处理的仅仅"是一种现象的发生,严格地讲"(S1, 179)。让拉康感兴趣的并非是语言的现象(外部显现),而是语言把主体定位在某种象征结构中的方式。就后者而言,拉康指出,早在孩子能够说话之前,即"早在语言的外化显现之前,孩子就已然对语言的象征作用产生了一种最初的领会"(S1, 179;见:S1, 54)。然而,至于此种对象征界的"最初领会"是如何发生的,这个问题却是几乎不可能加以理论化的,因为它涉及的不是一个能指接着一个能指的逐渐获得,而是对于一个能指"宇宙"的"全或无"(all or nothing)的进入。一个能指只有凭借它与其他能指的关系才是一个能指,也因此无法被孤立地获得。因而,向象征界的过渡便始终是一个无中生有(creation ex nihilo)的问题,涉及一种秩序与另一秩序之间的某种根本断续性,而从来都不是一个逐渐进化的问题。后一术语(即"进化"一词)对拉康而言是特别令人厌恶的,他告诫自己的学生们要"当心那种以进化论而著称的思想辖域"(S7, 213),而且更愿意根据"无中生有"的隐喻来描述精神变化。

拉康对于发展与进化等概念的反对,并非基于他对精神变化概念本身的反对。相反,拉康坚持强调精神的历史性(historicity)并且把恢复精神的流动与运动看作精神分析治疗的目标。他对发展概念的反对仅仅反映出他对有关精神变化的一切常规模型的怀疑;主体被卷入一种不断"成为"的过程之中,但是通过把一种固定"天赐"的遗传发展模型强加在它之上,这一过程却会受到威胁,而非助益。因而,拉康指出:"在精神分析中,历史是不同于发展维度

的一个维度,而试图把前者化约为后者便是偏离正轨了。历史仅仅在发展的节奏之外进行。"(E, 875)

那么,我们又当如何看待主导拉康教学的两个重要"阶段",即镜子阶段与俄狄浦斯情结呢?虽然镜子阶段明显联系着一个可以在儿童的生活中被定位于某一特定时间(6—18个月)的事件,但是这引起拉康的兴趣则只是因为它阐明了二元关系在本质上的无时间结构;而正是这一结构构成了镜子阶段的核心(有趣的是,法文术语 stade 既可以在时间上被理解为一个"阶段"[stage],又可以在空间上被理解为一个"竞技场"[stadium])。同样,虽然弗洛伊德把俄狄浦斯情结定位在一个特定的年龄上(3岁至5岁),但是拉康则把俄狄浦斯情结构想为有关主体性的一种无时间的三角结构。由此可知,自我在何时被确切地建立起来,或是孩子在何时进入俄狄浦斯情结的问题——这些问题在精神分析的其他学派之间曾导致过那么多的争论——便很少是拉康的兴趣所在。虽然拉康承认"自我是在主体历史中的某一特定时刻被建立起来的"(S1, 115),也承认存在着一个俄狄浦斯情结形成的时刻,但是他对其确切的时间不感兴趣。孩子在何时进入象征秩序的问题是无关于精神分析的。问题的关键在于,在孩子登陆象征秩序之前,他是无法言说的,也因此是精神分析所无法触及的,而在孩子登陆象征秩序之后,先于那一时刻的所有事情都会回溯性地受到象征系统的转化。

辩证法

英:dialectic;法:dialectique

"辩证法"这个术语起源于古希腊,对古希腊人而言,该词(尤其)是指通过在一场辩论中指出对手话语中的矛盾,从而让对手遭受质疑的一种话语程序。这是柏拉图归于苏格拉底的策略,在开始大多数对话的时候,苏格拉底都会首先使他的对话者陷入一种混乱和无助的状态。拉康将此种程序比作精神分析治疗的第一阶段,即分析家迫使分析者去面对自己叙述中的矛盾和缺口的时候。然而,正如苏格拉底当时着手从其对话者的混乱陈述中引出真理一样,分析家也着手从分析者的自由联想中引出真理(见:S8,140)。因而,拉康认为"精神分析是一种辩证的经验"(Ec, 216),因为分析家必须使分析者卷入"一种辩证的运作"(S1, 278)。唯有凭借"一种永无止境的辩证过程",分析家才能够以一种与苏格拉底式对话相同的方式,来颠覆自我的永久性与稳定性的无力幻象(Lacan, 1951b:12)。

虽然辩证法的起源可追溯至古希腊的哲学家们,但是它在现代哲学中的统治地位却是由于后康德主义的唯心论者费希特与黑格尔在18世纪对于此一概念的复兴,他们将辩证法构想成了正题(thesis)、反题(antithesis)与合题(synthesis)的三段式。对黑格尔而言,辩证法既是一种阐述方法,同时又是历史进程的结构本身。因而,在《精神现象学》(Hegel, 1807)一书中,黑格尔便说明了意识如何凭借对立元素之间的一系列冲突而朝向绝对知识进展。每一冲突都会通过一种叫作"扬弃"(德:Aufhebung,通常的英文译法是"sublation")的运作而得到解决,一种新的观念(合题)会在此一运作中从正题与反题之间的对立中诞生;这种合题会将此一对立同时废除、保留并提升至一个更高的层面。

43　　拉康借用黑格尔式辩证法的特殊方式,在很大程度上都归功于亚历山大·科耶夫(Alexandre Kojève),拉康曾在1930年代参加过科耶夫在巴黎举办的黑格尔讲座(见:Kojeve, 1947)。遵循科耶夫的观点,拉康特别重视**主人**(MASTER)对峙于奴隶的辩证法的特殊阶段,也非常注重**欲望**(DESIRE)通过与大他者欲望的关系而得以辩证性构成的方式。通过用杜拉个案来阐明他的观点,拉康说明了精神分析治疗是如何经由一系列的辩证逆转而朝向真理进展的(Lacan, 1951b)。此外,拉康还利用"扬弃"的概念来说明象征秩序如何能够把一个想象的对象(即想象的阳具)同时废除、保留并提升至一个能指的地位(即象征的阳具);阳具于是就变成了"它由其消失而开创的这一扬弃本身的能指"(E, 288)。

然而,在拉康的辩证法与黑格尔的辩证法之间也存在着一些重要的差异。对拉康而言,由黑格尔的绝对知识所代表的最终综合是根本不存在的;无意识的不可归约性即代表着任何这种绝对知识的不可能性。故而,在拉康看来,"扬弃便是哲学的一场美梦"(S20, 79)。这种对于最终综合的拒绝恰恰颠覆了进展的概念本身。因而,拉康将他自己有关扬弃的说法对比于黑格尔的说法,指出它以"一种缺失的化身"取代了黑格尔有关**进展**(PROGRESS)的思想。

拒认

英:disavowal;法:déni;德:Verleugnung

弗洛伊德用"Verleugnung"这一术语来表示"一种特定的防御模式,主体借以拒绝承认某种创伤性知觉的现实"(Laplanche and Pontalis, 1967:118)。他在1923年引入了这一与阉割情结相关的术语,此种创伤性的知觉即看到女性的生殖器;当孩子们最初发现阴茎在女孩那里的缺位时,他们便会"拒认这一事实,并相信他们确实还是看到了一根阴茎"(Freud, 1923e:SE XIX, 143-4)。在其余下的著作中,弗洛伊德自始至终都在继续使用这一术语,并且特别将它联系于精神病与**恋物癖**(FETISHISM)。在这些临床情形中,拒认总是伴随着相反的态度(即对于现实的接受),因为让"自我同现实的脱离得以完全地实现"是"鲜少或者大概从不"可能的(Freud, 1940a:SE XXIII, 201)。这两种对待现实的相互矛盾的态度在自我中的共存,导致弗洛伊德提出了"自我的分裂"(the splitting of the ego)这一术语(见:**分裂**[SPLIT])。

虽然弗洛伊德对该术语的使用是相当一致的,但是他从未把此术语严格区分于其他的相关运作。然而,拉康则让这一术语进入了一套严格的理论,将它联系并特别比较于**压抑**(REPRESSION)与**排除**(FORECLOSURE)的运作。弗洛伊德仅仅把拒认联系于一种形式的**性倒错**(PERVERSION),而拉康则把它变成了所有形式的性倒错中的基本运作。尽管弗洛伊德同样将拒认联系于精神病,但是拉康则将拒认专门限定于性倒错的结构。拒认是性倒错中的基本运作,正如压抑和排除是神经症与精神病中的基本运作。因而,在拉康的说明中,拒认便是对于大他者的阉割进行回应的一种方式;神经症患者会压抑对于阉割的认识,而性倒错者则会拒认阉割。

像弗洛伊德一样,拉康也宣称拒认总是伴随着对于遭拒认之物的一次同时的承认。因而,性倒错者就并不完全是对阉割无知的;他同时知道它并否认它。虽然在弗洛伊德的著作中,拒认这个术语原本只是表示此种运作中的一个面向(即否认的面向),但是在拉康这里,这个术语却开始表示两个面向,即对于阉割的同时否认与承认。

弗洛伊德将拒认联系于知觉到阴茎在女人身上的缺位,而拉康则将其联系于认识到**阳具**(PHALLUS)在大他者身上的缺位。在拉康的说明中,创伤性的知觉即在于认识到欲望的原因始终是一个缺失。拒认涉及的正是这种认识;拒认即无法接受是缺失导致了欲望,而相信欲望是由某种在场(例如:物神)而导致的。

话语①

英:discourse;法:discours

每当拉康使用"话语"这个术语(而不是使用"言语"[speech])的时候,这都是为了强调语言的超个人性本质(transindividual nature),亦即言语总是隐含着另一主体、一个对话者的事实。因而,"无意识是他者(other)的话语"(此语在1953年首度出现,尔后就变成了"无意识是大他者[Other]的话语")这一著名的拉康格言,便指明了无意识乃是从别处发送给主体的言语作用在主体上的效果;这一言语是由业已遭受遗忘的另一个主体,由另一个精神位点(另一场景)从别处发送给主体的。

在1969年,拉康开始以一种稍微不同的方式来使用"话语"这个术语,尽管该词本身仍然携带着对于**主体间性**(INTERSUBJECTIVITY)的强调。从此时起,该术语便指称了"在语言中建立起来的一种社会联结"(S20,21)。拉康鉴别出了社会联结(social bond)的四种可能类型,即对各种主体间关系加以调节的象征网络(symbolic network)的四种可能链接。这四大话语即主人话语(the discourse of the master)、大学话语(the discourse of the university)、癔症话语(the discourse of the hysteric)以及分析家话语(the discourse of the analyst)。拉康用算法来代表这四大话语中的每一种,每则算法都包含有下列的四个代数学符号:

---

① 拉康的"discours"一词也被翻译成"辞说",因为其作为"社会联结"或"社交纽带"的结构,可能并不指涉"言语"(parole)的事实。我在这里将其译作"话语",是为了凸显这一概念在语境上与当代法国哲学,尤其是福柯思想的理论关联,特别是当涉及"话语权"时将其译作"辞说权"便有失妥当。

S_1 = 主人能指

S_2 = 知识(le savoir)

$\$$ = 主体

a = 剩余享乐

把这四大话语相互区分开来的就是这四个符号的位置。在四大话语的算法中存在着四个位置，其中的每个位置都由一个不同的名称来指代。这四个位置的名称如图2所示；拉康在其著作中的不同地方给这些位置赋予了不同的名称，而该图乃取自1972—1973年度的研讨班(S20, 21)。

$$\frac{动因(agent)}{真理(truth)} \qquad \frac{他者(other)}{生产(production)}$$

图2 四大话语的结构

来源：Jacques Lacan, *Le Séminaire. Livre XX. Encore*, ed. Jacques-Alain Miller, Paris: Seuil, 1975.

每一种话语都是通过把这四个代数学符号写在不同的位置上来界定的。这些符号始终保持着相同的顺序，因此每一种话语都仅仅是把这些符号旋转1/4圈的结果。左上的位置(即"动因")是界定话语的主导型位置。除了这四个符号之外，每一则算法还包含一个从动因指向他者的箭头。这四大话语如图3所示(取自S17, 31)。

在1971年，拉康提出这个动因的位置也是**假相**(SEMBLANCE)的位置。在1972年，他又在这些公式中写入了两个箭头而不是一个箭头；一个箭头(拉康将其标作"不可能性")从动因指向他者，而另一箭头(拉康将其标作"无能")则从生产指向真理(S20, 21)。

主人话语　　　　大学话语

$$\frac{S_1}{\$} \to \frac{S_2}{a} \qquad \frac{S_2}{S_1} \to \frac{a}{\$}$$

癔症话语　　　　分析家话语

$$\frac{\$}{a} \to \frac{S_1}{S_2} \qquad \frac{a}{S_2} \to \frac{\$}{S_1}$$

图 3　四大话语①

来源：Jacques Lacan, *Le Séminaire. Livre XVII. L'envers de la psychanalyse*, ed. Jacques-Alain Miller, Paris: Seuil, 1975.

主人话语(the discourse of the MASTER)是其他三种话语从中衍生出来的基本话语。主导性的位置由主人能指(S_1)所占据,这一能指为另一能指,或者更确切地说,为所有其他能指(S_2)代表主体($\$$);然而,在这一能指运作中,总是存在着某种剩余,即对象小 a(objet petit a)。这里的关键在于,一切旨在整体化(totalisation)的企图都是注定要失败的。主人话语"掩盖了主体的割裂"(S17, 118)。这一话语还清楚地阐明了主奴辩证法的结构。主人(S_1)是迫使奴隶(S_2)进行劳动的动因;这一劳动的结果是主人企图将其据为己有的某种剩余(a)。

大学话语是由主人话语的1/4圈旋转(以逆时针的方向)而产生的。主导性的位置由知识(savoir)所占据。这一话语阐明了这样一个事实,即在一切旨在向(小)他者传授某种表面上是"中性"的知识的企图背后,总是能够定位某种旨在掌控的企图(对于知识的掌控,以及对于被授予这一知识的[小]他者的主宰)。大学话语代表着知识的霸权,这种知识的霸权在现代性中尤其可见于科学

---

① 这里值得一提的是,通过翻转话语公式左半边(即动因与真理的位置),我们便可以从每种话语中推导出其相应的变体,即我所谓的"八大话语";作为"主人话语"变体的"资本主义话语"、作为"大学话语"变体的"政治话语"、作为"癔症话语"变体的"科学话语",以及作为"分析家话语"变体的"运动话语"。

霸权的形式。

癔症话语同样是由主人话语的1/4圈旋转而产生的,不过是以顺时针的方向。它不单单是"由癔症患者所发出的话语",而且也是任何主体都可能被铭写于其中的某种社会联结。主导性的位置由分裂的主体亦即症状所占据。这一话语恰恰指明了通往知识的道路(S17, 23)。精神分析治疗便涉及"借助于一些人为条件而对癔症话语的结构性引入";换句话说,分析家会"癔症化"病人的话语(S17, 35)。

分析家话语是由癔症话语的1/4圈旋转而产生的(弗洛伊德正是以同样的方式,通过对其癔症患者的话语给予一种解释性的翻转而发展出了精神分析)。动因的位置——在治疗中由分析家所占据的位置——由对象小 *a* 所占据;这就阐明了一个事实,即在治疗过程中,分析家必须成为分析者欲望的原因(S17, 41)。这一话语是主人话语的翻转的事实,便强调了对拉康而言,精神分析在本质上是一种颠覆性的实践,它削弱了所有那些旨在主宰与掌控的企图(有关四大话语的进一步资料,见:Bracher *et al.*, 1994)。

冲动

英:drive;法:pulsion;德:Trieb[①]

弗洛伊德的"冲动"(Trieb)概念是其性欲理论的核心。对于弗洛伊德而言,与其他动物的性生活相反,人类性欲的区分性特征,即在于它不受任何**本能**(INSTINCT)的控制(本能的概念意味着与对象的一种相对固定且与生俱来的关系),而是由冲动来调节

---

① 国内主流精神分析学界通常根据英文"drive"将弗洛伊德的"Trieb"译作"驱力"。我在此根据法语"pulsion"将其译作"冲动"。值得一提的是,拉康曾在《主体的颠覆与欲望辩证法》一文中另辟蹊径地提出可勉强用法文"dérive"(漂移)一词来翻译弗洛伊德的这一术语(*Écrits*, 803)。

的,冲动不同于本能是因为它们是极其易变的,而且其发展的方式也取决于主体的生活史。

拉康坚持主张弗洛伊德在"冲动"(Trieb)与"本能"(Instinkt)之间的区分,他批评詹姆斯·斯特雷奇由于在《标准版》中用"本能"(instinct)一词来共同翻译这两个术语而抹消了这一区分(E,301)。"本能"表示的是某种神话性的前语言的**需要**(NEED),而冲动则完全脱离了**生物学**(BIOLOGY)的领域。冲动之所以不同于生物性的需要,是因为它们永远都无法得到满足,而且它们的目标也不是旨在对象,而是永远环绕着对象。拉康指出,"冲动的目的"(Triebziel)并非抵达一个"目标"(goal:最终目的地),而是跟随它旨在环绕对象的"目的"(aim:其道路本身)(S11,168)。因而,冲动的真正目的就并非某种完全满足的神话性目标,而是旨在返回其循环的路径,而享乐的真正来源便是此一封闭环路的重复性运动。

拉康提醒他的读者们注意,弗洛伊德曾经将冲动定义为由四个不连续元素所组成的一个蒙太奇:压力、目的、对象与来源①。因此,冲动不能被构想为"某种最终的给定,某种古老的、原始的东西"(S11,162);它彻底是一种文化性与象征性的建构。拉康因而从冲动的概念里清空了弗洛伊德著作中对于热力学和水力学的持续参照。

拉康把冲动的这四个要素并入了自己有关冲动"环路"(circuit)的理论。在此一环路中,冲动源出自一个爱欲源区(erogenous zone),环绕着对象,然后再返回到这个爱欲源区。此一环路

---

① 其中,"压力"(pressure)与"来源"(source)属于冲动概念的躯体性面向,而"对象"(object)与"目的"(aim)则属于冲动概念的精神性面向。拉康曾在《研讨班 XI:精神分析的四个基本概念》中指出,冲动的这四个要素只能脱节地出现,就好似一幅超现实主义的拼贴画那样,在那些最为异质性的形象之间连续地跳跃,而没有任何的过渡,此即拉康所谓的"冲动的蒙太奇"(montage of drive)。

是由三种语法学上的语态来构建结构的：

(1)主动语态：例如，看到(to see)；
(2)自反语态：例如，看到自己(to see oneself)；
(3)被动语态：例如，被看到(to be seen)。

前两个时间(主动语态与自反语态)是自体情欲性的：它们缺乏一个主体。只有在第三时间(被动语态)上，即在冲动完成其环路的时候，才会出现"一个新的主体"(也就是说，在此一时间之前，是没有任何主体存在的；见：S11，178)。虽然第三时间是被动语态，但是冲动在本质上永远是主动的，这就是为什么拉康写道：第三时间不是"被看到"(to be seen)而是"让自己被看到"(to make oneself be seen)。即便是像受虐狂这种理应是"被动性"的冲动相位也是包含主动性的(S11，200)。这一冲动的环路是让主体得以僭越快乐原则的唯一方式。

弗洛伊德曾经声称，性欲是由若干部分冲动(德：Partieltrieb；英：partial drive)所组成的，诸如口腔冲动(oral drive)与肛门冲动(anal drive)等，每一种部分冲动都由一个不同的来源(即一个不同的爱欲源区)所指定。起初，这些组元冲动(component drives)都是无序且独立地运作的(即儿童的"多形性倒错")，但是在青春期它们则开始在生殖器官的首位之下变得有组织并融合了起来(Freud，1905d)。拉康虽然强调所有冲动的部分本质，但是他在以下两点上不同于弗洛伊德。

(1)拉康拒绝这些部分冲动总是能够达到任何完整的组织或是融合的这样一种思想，他指出这种生殖区的首要性即便被达成，也始终是一个极度不稳定的事件。因而，他便挑战了由弗洛伊德之后的一些精神分析家们所提出的生殖冲动(genital drive)的概念:各种部分冲动以一种和谐的方式完全被整合在这种生殖冲动之中。

(2)拉康认为冲动都是部分的,不是就它们是一个整体(某种"生殖冲动")的部分的意义而言,而是就它们只是部分地代表着性欲的意义而言;它们并不代表着性欲的繁殖功能,而仅仅代表着享乐的维度(S11, 204)。

拉康鉴别出了四种部分冲动,即口腔冲动(oral drive)、肛门冲动(anal drive)、视界冲动(scopic drive)以及祈灵冲动(invocatory drive)。这些冲动中的每一种都是由一个不同的部分对象与一个不同的爱欲源区所指定的,如表1所示。

表1 部分冲动表

	部分冲动	爱欲源区	部分对象	动词
D	口腔冲动	口唇	乳房	吮吸
	肛门冲动	肛门	粪便	排泄
d	视界冲动	眼睛	目光	看到
	祈灵冲动	耳朵	声音	听到

前两种冲动联系着要求,而后两种冲动则联系着欲望。

1957年,拉康在讨论欲望图解的语境下提出了公式($ \lozenge $ D)作为冲动的**数元/数学型**(MATHEME)。这个公式应当读作:被画杠的主体相对于要求的关系,即面对着要求的坚持——这一要求持续存在而没有任何要维持它的有意识意向——主体便消隐了。

贯穿弗洛伊德著作中有关冲动理论的各种重新阐述的一个恒定的特征,即在于一种基本的二元论。起初,此种二元论是根据一方面"性欲冲动"(Sexualtriebe)与另一方面的"自我冲动"(Ichtriebe)或是"自我保存冲动"(Selbsterhaltungstriebe)之间的对立来构想的。这一对立由于弗洛伊德在1914—1920年逐渐认识到自我冲动本身也是性欲的而受到了质疑,从而便导致他根据生命冲动(Lebenstriebe)与死亡冲动(Todestriebe)之间的对立来重新概念化冲动的二元论。

拉康认为保留弗洛伊德的二元论是非常重要的,他拒绝荣格的一元论——荣格认为所有的精神力量都能够被化约为一种单一的精神能量的概念(S1, 118-20)。然而,拉康却更偏向于根据象征界与想象界之间的对立,而不是根据两种不同冲动之间的对立来概念化此种二元论。因而,对拉康而言,所有的冲动都是性冲动,而且每一种冲动都是一个**死亡冲动**(DEATH DRIVE),因为每一种冲动都是过剩的、重复的,并且最终是具有破坏性的(Ec, 848)。

冲动与**欲望**(DESIRE)有着密切的联系:两者皆起源于主体的领域,与生殖冲动截然相反,后者(倘若它存在的话)是在大他者的那一边找到其形式的(S11, 189)。然而,冲动又不仅仅是欲望的另一个名称:它们是欲望在其中得以实现的部分的面向。欲望是单一且未分化的,而冲动则是欲望的部分表现。

二元关系

英:dual relation;法:relation duelle

二元性与二元关系是想象秩序的基本特征。二元关系的范式,即拉康在其**镜子阶段**(MIRROR STAGE)的概念中加以分析的**自我**(EGO)与**镜像**(SPECULAR IMAGE)之间(即 a 与 a' 之间)的关系。二元关系始终是以相似性、对称性与互易性的幻象为特征的。

相较于想象秩序的二元性,象征秩序是以三元组为特征的。

在象征秩序中,所有的关系都会涉及三个项,而不是两个项;这个第三项即在所有想象二元关系中起中介作用的大他者。想象二元关系中的互易性幻象与象征界形成了鲜明的对比,后者是"绝对非互易性"(absolute non-reciprocity)的领域(Ec, 774)。俄狄浦斯情结是三角结构的范式,因为父亲就是作为一个第三项而被引入母亲与孩子之间的二元关系之中的。从二元关系过渡到三角结构的俄狄浦斯式通路,无非就是从想象秩序过渡到象征秩序的通路。实际上,结构的概念本身即至少包含三个项,"在结构中总是存在着三个项"(S1, 218)。

想象二元组与象征三元组之间的对立,由于拉康对于"想象三元组"的讨论(E, 197;S4, 29)而变得复杂化了。想象三元组是拉康在那些不同于纯粹二元关系的方面对**前俄狄浦斯阶段**(PREO-EDIPAL STAGE)加以理论化的尝试,它指涉的是先于俄狄浦斯情结的时刻,即当一个第三项(想象的阳具)循环在母亲与婴儿之间的时候。因此,当父亲介入俄狄浦斯情结的时候,他便可以被看作(介于母亲与孩子之间的)一个第三项,抑或被看作(除了母亲、孩子与阳具之外的)一个第四项。正是出于这个原因,拉康才写道,在俄狄浦斯情结中"涉及的不是父亲—母亲—孩子的三角关系,而是(父亲)—阳具—母亲—孩子的三角关系"(S3, 319)。

拉康对其同时代精神分析理论的最常见的批评之一,就是这些理论始终未能对象征界的角色加以理论化,并因而将精神分析的相遇化约为分析家与分析者之间的一种想象的二元关系。拉康指出,这一错误便是在精神分析理论中产生一系列误解的根由所在(E, 246)。特别是,它把分析治疗还原成一场自我对自我(ego-to-ego)的相遇,而因为在所有的想象二元关系中所固有的侵凌性,这一自我对自我的相遇往往会退化成分析家与分析者之间的一场"殊死搏斗",一场令他们在其中"剑拔弩张"的权力斗争(见:**主人**

[MASTER])。

拉康反对这样的一种误解,而强调象征界在分析过程中的功能,即它把作为第三项的大他者引入了分析的相遇。"我们必须在三个项而非两个项的关系中来阐明分析的经验"(S1,11)。分析家不应当把治疗看作分析家必须在其中克服病人的阻抗的一种权力斗争——这不是精神分析,而是暗示——相反,他必须认识到自己与病人皆同样受制于一个第三项的力量,即语言本身。

拉康对于二元性的拒绝,亦可见于他抵制所有二元论的思维图式而赞同三元论的图式,"所有的双边关系都总是会被打上想象界的戳记"(Lacan,1956b:274)。例如,拉康打破了实在与想象之间的传统二元对立,而提出了实在、想象与象征的三重模型。其他诸如此类的三元图式有:神经症、精神病与性倒错的三种临床结构,自我的三种构形(自我理想、理想自我与超我),自然—文化—社会的三元组等。然而,似乎是为了抵消此种倾向,拉康也同样强调了那些包含有四个元素的图式的重要性(见:**四元组**[QUATERNARY])。

E

自我

英：ego；法：moi；德：Ich

在拉康非常早期的著作当中，他便开始玩味这样一个事实，即弗洛伊德所使用的德文术语(Ich)有着两种可能的法文翻译：宾格的"moi"(法国精神分析家们用来翻译弗洛伊德的 Ich 的习惯术语)以及主格的"je"。这一事实首先是由法国文法学家爱德华·皮琼所指出的(见：Roudinesco，1986：301)。因而，譬如在拉康有关镜子阶段的论文中，他就曾在这两项术语之间摇摆不定(Lacan，1949)。尽管我们很难在这篇论文中看出这两项术语之间有任何系统化的区分，然而清楚的是，它们并不完全是可交替使用的，而到 1956 年，拉康仍然在摸索一种方法来对它们加以清楚地区分(S3, 261)。正是雅各布森有关转换词的论文在 1957 年的发表，才使得拉康得以更清楚地理论化这一区分；因而，在 1960 年，拉康便把"je"指称为一个**转换词**(SHIFTER)，它指示但不代表能述的主体(E, 298)。大多数英文译本都把"moi"译作"ego"而把"je"译作"I"，以此来明确拉康的用法。

当拉康使用拉丁文术语"ego"(该术语在《标准版》中被用来翻译弗洛伊德的"Ich")的时候，他虽然会将该词用作术语"moi"的同义词，但也会用该词来暗指对于众多英美精神分析学派的一个更加直接的参照，尤其是**自我心理学**(EGO-PSYCHOLOGY)。

弗洛伊德对"自我"(Ich)这一术语的使用是极其复杂的，而且该词在他的著述过程中也是经历了很多发展之后，才渐渐开始表示所谓的"结构模型"中的三个机构之一(其他两个机构即是它我与超我)。尽管弗洛伊德有关自我的阐述相当复杂，然而拉康却在弗洛伊德的著作中辨别出两条研究自我的主要取径，并且指出它们是明显相互矛盾的。一方面，在自恋理论的语境下，"自我站在与对象相对立的另一边";而另一方面,在所谓的"结构模型"的语境下,"自我则站在与对象相一致的同一边"(Lacan,1951b:11)。前一种取径将自我牢固安置于力比多经济,并使之联系于快乐原则;而后一种取径则将自我联系于知觉—意识系统,并使之对立于快乐原则。拉康还声称,这两种说法之间的明显矛盾"会消失在当我们摆脱了一种有关现实原则的天真观念的时候"(Lacan,1951b:11;见:**现实原则**[REALITY PRINCIPLE])。因而,在后一种说法中以自我为中介的现实,其实就产生自在前一种说法中由自我所代表的快乐原则。然而,此种论点是否真的解决了这一矛盾,抑或它是否实际上只是给前一种说法赋予了特权而牺牲了后一种说法(见:S20,53;自我在那里被说成是生长在"快乐原则的花盆之中"),则仍然是有待商榷的。

拉康认为,弗洛伊德有关无意识的发现,使自我摆脱了至少是自笛卡尔以来的西方哲学在传统上指派给它的那一核心位置。拉康同样指出,自我心理学的支持者们把自我重新定位为主体的中心(见:**自主的自我**[AUTONOMOUS EGO]),从而背离了弗洛伊德的这一根本发现。同这一学派的思想相对立,拉康主张自我并不处在中心,自我其实是一个对象。

自我是在**镜子阶段**(MIRROR STAGE)中经由镜像认同而形成的一种构造。因而,它是主体变得异化于其自身,并将其自身转变成相似者的位置。自我所基于的此种异化,在结构上同偏执狂相类似,这就是为什么拉康写道,自我具有一种偏执狂的结构(E,20)。自我因而是一种想象的构形,与**主体**(SUBJECT)相对立,后者是一种象征界的产物(见:E,128)。实际上,自我恰好就是对于象征秩序的"误认"(méconnaissance),是阻抗的所在地。自我是像一个症状那样被结构的:"自我恰恰是像一个症状那样被结构的。在主体的中心,它仅仅是一个享有特权的症状,是典型的人类症状,是人类的心理疾病。"(S1,16)

因此,拉康完全反对流行于自我心理学的这样一种思想,即精神分析治疗的目标是旨在强化自我。因为自我是"幻象的所在"(S1, 62),所以增强它的力量只会在增加主体的异化上取得成功。自我同样是对于精神分析治疗的阻抗的来源,因而强化自我的力量也只会增加那些阻抗。因为其想象的固定性,自我会抵制所有主体性的成长与改变,并且会抵制欲望的辩证运动。通过削弱自我的这种固定性,精神分析治疗旨在重新建立欲望的辩证并重新发动主体的生成。

拉康反对自我心理学把分析者的自我当作分析家在治疗中的同盟的观点。他同样拒绝自我心理学把精神分析治疗的目标看作促进自我对于现实的**适应**(ADAPTATION)的观点。

自我理想

英:ego-ideal;法:idéal du moi;德:Ich-ideal

在弗洛伊德的作品中,我们很难看出在"自我理想"(Ich-ideal)、"理想自我"(Ideal Ich)与"超我"(Über-Ich)这三个相关术语之间有任何系统化的区分,尽管三者并非完全可交替使用的术语。然而,拉康却指出,此三种"自我的构形"(formations of the ego)皆是彼此之间不应混淆的各自相当不同的概念。

在其二战前的作品中,拉康主要关切的是在自我理想与超我之间建立一个区分,而并未提及理想自我。尽管自我理想与**超我**(SUPEREGO)皆联系着俄狄浦斯情结的衰退,两者皆是认同于父亲的产物,然而拉康却指出它们代表着父亲的双重角色中的不同面向。超我是一个无意识的机构,其功能在于压抑对于母亲的性欲望,而自我理想则是施加一种朝向升华的有意识的压力,并且提供使主体能够作为一个男人或女人而采取一种性别位置的坐标(Lacan, 1938: 59-62)。

在其二战后的作品中,拉康则更多关注的是自我理想与理想自我(法:moi idéal。注:在1949年,拉康曾一度使用"je-idéal"这一术语来翻译弗洛伊德的"Ideal-Ich",见:E,2;然而,他很快便放弃了此种做法,而在其余下的作品中一律使用"moi idéal"这一术语)之间的区分。于是,在1953—1954年度的研讨班上,他发展了**光学模型**(OPTICAL MODEL)来区分这两种构形。他指出,自我理想是一种象征性内摄,而理想自我则是一种想象性投射的来源(见:S8,414)。自我理想是作为理想而运作的能指,是法则经内化的雏形,是对主体在象征秩序中的位置进行支配的向导,它因此预期了次级(俄狄浦斯式)认同(S1,141),抑或是作为那一认同的产物(Lacan,1957-8)。而理想自我则起源于镜子阶段中的镜像;它许诺了自我所朝向的未来的综合,是自我赖以建立的统一性的幻象。理想自我始终伴随着自我,它是一种永远存在的企图,旨在重新获得前俄狄浦斯式二元关系中的全能。虽然理想自我是在原初认同中形成的,但是它继续发挥着作为所有次级认同之来源的作用(E,2)。在拉康的代数学中,理想自我写作i(a),而自我理想则写作I(A)。

自我心理学

英:ego-psychology;法:psychologie du moi

自我心理学自其在1930年代的发展以来,便一直是在**国际精神分析协会**(INTERNATIONAL PSYCHO-ANALYTICAL ASSOCIATION,IPA)中居于统治地位的精神分析学派。该学派主要吸收了弗洛伊德曾在《自我与它我》(Freud,1923b)一文中首度提出的精神结构模型。此一模型包含三个机构(agencies):它我、**自我**(EGO)、超我。因为自我在本能它我(instinctual id)、道德超我(moralistic superego)以及外部现实(external reality)的冲突要求之间扮演着一个居中调停的关键角色,所以更多的关注便开始投向了它的发展与结构。安娜·弗洛伊德的《自我与防御机制》(*The Ego and the Mechanisms of Defence*, 1936)一书便是几乎完全聚焦于自我的最早几部著作之一,而且此种趋势在海因茨·哈特曼(Heinz Hartmann)的《自我心理学与适应问题》(*Ego Psychology and the Problem of Adaptation*, 1939)中稳固确立了下来,该书如今被看作自我心理学的基础文本。自我心理学是由在1930年代末移民美国的一批奥地利精神分析家们引入美国的,而自1950年代初以来,它便成为不只在美国而且在整个国际精神分析协会中居于统治地位的精神分析学派。这一统治地位使自我心理学能够宣称自己是弗洛伊德精神分析在其最纯粹形式上的继承人,然而在它的某些教条与弗洛伊德的著作之间其实却存在着一些根本性的差异。

在拉康的大部分执业生涯里,他都在驳斥自我心理学自诩是弗洛伊德遗产的真正继承人的主张,即便拉康的分析家鲁道夫·勒文斯坦(Rudolph Loewenstein)也是自我心理学的奠基人之一。在拉康于1953年被开除出国际精神分析协会之后,他便自由地公开发表自己针对自我心理学的批评,而在自己余下的生命里,他更是展开了一种持续且有力的批判。倘若不参照拉康与其形成对立的自我心理学思想,拉康的大多数理论便无法得到恰当的理解。拉康挑战了自我心理学的所有核心概念,诸如**适应**(ADAPTATION)与**自主的自我**(AUTONOMOUS EGO)这类的概念。他对自我心理学的批判,往往都会跟他对这一特殊思想学派所主导的国际精神分析协会的批判纠葛在一起。拉康提出自我心理学与国际精神分析协会两者皆是真正的精神分析的"对立面"(E, 116),他还指出此两者皆无可挽回地受到美国文化败坏(见:**c 因素**[FACTOR C])。拉康的强有力批评意味着现在很少有人会不加批判地接受自我心理学将其自身等同于"经典精神分析"的那些主张。

分析的结束

英：end of analysis；法：fin d'analyse

在《可终止与不可终止的分析》（Analysis Terminable and Interminable）一文中，弗洛伊德讨论了到底是否有可能结束一个分析，或者是否所有的分析都必然是未完成的问题（Freud, 1937c）。拉康给予这一问题的回答是，去谈论一个分析的结束固然是可能的。尽管并非所有的分析都坚持到了它们的完结，然而分析治疗却是一种有其结束的逻辑过程，而拉康则以"分析的结束"这一术语来命名这个终点。

鉴于很多分析在结束分析之前便中断了，因而便出现了此类分析能否被视作成功的问题。如果要回答这个问题，那么就有必要在分析的结束与精神分析治疗的目标之间做出区分。精神分析治疗的目标在于引导分析者道出有关其语言的真理。任何的分析，无论有多么不完整，当它达到这一目标的时候，都可以被看作成功的。因此，分析的结束的问题，便远不止是一段分析治疗的过程是否抵达其目标的问题；而是这段治疗是否抵达其逻辑终点的问题。

拉康是以各种不同的方式来构想这一终点的。

（1）在1950年代初，分析的目标被描述为"某种真言的到来以及主体对其历史的领悟"（E, 88）（见：**言语**[SPEECH]）。"主体……在开始分析的时候只讲到他自己而没有对着你讲，或是只对着你讲而没有讲到他自己。当他能够对着你去讲到他自己的时候，分析便会结束"（Ec, 373, n.1）。分析的结束也同样被描述为甘心接受其自身的必死性（E, 104-5）。

（2）在1960年，拉康则把分析的结束描述为一种焦虑与抛弃的状态，并且将其比喻为人类婴儿的**无助**（HELPLESSNESS）。

(3)在1964年,他又将其描述为当分析者"穿越根本幻想"(traversed the radical fantasy)的时刻(S11, 273;见:幻想[FANTASY])。

(4)在其教学的最后10年,他则把分析的结束描述为"认同于圣状",以及"知道用圣状来做些什么"(见:圣状[SINTHOME])。

所有这些阐述的共同思想皆在于,分析的结束会涉及分析者主体位置上的某种改变(分析者的"主体性罢免"[subjective destitution])以及分析家位置上的某种相应的改变(分析家的"存在的丧失"[法:désêtre;英:loss of being],即分析家从假设知道的主体的位置上的跌落)。在分析的结束之时,分析家会被化约为一种纯粹的剩余,一个纯粹的对象小 a(objet petit a),即分析者欲望的原因。

因为拉康认为所有精神分析家都应当从头到尾地经历分析治疗的过程,所以分析的结束也同样是从分析者到分析家的过渡。因此,"一个分析的真正结束"便恰恰是"让你准备去成为一个分析家"的东西(S7, 303)。

在1967年,拉康引入了**通过**(PASS)程序,作为证明某人分析结束的手段。凭借此种程序,拉康希望避免把分析的结束看作某种类似神秘的、无法言喻的经验的危险。这样一种见解是与精神分析相对立的,因为精神分析的全部关切皆在于把事物诉诸言语的表达。

拉康批评那些根据对分析家的认同来看待分析的结束的精神分析家们。与此种精神分析的观点相对立,拉康宣称"跨越认同的层面是可能的"(S11, 273)。超越认同不仅是可能的,而且还是必要的,因为否则的话它便不是精神分析,而是暗示,后者是精神分析的对立面;"分析运作的根本原动力便是维持 I——认同——与 a 之间的距离"(S11, 273)。

拉康同样拒绝分析的结束涉及转移的"肃清"这样一种思想

(见:S11,267)。这种认为转移可以被"肃清"的思想,其基础乃在于一种对于转移之本质的误解,根据此种误解,转移被看作某种能够被超越的幻象。这样一种见解之所以是错误的,是因为它全然忽视了转移的象征性本质;转移是言语的基本结构的一部分。尽管分析治疗会涉及同分析家之间建立起来的特殊"转移关系"(transference relationship)的解除,然而转移本身在分析的结束之后却仍旧会存在下去。

拉康所拒绝的有关分析结束的其他错误观念包括:"强化自我""适应现实"与"幸福"。分析的结束既非症状的消失,亦非某种潜在疾病(例如:神经症)的治愈,因为分析在本质上并非一种治疗的过程,而是一种对于真理的探寻,而真理却并非总是有益的(S17,122)。

能述

英:enunciation;法:énonciation[①]

在欧洲的语言学理论中,一个重要的区分是能述与所述(英:statement;法:énoncé)之间的区分。这一区分涉及看待语言生产(linguistic production)的两种方式。当语言生产乃根据一些抽象的语法单位(诸如句子)且独立于发生事件的特定环境而加以分析的时候,它便被指称为一则所述;当语言生产乃作为一个特定言说者在特定时间/地点与特定情境下执行的某一个体行动而加以分析的时候,它则被指称为一则能述(Ducrot and Todorov,1972:

[①] 拉康遵循了欧陆语言学中对于"能述"(énonciation)与"所述"(énoncé)的区分,两者之间既是形式与内容的关系,也是主动与被动的关系,前者指说者发出话语的实际行动,后者则指被发出的话语的实际内容。继而,拉康将"能述"联系于无意识,而将"所述"联系于意识,主体由此便分裂为"能述的主体"与"所述的主体"。在精神分析的临床上,我们也更注重主体言说的形式,而不是其言说的内容。对此,请参见拉康欲望图解的进一步说明。

405-10)。

早在拉康使用这些术语很久以前,他就已经做出了一个类似的区分。例如,在1936年,他便强调言说的行动本身即包含某种意义,即便说出的话语是"无意义"的(Ec,83)。先于它在"传递信息"上可能具有的任何功能,言语首先是一种对于他者的诉求。这种不管说话内容而对言语行动本身的关注,便预示了拉康对于能述维度的关注。

当拉康最终在1946年使用"能述"这个术语的时候,它首先便是要描述精神病式语言的那些奇怪的特征,以及其"能述的表里不一"(duplicity of the enunciation)(Ec,167)。后来,在1950年代,这个术语便被用来定位无意识的主体。在欲望图解中,低阶链条是所述,即在其意识维度上的言语,而高阶链条则是"无意识的能述"(E,316)。在把能述指派为无意识之时,拉康断言言语的来源既不是自我,也不是意识,而是无意识;语言来自大他者,而"我"是我的话语的主人这一观念则仅仅是一种幻象。"我"(法:Je)这个词本身便是模棱两可的;作为**转换词**(SHIFTER),它既是一个充当所述主体(subject of statement)的能指,又是一个指派(designate)却不代表(signify)能述主体(subject of enunciation)的指示符(E,298)。因而,主体在这两个层面之间便是分裂的,即主体被割裂在说出这个呈现了统一性幻象的"我"的行动本身之中(见:S11,139)。

伦理学

英:ethics;法:éthique

拉康宣称伦理学思想"乃处在我们作为分析家的工作的中心"(S7,38),而且他的一整年研讨班也被专门用来讨论伦理学与精神分析的链接(Lacan,1959-60)。把问题稍微简单化一些,我们可以说伦理学问题是从两个方面汇聚于精神分析治疗的,即分析者的方面与分析家的方面。

在分析者的方面,是罪疚的问题与文明化道德的致病性本质。在弗洛伊德的早期著作中,他曾在"文明化道德"的种种要求与主体的那些本质上是非道德的性冲动之间构想了一种基本的冲突。当道德在此种冲突之中占据上风,而冲动又过于强大以至于无法升华的时候,性欲便要么会以性倒错的形式来获得表达,要么会遭到压抑,后者导致了神经症。因此,在弗洛伊德看来,文明化道德便是神经疾病的根源所在(Freud,1908d)。在他关于无意识的罪疚感的理论之中,以及在他后来关于超我的概念之中,弗洛伊德又进一步发展了他关于道德的致病性本质的思想:超我是一个变得愈发残酷以至于自我屈从于其要求的内部道德机构(Freud,1923b)。

在分析家的方面,则是如何处理分析者的致病性道德与无意识罪疚的问题,以及如何处理在精神分析治疗中可能出现的整个伦理学范围的问题。

伦理学问题的这两方面来源给分析家提出了很多不同的问题:

首先,分析家要如何对分析者的罪疚感做出回应呢?当然不是告诉分析者说他并非真的有罪,或是企图"软化、钝化或弱化"他的罪疚感(S7,3),或是将其当作一种神经症的幻象而加以分析性的消除。相反,拉康指出,分析家必须认真对待分析者的罪疚感,因为从根本上说,每当分析者感到罪疚的时候,都是因为在某一时刻上,他在自己的欲望上有所让步的缘故。"从一种分析的观点来看,我们可能会对其感到罪疚的唯一的事情,便是相对于自己的欲望做出了让步"(S7,319)。因此,当分析者向分析家呈现出某种罪疚感的时候,分析家的任务便是要发现分析者在何处对他的欲望做出让步。

其次，分析家要如何对经由超我而起作用的致病性道德做出回应呢？弗洛伊德把道德看作一种致病性力量的见解，也许看似意味着分析家仅仅需要帮助分析者摆脱那些道德的束缚。然而，虽然这样一种解释可以在弗洛伊德的早期著作中找到某种支撑（Freud，1908d），但是拉康坚决反对弗洛伊德的这样一种见解，他更偏爱《文明及其不满》（Freud，1930a）中的那个更加悲观的弗洛伊德，而且直截了当地声称"弗洛伊德绝非一位进步论者"（S7，183）。故而，精神分析并不完全是一种自由放荡的社会风潮（libertine ethos）。

这似乎便给分析家提出了一种道德的两难困境。一方面，他不能完全站在文明化道德的一边，因为这种道德是致病性的。另一方面，他也不能完全采纳一种自由放荡的相反取径，因为如此仍旧是处在道德的领域之内的（见：S7，3-4）。中立的规则可能看似给分析家提供了一种解决此一两难困境的办法，然而事实上则不然，因为拉康指出根本没有这样一个在伦理学上是中立的位置。因而，分析家便无法避免，也必须面对这些伦理学的问题。

在指导精神分析治疗的每一种方式中都隐含某种伦理性立场，无论这一点是否为分析家所承认。分析家的伦理性立场可通过他阐述治疗目标的方式而得到最为清晰的揭示（S7，207）。例如，自我心理学有关自我适应现实的那些阐述，便隐含了一种规范的伦理学（S7，302）。正是在与此种伦理学立场的对立之中，拉康开始阐述他自己的分析性伦理。

拉康所阐述的分析性伦理，是把行动与欲望联系起来的一种伦理（见：**行动**[ACT]）。拉康把它概括成了一个问题："你是否遵照自己内心中的欲望而行事？"（S7，314）。基于以下几点理由，他把此种伦理对比于亚里士多德、康德与其他道德哲学家的"传统伦理学"（S7，314）。

第一，传统伦理学皆围绕着"善"（Good）的概念而运转，且提出各种不同的"诸善"皆是在角逐"至善"(Sovereign Good)的位置。然而,精神分析的伦理则把"善"看作欲望道路上的某种障碍;因而在精神分析中"对于某种善的理想的根本性弃绝是必然的"(S7,230)。精神分析的伦理拒绝一切的理想,包括"幸福"与"健康"的理想;而自我心理学怀抱这些理想的事实,便使它不能宣称自己是精神分析的一种形式(S7,219)。因此,分析家的欲望不能是"行善"或"治愈"的欲望(S7,218)。

第二,传统伦理学总是倾向于把善联系于快乐;道德思想"是沿着那些在本质上属于快乐主义的问题路径而展开的"(S7,221)。然而,精神分析的伦理不能采取这样的一种取径,因为精神分析的经验业已揭示出了快乐的表里不一;快乐是有某种界限的,当这一界限遭到僭越的时候,快乐就会变成痛苦(见:**享乐**[JOUISSANCE])。

第三,传统伦理学皆围绕着"为善服务"(S7,314)而运作,它把工作与一种安全、有序的生存摆在欲望问题的前面;它告诉人们要让自己的欲望等待(S7,315)。同时,精神分析的伦理则迫使主体在当下的即时性中去面对其行动与其欲望之间的关系。

在其1959—1960年度有关伦理学的研讨班之后,拉康继续把这些伦理学的问题定位在精神分析理论的中心。他把弗洛伊德的"它曾在之处,我必将抵达"(Wo es war, soll Ich werden)这句著名格言中的"必将"(soll)解释为一种伦理性的义务(E,128),而且他还指出无意识的地位不是本体论的,而是伦理学的(S11,33)。在1970年代,他把精神分析伦理学的强调重点从行动的问题("你是否遵照你的欲望而行事?")转向了言说的问题;现在,它则变成了一种"善言"的伦理(l'éthique du Bien-dire)(Lacan, 1973a:65)。然而,这更多是一种侧重的不同,而非一种对立,因为在拉康看来,"善言"本身也是一种行动。

从根本上讲,正是一种伦理学的立场把精神分析与**暗示**

(SUGGESTION)分离了开来；精神分析的基础便在于对病人有权抵抗控制的基本尊重，而暗示则把此种阻抗看作一种要被粉碎的障碍。

存在/实存

英：existence；法：existence；德：Existenz

拉康以各种不同的方式来使用"存在"这个术语（见：Žižek, 1991：136-7）：

• **象征界中的存在** 存在的这层意义要在弗洛伊德讨论"存在判断"（judgement of existence）的语境下来理解，即在把任何属性归于一个实体之前，这个实体的存在即已借由此一判断而得到了确认（见：Freud, 1925h；见：**肯定**[BEJAHUNG]）。在此意义上，只有被整合进象征秩序的事物才会充分地"存在"，因为"根本没有前话语的现实（prediscursive reality）这样一种事物"（S20, 33）。正是在此种意义上，拉康声称"女人不存在"（Lacan, 1973a：60）；象征秩序中不包含任何表示女性特质的能指，女性的位置也因此无法被充分地加以象征化。

需要注意的是，在象征秩序中，"除非是在一种假定缺位的基础之上，否则任何事物都不存在。除非是就它并不存在而言，任何事物才是存在的"（Ec, 392）。换句话说，存在于象征秩序中的所有事物，都只有凭借它与所有其他事物的差异才得以存在。这一点是由索绪尔率先指出的，他当时声称在语言中没有任何肯定的词项，有的只是差异（Saussure, 1916）。

• **实在界中的实存** 在此种意义上，只有不可能象征化的事物才是实存的，即处在主体中心的不可能的原物（the impossible Thing）。"实际上，存在着某种从根本上无法为能指所同化的事物。这恰恰就是主体的独特的实存"(S3, 179)。此即无意识主体(S)的实存,拉康将其描述为一种"不可言喻的、愚蠢的实存"(E, 194)。

"实存"一词的第二种意义,恰好是第一种意义上的"存在"的对立面。第一种意义上的"存在"同义于拉康对"**存在**"(BEING)一词的使用,而第二种意义上的"实存"则是对立于"存在"的。

拉康创造了"ex-sistence"(外在)这个新词来表达这样一种思想,即我们存在的核心(Kern unseres Wesen)从根本上也是相异的、外部的大他者(Ec, 11);主体是去中心的(decentred),他的中心是外在于他自身的,他是离心的(ex-centric)。拉康同样讲到了"梦中欲望的'外在'(德:Entstellung,即'扭曲')"(E, 263),因为梦境只能通过扭曲欲望来对其进行表征。

外心性/外密性
英:extimacy;法:extimité[①]

拉康通过把前缀 ex(来自 exterieur,即"外部的")叠加于法文单词 intimité(即"内心""亲密")而创造了 extimité(即"外心性")这个术语。由此产生的这个新词——在英文中可以译作"extimacy"——便巧妙地表达了精神分析以何种方式问题化了内部与外部、容纳者与容纳物之间的对立(见:S7, 139)。例如,实在界便既是内在又是外在的,而无意识也并非一个纯粹内部的精神系统,而是一个主体间的结构("无意识是外在的")。再者,大他者也是"相异于我的某种东西,尽管它处在我的中心"(S7, 71)。此外,主体的中心是外在的;主体是离心的(见:E, 165, 171)。外心性的结

[①] 国内学界也常常将该词译作"外密性";我将其译作"外心性",以强调主体的中心在其自身之外。

构被完美地表达在**圆环面**(TORUS)与**莫比乌斯带**(MOEBIUS STRIP)的拓扑学之中。

雅克-阿兰·米勒在其1985—1986年度的研讨班上进一步发展了外心性的概念(见:该期研讨班的摘要,以及 Bracher *et al.*,1994 中的其他相关文章)。

F

c因素

英:factor c;法:facteur c

拉康在1950年的一届精神病学会议上创造了"c因素"这个术语。c因素是"任何特定文化环境的恒常性特征"(E, 37);象征秩序中的一部分标记着某一文化相对于另一文化的那些独有特征,c因素正是对于象征秩序中的这一部分进行命名的尝试(c代表文化)。虽然思考这个概念在不同文化环境与精神分析之间的相互关系中的可能应用将会是非常有趣的,但是拉康仅仅举出了一个c因素的例子;他指出,非历史主义(ahistoricism)是美国文化的c因素(见:E, 37与E, 115)。"美国的生活方式"围绕着诸如"幸福""适应""人际关系"与"人类工程学"这样的能指转动(E, 38)。拉康尤其把美国文化的c因素看作精神分析的对立面,并且认为它对让精神分析理论在美国受到困扰的那些错误(诸如:**自我心理学[EGO-PSYCHOLOGY]**)负有主要责任。

幻想

英:fantasy;法:fantasme

幻想的概念(在《标准版》中被拼写为"phantasy")是弗洛伊德著作的核心。实际上,精神分析的起源便与弗洛伊德在1897年承认的"诱惑的记忆有时是幻想的产物,而非真实性虐待的痕迹"有着密切的关联。弗洛伊德思想发展中的这一关键时刻(通常都会被过分简单化地冠以"诱惑理论的放弃"之名)似乎便意味着幻想是与现实相对立的,是阻碍正确现实知觉的一种纯粹虚幻的想象力的产物。然而,这样一种有关幻想的见解却无法在精神分析理论之中得以维系,因为现实并未被看作某种没有问题的给定,其中存在着一种单一客观的正确知觉方式,而是被看作其本身是被话语性建构出来的某种事物。因此,弗洛伊德在1897年的此种思想转变便并非意味着对于一切性虐待记忆的真实性的拒绝,而是意味着对于记忆的基本话语性与想象性本质的发现;有关过去事件的那些记忆会依照无意识的欲望而不断地加以改造,以至于症状并不起源于任何假设的"客观事实",而是起源于幻想在其中扮演关键角色的一种复杂辩证。于是,弗洛伊德便使用"幻想"这个术语来表示一种在想象中呈现且上演了某种无意识欲望的场景。主体总是在这一场景中扮演着某种角色,即便这在当时并非直接显而易见的。这种幻想化的场景既可能是有意识的,也可能是无意识的。当它是无意识的时候,分析家就必须基于其他的线索来对其进行重构(见:Freud, 1919e)。

虽然拉康接受了弗洛伊德有关幻想的重要性及其视觉性质是上演欲望的剧本的阐述,但是他还强调了幻想的保护性功能。拉康将幻想的**场景**(SCENE)比喻为电影屏幕上凝固的影像;正如影片可能会在某一时刻停止,以避免表现紧随其后的一幕创伤性场景,幻想的屏幕也是这样一种遮蔽阉割的防御(S4, 119-20)。因而,幻想是以固定且静止的性质为特征的。

虽然"幻想"作为一个重要的术语只是从1957年开始才出现在拉康的著作之中,但是一种相对稳定的**防御**(DEFENCE)模式的概念早已显现了出来(见:例如,拉康在1951年关于"主体借以建构其对象的那些永恒方式"的评论;Ec, 225)。这一概念既是拉康有关幻想的思想,也是他有关临床结构的概念的根源之所在;两者皆被构想为防御自身以抵制阉割,即抵制大他者中的缺失的一种相对稳定的方式。因而,每一种临床结构都可以通过用幻想场景来遮蔽大他者中的缺失的特殊方式而加以区分。拉康以数元($S \lozenge a$)来加以形式化的神经症的幻想,在欲望图解中便是作为主体对于大他者的谜一般的欲望的回应,即以对大他者想要从我身上得到什么(Che vuoi?,即"你要什么?")这一问题做出回答的方式而出现的(见:E, 313)。这个数元应当读作:被画杠的主体相对于对象的关系。性倒错的幻想则颠覆了此种与对象的关系,并因而被形式化为 $a \diamond \$$(Ec, 774)。

尽管数元($\$ \diamond a$)标定了神经症幻想的普遍结构,然而拉康对于癔症患者与强迫型神经症患者的幻想也提供了一些更加具体的公式(S8, 295)。虽然不同的幻想公式指示了那些享有相同临床结构的人的幻想的共同特征,但是分析家也必须要留意那些刻画了每位病人的特殊幻想剧本的独有特征。这些独有特征表达着主体的特殊**享乐**(JOUISSANCE)模式,尽管是以一种经过扭曲的方式。这种明显存在于幻想之中的扭曲,正好将幻想标记为一种妥协形成(compromise formation);幻想因而既是使主体能够维持其欲望的东西(S11, 185;Ec, 780),又是"**主体在其消失的欲望的水平上维持其自身的东西**"(E, 272,强调为作者所加)。

拉康认为,除了所有出现在梦中与其他地方的无数形象之外,还总是存在着一个无意识的"基本幻想"(见:S8, 127)。在精神分析治疗的过程当中,分析家以其全部细节来重构分析者的幻想。然而,治疗并不会停止在那里;分析者还必须继续去"穿越基本幻想"(见:S11, 273)。换句话说,治疗必须对主体的基本防御模式产生某种修改,即在其享乐模式上产生某种改变。

虽然拉康承认形象在幻想中的力量,但是他也坚持强调说这并不是由于形象本身的任何固有品质,而是由于它在象征结构中所占据的位置;幻想始终是"在某种能指结构中开始运作的一个形象"(E, 272)。拉康批评克莱因派在对幻想进行说明的时候并未充分考虑到这一象征的结构,并因而仍然处在想象界的层面上;"任何旨在将其[幻想]化约为想象的企图……都是一种永久的误解"(E, 272)。在1960年代,拉康将其一整年的研讨班专门用于讨论他所谓的"幻想的逻辑"(the logic of fantasy)(Lacan, 1966-

7),并再度强调了能指结构在幻想中的重要性。

父亲
英:father;法:père

从拉康非常早期的著作开始,他便极其强调父亲的角色在精神结构中的重要性。在其1938年论及家庭的文章中,他就将**俄狄浦斯情结**(OEDIPUS COMPLEX)的重要性归于这样一个事实,即该情结在父亲的身份中结合了两种几乎相互冲突的功能:保护性的功能与禁止性的功能。此外,他还指出当代社会中父亲意象(paternal imago)的衰落(明显可见于缺位的父亲与受辱的父亲等形象)是现行各种精神病理性怪癖的原因所在(Lacan,1938:73)。父亲继而也是拉康其后著作中的一个恒定的主题。

拉康对于父亲的重要性的强调,可以被看作他针对克莱因派精神分析与对象关系理论将母子关系置于精神分析理论的核心这一倾向的反应。与此种倾向相反,拉康不断地强调父亲作为一个第三项的角色,正是父亲通过中介**母亲**(MOTHER)与孩子之间的想象**二元关系**(DUAL RELATION),从而拯救了孩子,使其免遭于精神病,并使其进入社会存在(social existence)成为可能。父亲因而不只是主体与之争夺母亲的爱的一个纯粹的竞争者;就其本身而言,他也是社会秩序的代表,而只有通过在俄狄浦斯情结之中认同于父亲,主体才能够进入这一秩序。因此,在所有精神病理性结构的病因学中,父亲的缺位都是一个重要的因素。

然而,父亲并非一个简单的概念,而是引发我们去思考"父亲"一词究竟意味着什么的一个复杂的概念。拉康指出,"何谓父亲?"这一问题构成了贯穿在弗洛伊德全部著作中的核心主题(S4,204-5)。正是为了回答这一问题,从1953年起,拉康便开始强调在象征的父亲(the symbolic father)、想象的父亲(the imaginary father)

与实在的父亲(the real father)之间做出区分的重要性:

• **象征的父亲** 象征的父亲并非一种真实的存在(real being),而是一个位置、一种功能,且因此同义于"父性功能"(paternal function)这一措辞。此一功能恰恰就是在俄狄浦斯情结中强加**法则**(LAW)并调节欲望的功能,是介入母亲与孩子之间的想象二元关系,以便在他们之间引入一个必要的"象征性距离"(symbolic distance)的功能(S4, 161)。"父亲的真正功能……从根本上说即在于使欲望与法则结合起来(而不是使它们对立起来)"(E, 321)。尽管象征的父亲并非一个实际的主体,而是象征秩序中的一个位置,然而一个主体还是可以凭借行使父性功能来占据这一位置。没有人能够一直完全地占据这个位置(S4, 205, 210, 219)。然而,象征的父亲的介入往往不是凭借某人去化身此一功能,而是以一种蒙上面纱的隐蔽方式,例如以母亲的话语为中介(见:S4, 276)。

象征的父亲是象征秩序的结构中的基本元素;正是男性世系一脉的铭写,把文化的象征秩序与自然的想象秩序区分了开来。通过把世系结构化作一系列代际的传承,父系制度(patrilineality)便引入了一个"其结构不同于自然秩序"的秩序(S3, 320)。象征的父亲同样是死亡的父亲,是遭到他自己的儿子们所谋杀的原始部落的父亲(见:Freud, 1912-13)。此外,象征的父亲也被称作**父亲的名义**(NAME-OF-THE-FATHER)(S1, 259)。

想象的阳具在前俄狄浦斯的想象三角形中作为第三项的在场,即表明象征的父亲在前俄狄浦斯阶段便已然开始运作了;在象征的母亲的背后,总是存在着象征的父亲。然而,精神病患者却从未走到这么远;实际上,正是象征的父亲的缺位刻画了精神病结构的本质特征(见:**排除**[FORECLOSURE])。

• **想象的父亲** 想象的父亲是一种意象,是主体围绕着父亲的角色而在幻想中建立起来的所有想象性建构的复合体。此种想象性建构往往与父亲在现实中的样子没有多少关系（S4，220）。想象的父亲可以被认作一位理想的父亲（S1，156；E，321），或者相反被认作"把小孩搞糟的父亲"（the father who fucked the kid up）（S7，308）。在前一种角色中，想象的父亲是各种宗教中的上帝形象（God-figure）的原型，即一个全能的保护者。在后一种角色中，想象的父亲则既是把乱伦禁忌强加给自己儿子们的那位骇人的原始部落的父亲（见：Freud，1912-13），又是**剥夺**（PRIVATION）的动因，是女儿责备他剥夺了自己的象征性阳具或是其等价物（即一个孩子）的父亲（S4，98；见：图7与S7，307）。然而，在此两种面貌下，无论是作为理想的父亲还是作为残酷的剥夺的动因，想象的父亲都会被看作全能的（S4，275-6）。精神病与性倒错皆以不同的方式涉及把象征的父亲化约为想象的父亲。

- **实在的父亲**　虽然拉康相当清晰地界定了他所谓的想象的父亲与象征的父亲的意思，但是他有关实在的父亲的那些评论却是颇为模糊的（见：例如，S4，220）。拉康唯一明确的阐述，便是把实在的父亲说成阉割的动因，即他在执行象征性阉割的运作（S17，149；见：图7与S7，307）。除此之外，关于他借由这一措辞想说的意思，拉康很少给出其他的线索。在1960年，他把实在的父亲描述为一个"有效地占据着"母亲的"巨屌之人"（the Great Fucker）（S7，307），而在1970年，他甚至又继续把实在的父亲说成精子，尽管他又立刻限定了这则陈述，评论说没有人会把自己当作一只精虫的儿子（S17，148）。基于这些评论，我们似乎可能会认为实在的父亲即主体的生物学父亲。然而，因为一定程度的不确定性总是围绕着谁才是真正的生物学父亲这一问题（"'父亲总是不确定的'[pater semper incertus est]，而母亲则是'再确定不过的'[certissima]"；Freud，1909c：SE IX，239），或许我们可以更加确切地说,实在的父亲即那个被说成是主体的生物学父亲的男人。因而,实在的父亲是一种语言的效果,而这里的形容词"实在"正是要在此种意义上来理解:它是语言的实在,而非生物学的实在(S17, 147-8)。

实在的父亲在俄狄浦斯情结中扮演着一个至关重要的角色;正是他在俄狄浦斯情结的第二"时间"上作为对孩子实施阉割的人而介入(见:**阉割情结**[CASTRATION COMPLEX])。这一介入把孩子从先前的焦虑之中解救了出来;倘若没有此种介入,孩子就需要一个恐怖症的对象来充当对于缺位的实在的父亲的某种象征性替代。实在的父亲作为阉割动因的介入,并不完全等价于他在家庭中的物理性在场。正如小汉斯的个案(Freud, 1909b)所表明的那样,实在的父亲可能是物理性在场的,但仍旧未能作为阉割的动因而介入(S4, 212, 221)。相反,即使当父亲物理性缺位的时候,孩子也可以很好地感受到实在的父亲的介入。

恋物癖

英:fetishism;法:fétichisme;德:Fetischismus

"物神"(fetish)这个术语首先在18世纪开始被广泛使用于研究"原始宗教"的语境,它在其中表示一种无生命的崇拜对象(拉康认为这一词源是非常重要的;S8, 169)。在19世纪,马克思曾借用该术语描述资本主义社会中的各种社会关系如何会以虚假的形式来呈现事物之间的种种关系(即"商品拜物教"[commodity fetishism］）。在19世纪的最后十年里，克拉夫特-埃宾[1]首度将此一术语应用于性行为。他把恋物癖定义为一种**性倒错**（PERVERSION），性兴奋在其中完全取决于一个特定对象（物神）的在场。弗洛伊德与论及性欲的大多数其他作者此后所采用的正是这一定义。物神通常都是一个无生命的对象，诸如一只鞋子或者一件内衣。

弗洛伊德认为，恋物癖（被看作一种几乎是男性专有的性倒错）起源于孩子对于女性阉割的恐惧。面对着母亲阴茎的缺失，恋物癖患者会拒认这一缺失，并且会找到一个对象（物神）来充当对于母亲欠缺的阴茎的某种象征性替代（Freud，1927e）。

当拉康在1956年首度触及恋物癖主题的时候，他便指出恋物癖是一个特别重要的研究领域，并且叹息他的同代人对此的忽视。他强调说物神与母亲**阳具**（PHALLUS）之间的等价只能通过参照于语言的转化来理解，而非参照"视觉领域中模糊类比"，诸如皮草与阴毛之间的比较（Lacan，1956b：267）。他援引了弗洛伊德对于"鼻子上的光泽"（Glanz auf der Nase）这一措辞的分析来作为对自己论点的支撑（见：Freud，1927e）。

在接下来的几年里，随着拉康发展出了他在阴茎与阳具之间的区分，他便强调说物神是对于后者而非前者的一种替代。此外，拉康还拓展了**拒认**（DISAVOWAL）的机制，并且使之成为性倒错本身而不只是恋物癖倒错的构成性运作。然而，他保留了弗洛伊德的观点，认为恋物癖是一种男性专有的性倒错（Ec, 734），或者至少在女人中间是极其罕见的（S4, 154）。

在1956—1958年度的研讨班中，拉康详细阐述了恋物癖对象与恐怖症对象之间的一个重要的区分；物神是对于母亲欠缺之阳具的一种象征性替代，而恐怖症对象则是对于象征性阉割的一种

---

[1] 理查德·冯·克拉夫特-埃宾（Richard von Krafft-Ebing，1840—1902），奥地利著名精神病学家，性学研究的鼻祖，早期性心理病理学家，其代表作《性心理变态》曾对弗洛伊德产生过深远的影响。

想象性替代(见:**恐怖症**[PHOBIA])。如同所有性倒错一样,恋物癖的根源也在于母亲—孩子—阳具的前俄狄浦斯三角(S4, 84-5, 194)。然而,恋物癖的独特之处则在于它既涉及了对于母亲的认同,又涉及了对于想象的阳具的认同;实际上,在恋物癖中,主体便摇摆在此两种认同之间(S4, 86, 160)。

拉康在1958年声称阴茎对那些异性恋女人而言"呈现出了某种物神的价值",他的这一命题引起了很多有趣的问题(E, 290)。首先,它翻转了弗洛伊德有关恋物癖的见解;相比于把物神当作对于实在的阴茎的一种象征性替代,实在的阴茎本身就可以经由替代女人缺位的象征性阳具而变成一种物神。其次,它动摇了(弗洛伊德与拉康都曾做出的)恋物癖在女人中间是极其罕见的这一主张;如果阴茎可以被视作一种物神,那么恋物癖就明显在女人中间比在男人中间更为普遍。

排除/除权

英:foreclosure;法:forclusion;德:Verwerfung[①]

从拉康1932年的博士论文开始,驱策其著作的核心探索之一,便是为**精神病**(PSYCHOSIS)鉴别出一种特定的精神原因。在着手处理这一问题的过程中,有两个恒定的主题。

· 对于**父亲**的排除(the exclusion of the FATHER) 早在1938年,拉康便将精神病的起源联系于父亲从家庭结构中遭到排

[①] 国内有学者将该术语译作"脱落",然而需要指出的是,拉康的"forclusion"在字面上即"预先关闭"的意思,其相应的法语动词"forclore"则意指"将某物排除在外"。我在此将其译作"排除",因为这里涉及弗洛伊德意义上的"存在判断",也就是说"父亲的名义"并非已然登陆象征界尔后又从中"脱落"的东西,而是在登陆象征秩序之前便被预先关闭或排除在了象征界的外部。故而,"脱落"是预设了把某物纳入象征界的一种"肯定",而"排除"则是拒绝把某物纳入象征界的一种根本性"否定"。另外,如果从拉康援引这一术语的法律意义而言,将其译作"除权"也不失为一种很好的译法。

除，其结果导致家庭结构被化约为母子关系（Lacan，1938：49）。随后在他的著作中，当拉康区分实在性、想象性与象征性父亲的时候，他也明确指出正是象征性父亲的缺位与精神病存在某种联系。

• 弗洛伊德的"弃绝"概念（the Freudian concept of Verwerfung）弗洛伊德以很多迥然不同的方式来使用"Verwerfung"这个术语（该词在《标准版》中被译作"repudiation"）（见：Laplanche and Pontalis，1967：166），但是拉康则特别聚焦于其中的一种方式，即与压抑（Verdrängung）截然不同的一种特定防御机制这层意义，在此一机制中"自我将不相容的表象连同其情感一并拒绝，并且表现得就好像这个表象从未出现于自我似的"（Freud，1894a：SE III，58）。在1954年，拉康基于他自己对"狼人"个案（见：Freud，1918b：SE XVII，79-80）的阅读，把"Verwerfung"确认为精神病的特定机制，其中的一个元素被拒绝在象征秩序的外部，就好像它从未存在过似的（Ec，386-7；S1，57-9）。此时，拉康提出各种不同的方式来把"Verwerfung"一词翻译成法语，例如将其译作"rejet"（驳回）、"refus"（拒绝）（S1，43）与"retranchement"（扣除）（Ec，386）。直至1956年，拉康才提议用"forclusion"一词（该术语在法国的法律体系中被使用；用英语说，即"foreclosure"）作为把"Verwerfung"翻译成法语的最佳方式（S3，321）。拉康在其余下的著作中继续使用的也正是这一术语。

在1954年，当拉康在其对于精神病特定机制的探寻中转向弗洛伊德的"Verwerfung"概念时，我们尚且不清楚究竟是什么遭到了弃绝；遭到弃绝的可以是阉割，抑或是言语本身（S1，53），抑或是"生殖水平"（S1，58）。到1957年末，拉康才找到了对于这一问题的解答，他在此时提出了这样一种思想，即排除的对象正是**父亲的名义**（NAME-OF-THE-FATHER）（一个基本能指）（E，217）。如此一来，拉康便能够把先前支配他对精神病的因果性进行思考的两大主题(父亲的缺位以及 Verwerfung 的概念)结合在一则公式之下。贯穿于拉康的其余著作,这则公式始终都处在拉康有关精神病的思想的核心。

对于一个特殊的主体而言,当父亲的名义遭到排除的时候,它便在象征秩序中留下了一个永远无法被填满的空洞;于是,这个主体便可以说是具有了一个精神病的结构,即便他并未表现出精神病的任何典型迹象。当遭到排除的父亲的名义或早或晚地重新出现于实在界中的时候,主体无法对其加以同化,而"与此一无法同化的能指相碰撞"(S3,321)的结果便是严格意义上的"进入精神病"(entry into psychosis),其典型特征是各种幻觉(HALLUCINATIONS)与/或妄想(DELUSIONS)的发作。

排除应当与诸如**压抑**(REPRESSION)、**否定**(NEGATION)与**投射**(PROJECTION)等其他的运作区分开来。

• **压抑** 排除不同于压抑,是因为遭排除的元素并未被埋藏进无意识之中,而是被逐出了无意识之外。压抑是构成神经症的运作,而排除则是构成精神病的运作。

• **否定** 排除不同于否定,是因为它并不关涉任何初始的存在判断(见:**肯定**[BEJAHUNG])。否定涉及对于其存在先前既已登记的某种元素的否认,但对排除而言,则好像遭排除的元素根本就从未存在过似的。

• **投射** 排除是一种明确的精神病机制,而投射对拉康而言则是一种纯粹的神经症机制。并且,就投射来说,作用的方向是从内部到外部,但就排除而言,遭排除的元素则是从外部而返回。在《有关一例偏执狂个案的自传性说明的精神分析评论》(1911c)一文中,弗洛伊德就已经注意到了这一点,他在此文中曾就施瑞伯(Schreber)的那些幻觉写道:"在内部遭到抑制的知觉会被投射向外部,这样的说法是不正确的;相反,事实在于,正如我们现在所看到的那样,在内部遭到废除的事物会从外部返回"(SE XII, 71)。拉康不仅引用了弗洛伊德的这句话,而且还用他自己的措辞来对其加以改述:"凡是在象征秩序中遭到拒绝的事物……都会于实在界中重新出现。"(S3, 13)

在1957年,拉康把"Verwerfung"这一术语短暂地联系于超我借由在俄狄浦斯情结的消解中认同于父亲而产生的机制(S4, 415)。这显然不是精神病性的排除机制,而是一种正常的/神经症性的过程。

构形/培养

英:formation;法:formation

"无意识的构形"(formations of the unconscious)即无意识的法则在其中最为明显可见的那些现象:诙谐、梦境、**症状**(SYMPTOM)、口误,以及过失行为(parapraxis)等。在这些无意识的构形中所涉及的那些基本机制,被弗洛伊德称作"无意识的法则",即凝缩与移置,拉康则将它们重新定义为隐喻与换喻。

"分析家的培养"(formation des analystes)意味着精神分析家的**训练**(TRAINING)。

"自我的构形"(formations of the ego)则是与自我相联系的三个元素:超我、理想自我与自我理想。

基底言语

英:founding speech;法:parole fondant

"基底言语"一词(有时也译作"基础言语"[foundational speech])在1950年代初拉康日益关注**语言**(LANGUAGE)的时候

出现于他的著作(见:Lacan,1953a)。拉康在使用该术语时关注的重点,即在于**言语**(SPEECH)何以能够同时从根本上彻底转换说话行动中的说话者与受话者。对此,拉康最喜欢的两个例子便是"你是我的师父/老师"(Tu es mon maître)和"你是我的妻子"(Tu es ma femme)这两句话,它们分别用以把言说者安置在"徒弟"和"丈夫"的位置上。换句话说,基底言语的关键面向,即在于它不仅转换了他人,而且还转换了主体(见:E,85)。"包裹着主体的基底言语,就是将他构筑起来的一切,即他的父母、他的邻居、他的社群的整个结构,而且它不仅将他构筑为象征符,也将他构筑于他的存在"(S2,20)。在1955—1956年度的研讨班上,拉康将上述的言语功能称作"选择性言语"(elective speech),而在1956—1957年度的研讨班上,他又将其称作"誓愿性言语"(votive speech)。

拉康玩味了"你是我的母亲"(tu es ma mère)与"杀死我的母亲"(tuer ma mère)之间的同音异义,以阐明发送给他者的基底言语何以可能揭示出一种被压抑的谋杀欲望(E,269)。

碎裂的身体
英:fragmented body;法:corps morcelé

碎裂的身体的概念是在拉康著作中出现得最早的原创性概念之一,并且与**镜子阶段**(MIRROR STAGE)的概念有着紧密的关联。在镜子阶段中,幼儿会将自己在镜中的映像视作一个整体/综合,而借由对比,这一知觉便会引起(在此阶段上缺乏运动性协调的)幼儿自己的身体是割裂的与碎裂的知觉。由此种碎裂感所激起的焦虑,便催化了自我借以形成的镜像认同。然而,对于一个综合性自我的预期,却会在此后不断地受到此种碎裂感的记忆的威胁,其表现即"阉割、去势、残缺、肢解、脱臼、剖腹、吞噬、身体爆开的形象"(E,11)。在治疗中的一个特殊时期——当分析者的侵凌性在负性转移中呈现出来的时候——这些形象便会典型地出现在分析者的梦境与联想之中。这个时刻是治疗在正确的方向上进展的一个重要的早期标志,即朝向自我的坚固统一性的崩解(Lacan, 1951b:13)。

从更加一般的意义上说,碎裂的身体不仅指涉有关物理性身体的种种形象,而且还指涉任何有关碎裂与不统整的感觉:"他[主体]原本是一个尚未完备的欲望聚合体——你们在此得到了'碎裂的身体'这一表达的真正意义"(S3, 39)。任何这样的不统整感都会威胁到将自我构筑起来的那一综合的幻象。

拉康还用碎裂的身体的概念来说明癔症的某些典型症状。当癔症性瘫痪波及某一肢体的时候,它并不关涉神经系统的生理结构,而是相反,反映出了身体经由一种"想象的解剖"(imaginary anatomy)而被割裂开来的方式。以此种方式,碎裂的身体便"被展现在器质性的层面上,正如癔症的精神分裂样症状与痉挛性症状所展示的那样,被展现在界定幻想解剖学(anatomy of phantasy)的那些碎裂化(fraglization)的线索之中"(E, 5)。

回到弗洛伊德

英:Freud, return to;法:Freud, retour à

对于拉康的全部著作,唯有在精神分析的创始人西格蒙德·弗洛伊德(1856—1939)的智识与理论遗产的语境之下来理解,才是可能的。拉康最初是在**国际精神分析协会**(INTERNATIONAL PSYCHO-ANALYTICAL ASSOCIATION, IPA)中受训成为一名精神分析家的,该组织由弗洛伊德所创建,也自居是弗洛伊德遗产的唯一合法继承人。然而,对于国际精神分析协会中大多数分析家解释弗洛伊德的方式,拉康却逐渐展开了一种激进的批判。在1953年被逐出国际精神分析协会之后,拉康进一步展开了他的争辩,声称弗洛伊德的那些根本性洞见遭到了国际精神分析协会内部的三个主要精神分析学派的普遍背离,即**自我心理学**(EGO-PSYCHOLOGY)、**克莱因派精神分析**(KLEINIAN PSYCHOANALYSIS),以及**对象关系理论**(OBJECT-RELATIONS THEORY)。为了纠正这一状况,拉康便提议倡导一种"回到弗洛伊德"的做法,其意义既在于重新关注弗洛伊德本人的现行文本,也在于重新返回遭国际精神分析协会所背离的弗洛伊德著作的本质。拉康以德语原文来阅读弗洛伊德,从而使他发现了一些被蹩脚的译文所模糊并且被其他批评家所忽视的成分。因而,拉康的大部分著作便致力于就弗洛伊德的特定著作进行详细的文本评论,同时也频繁参照那些其思想为拉康所驳斥的其他分析家的著作。因此,要理解拉康的著作,就有必要对弗洛伊德的思想有一个细致的了解,同时也必须对这些思想在为拉康所批判的其他分析家("后弗洛伊德主义者们")那里获得发展与修改的方式有所把握。这些思想即拉康针对其发展出他自己的"回到弗洛伊德"的背景。

> 这样一种返回[即回到弗洛伊德]对我而言所涉及的并不是一种压抑物的返回,而是要在自弗洛伊德逝世以后的精神分析运动的历史中举出这一时期所构成的对立面,以表明精神分析不是什么,并且与你们一道寻求方法以重新光复那个即便在其偏离中也不断支撑着精神分析的东西……

(E, 116)

然而,拉康的著作本身却质疑了在"回到弗洛伊德"这一表达中所隐含的那种返回"正统"的叙事,因为拉康阅读弗洛伊德的方式以及他的呈现风格都是如此具有独创性,以至于它们似乎与他宣称自己只是一个评论者的谦虚言论并不相符。再者,虽然拉康确实返回到了弗洛伊德本人的现行文本,但是他也确实只回到了弗洛伊德概念遗产中的某些特定面向,从而给一些特殊的概念赋予了特权而牺牲了一些其他的概念。于是,我们便可以说,相比于那些因背叛弗洛伊德的要旨而为他所批判的后弗洛伊德主义者们,拉康也并不更加"忠实"于弗洛伊德的著作;如同他们一样,拉康也选择并发展了弗洛伊德著作中的某些主题,而忽视或重新解释了其他的主题。因此,拉康派精神分析便连同自我心理学、克莱因派精神分析与对象关系理论一起,可以被描述为一种"后弗洛伊德主义"形式的精神分析。

然而,这却并非拉康看待自己著作的方式。拉康指出,在弗洛伊德的文本之中有着某种更深的逻辑在运作,正是这一逻辑给那些文本赋予了某种一致性,尽管它们在表面上看似具有一些矛盾。拉康宣称,他对弗洛伊德的阅读,而且也唯有他对弗洛伊德的阅读,才带出了此种逻辑,同时他还向我们表明,弗洛伊德著作中的"那些不同的阶段与方向上的改变……皆受制于弗洛伊德将它维持在其最初严格性上的那种一贯有效的关切"(E, 116)。换句话说,虽然拉康对弗洛伊德的阅读也可能像其他人一样是有失偏颇的,因为从某种意义上说,它也只是偏重于弗洛伊德著作中的某些特殊方面,然而在拉康看来,这却并不是把对于弗洛伊德的所有解释皆看作同样有效的正当理由。因而,拉康对于忠诚的宣告以及对于背叛的谴责,便不能被看作一种纯粹修辞上的策略。当然,它们确实具有某种修辞性—政治性的功能,因为把自己呈现为比任何其他人"更弗洛伊德",便使得拉康得以挑战国际精神分析协会在1950年代仍然享有的对于弗洛伊德遗产的有效垄断。然而,拉康的这些声明却也是一种明确的主张,他宣称自己梳理出了任何其他人先前都未曾觉察到的一种存在于弗洛伊德作品中的一致性逻辑。

挫折

英：frustration；法：frustration；德：Versagung①

在1950年代，英文的"挫折"一词，连同从俄狄浦斯三角转向母子关系的强调一起，在精神分析理论的某些分支中变得越来越突出。在这一语境下，挫折通常都被理解为**母亲**（MOTHER）拒绝给予孩子可满足其生物性**需要**（NEEDS）的对象的行为。一些分析家们认为，以这样的方式让孩子受挫，在神经症的病因学中是一个主要的因素。

"挫折"也是在《标准版》中用来翻译弗洛伊德的Versagung一词的术语。虽然此一术语在弗洛伊德的著作中并不极其突出，但是它确实也是构成其理论词汇的一部分。乍看上去，似乎弗洛伊德的确以上述的方式来讨论挫折的。例如，他确实把症状病因学的一个重要位置归于挫折，并且声称"让患者生病的正是一个挫折"（Freud, 1919a: SE XVII, 162）。因此，当拉康指出"挫折"这个术语"在弗洛伊德的著作中完全缺位"的时候（S3, 235），他的意思是说弗洛伊德的Versagung概念并不符合在上一段话中所描述的挫折概念。拉康认为，那些以此种方式来对挫折概念加以理论化的人，皆因背离了弗洛伊德的著作，而导致精神分析理论陷入了一系列的僵局（S4, 180）。因而，在1956—1957年度的研讨班上，他便寻求某种方式，试图根据弗洛伊德理论的逻辑来重新阐述此一概念。

拉康首先将挫折归类为"对象缺失"（lack of object）的三种类型之一，有别于阉割与剥夺（见：**缺失**[LACK]）。虽然他承认挫折

---

① 法文的"frustration"一词同时具有"挫折"与"失望"的双重含义，因而霍大同先生曾建议将其译作"挫怅"，我在此保留"挫折"的翻译仅仅是为了凸显该词与克莱因派精神分析和对象关系理论的关联。

处在母亲与孩子之间原初关系的核心(S4, 66),但是他认为挫折并不关涉生物学的需要,而是关乎对爱的**要求**(DEMAND)。这并不是说挫折丝毫无关于能够满足需要的一个实在的对象(例如:乳房或者奶瓶);相反,这样的一个对象必定是牵涉其中的,至少是在最初的时候(S4, 66)。然而,重要的是,此一对象的实在功能(即满足某种需要,诸如饥饿等)很快便会受到其象征功能的完全遮蔽,也就是说,事实上它是作为一种母爱的象征而运作的(S4, 180-2)。这个对象之所以被赋予价值,更多的是因为它是某种象征的礼物,而较少因为其满足某种需要的能力。作为一个礼物,它被铭写在调节交换环路的那些法则的象征网络之中,且因而被看作主体对其拥有某种合法性要求的东西(S4, 101)。严格地讲,挫折只能发生在这一合法性秩序的脉络之下,因而当幼儿所要求的对象没有被提供的时候,唯有在幼儿觉得这是不公正(自己受委屈)的时候,我们才能够说这是一个挫折(S4, 101)。在这样一种情况下,当对象最终被提供的时候,这种(违背承诺的、爱被拒给的)不公正的感觉继续存在于孩子身上,孩子于是通过享受继原始需要得到满足之后的那些感受来聊以自慰。因而,挫折远非是关系满足某种生物性需要的失败,而是往往涉及恰恰相反的东西;真正的挫折是对爱的拒绝,而生物性需要的满足则是对于真正的挫折进行补偿的一种徒劳的尝试。

挫折在精神分析治疗中扮演着一个重要的角色。弗洛伊德曾经注意到,那些令人烦恼的症状会随着治疗的进展而消失,就此而言,病人继续治疗的动机便相应地减少。因此,为了避免病人完全丧失动机且过早中断治疗的危险,弗洛伊德便劝告分析家必须"以某种可感知的剥夺的形式在别的地方重新安置[病人的痛苦]"(Freud, 1919a: SE VXII, 163)。这一技术上的忠告通常以节制规则(rule of abstinence)而著称,并且意味着分析家必须通过拒绝满足病人对爱的要求而不断地使病人感到挫折。这样一来,"病人的需要与渴望便得以继续留存在她身上，以便充当驱策她进行工作并做出改变的力量"(Freud, 1915a: SE XII, 165)。

虽然拉康在分析家不应当满足分析者对爱的要求这一点上赞同弗洛伊德的看法，但是他也指出这种挫折的行动就其本身而言不应该被看作一种目的。相反，挫折必须被仅仅看作让先前那些要求的能指得以出现的一种手段。"分析家是支撑着要求的人，并非像人们所说的那样是为了使主体遭受挫折，而是为了让其挫折所牵涉的那些能指得以重新出现"(E, 225)。通过把分析者的要求维持在一种挫折的状态下，分析家的目的在于超越要求并且引出分析者的欲望(E, 276)。

拉康在其对于节制规则加以理论化的方式上有别于弗洛伊德。对弗洛伊德而言，节制规则主要关涉分析者对于性欲活动的节制；如果一位病人恳求分析家同她做爱，那么分析家就必须通过拒绝这么做来使她受挫。虽然拉康赞同这一忠告，但是他也强调分析家同样能够挫败一种更加常见的要求——分析者对于一个回应的要求。分析者会期待分析家遵循那些日常交谈的规则。通过拒绝这些规则——在分析者提问的时候保持沉默，或者不按分析者的意图来对待分析者的话语——分析家便在自己使主体遭受挫折的处理上拥有了一种强有力的手段。

在1961年，拉康还提到了分析家让分析者遭受挫折的另一种方式。这就是分析家拒绝把焦虑的信号给予分析者——焦虑在分析家那里始终是缺位的，即便是当分析者要求分析家体验焦虑的时候。拉康提出，在精神分析治疗中，这可能在挫折的所有形式中是最富有成效的。

G

缺口
英:gap;法:béance

法文"béance"一词是一个陈旧的文学术语,意思是一个"大洞或者开口"。它也是一个科学术语,在医学中用来表示喉头的开口(opening of the larynx)。

此一术语在拉康的著作中有几种不同的用法。在1946年,他讲到当主体因自己经验到的现象(诸如幻觉等)而感到困惑的时候,在疯癫中打开的一道"质询性的缺口"(Ec, 165-6)。

在1950年代初期,该术语则开始指涉人类与自然(NATURE)之间的根本性断裂,这是由于"在人身上,想象关系已有所偏离,因为那里恰恰是缺口被产生出来,从而使死亡被感受到的地方"(S2, 210)。人与自然之间的这一缺口明显可见于镜子阶段:

> 我们不得不假定在他[人类]身上存在着某种生物性的缺口,而这恰恰就是我在向你们谈及镜子阶段的时候试图去界定的东西……人类与其自身的形象拥有某种特殊的关系——一种带有缺口的、带有异化性张力的关系。
>
> (S2, 323)

想象界的功能恰恰在于填补这一缺口,从而掩盖主体的割裂并且呈现出一种想象的统一与完整的感觉。

在1957年,该术语则被使用在两性之间关系的语境下;"在男人与女人之间的关系中……总是有一个缺口始终开启着"(S4, 374;见:S4, 408)。这一观点预示了拉康后来有关**性别关系**(SEXUAL REALTIONSHIP)不存在的评论。

在1964年,拉康指出"主体与大他者的关系完全产生于一个缺口的作用"(S11,206),并且声称主体由一个缺口所构成,因为主体在本质上是割裂的(见:**分裂**[SPLIT])。他同样指出,因果性(causality)的概念在本质上是有问题的,因为在原因与结果之间总是存在着某种神秘莫测的、无法解释的缺口(S11,21-2)。

此外,拉康还使用了"开裂"(dehiscence)这一术语,以某种方式在他的话语中使它几乎同义于"缺口"一词。开裂原本是一个植物学术语,表示成熟的种子荚壳的突然开裂;拉康用该术语来指涉构成主体的那一分裂:"一种必不可少的开裂构成了人。"(E,21)此种分裂同样也是文化与自然之间的割裂,而这就意味着人类与自然的关系"在有机体的核心被某种开裂,即某种原始的不和谐(primordial Discord)所改变"(E,4)。

目光

英:gaze;法:regard[①]

拉康有关目光的最早评论出现于他第一年度的研讨班上(Lacan,1953-4),他在其中提到了让-保罗·萨特有关"注视"(look)的现象学分析(萨特与拉康的英文译者使用了"look"与"gaze"两个不同的术语来翻译,从而将他们两人其实使用的是同一个法文术语"le regard"的情况模糊了)。对萨特而言,"注视"即允许主体认识到他者(他人)也是一个主体的东西;"我与作为主体的他者(他人)的根本联系必须能够回溯到我被他者(他人)看见的永久可能性"(Sartre,1943:256,强调为原文所加)。当主体遭他者(他人)的注视突然侵袭的时候,主体便会沦于羞愧(Sartre,

---

[①] 拉康的"目光"(regard)概念,常常被国内的学者根据英文的"gaze"而译作"凝视"。然而,在此需要指出的是,拉康明确把"目光"置于对象而非主体的一边,并将其看作对象 a 在视觉领域中的绝佳典范,而"凝视"一词则无疑隐含着一种是主体在观看的主观性位置,因而并非一个恰当的翻译。

1943：261）。此时,拉康并未发展出他自己的目光概念,而且似乎也在大体上赞同萨特有关主体的见解(S1,215)。拉康尤其是被萨特有关注视并不必然涉及视觉器官的观点所吸引：

> 当然,最常表现出注视的,是两只眼球朝我的方向上的汇聚。但是,注视偶尔也会出现在当树枝瑟瑟作响,或是一阵脚步声之后又跟着寂静,或是百叶窗微微打开,又或是窗帘轻轻摆动的时候。
>
> (Sartre,1943：257)

直到1964年,随着作为欲望原因的**对象小** a(OBJET PETIT A)概念的发展,拉康才发展出了他自己的目光理论,这一理论截然不同于萨特的理论(Lacan,1964a)。萨特把目光与观看的行动合并在一起,而拉康现在则将两者分离开来；目光变成了观看行动的对象,或者更确切地说,是视界冲动的对象。因此,在拉康的说明中,目光便不再处于主体的一边；它是大他者的目光。萨特设想在看见他人与被他人看见之间有一种基本的互易性,而拉康现在则设想在目光与眼睛之间是一种二律背反(antinomic)的关系：观看的眼睛是属于主体的,而目光则处在对象的一边,且两者之间没有任何的一致性,因为"你永远不会从我看见你的位置来注视我"(S11,103)。当主体注视一个对象的时候,这个对象便总是已经在回望着主体了,只不过是从主体无法看见它的一个地方。眼睛与目光之间的这一分裂,无非就是在视觉领域中表达出来的主体性的割裂本身。

在1970年代,目光的概念被精神分析式电影批评家(例如：Metz,1975),尤其是女性主义电影批评家们(例如：Mulvey,1975；Rose,1986)接受。然而,这些批评家中的很多人都把拉康的目光概念混同于萨特的注视概念以及其他有关视觉的思想,诸如福柯对于全景敞视主义(panopticism)的说明。因而,大多数所谓的"拉康式电影理论"都是重大概念混淆的地点(见:Joan Copjec, 1989)。亦见:Jay(1993)。

生殖
英:genital;法:génital

在弗洛伊德所罗列出的那些心理性欲**发展**(DEVELOPMENT)阶段之中,生殖阶段是在此一系列中继两个前生殖阶段(口腔阶段与肛门阶段)之后到来的最后阶段。生殖阶段首先出现在3~5岁(幼儿生殖组织[infantile genital organisation],或者阳具阶段[phallic phase]),然后在潜伏期中断,最后在青春期(严格意义上的生殖阶段)返回。弗洛伊德曾将此一阶段定义为力比多的最终"完整组织"(complete organisation),是对先前混乱无序的前生殖阶段的"多形倒错"(polymorphous perversity)的一种综合(见:Freud, 1940a:SE XXIII, 155)。正因如此,"生殖器欲"(genitality)的概念便渐渐在自弗洛伊德以降的精神分析理论中表现出了一种特权化的价值,代表了一个心理性欲充分成熟的阶段(巴林特的"生殖性爱")。

拉康拒绝大多数涉及生殖阶段与生殖性爱等概念的精神分析理论,将其称作一曲"生殖和谐的荒唐颂歌"(E, 245)。根据拉康的观点,在生殖器欲上是没有任何和谐的。

• **生殖阶段** 心理性欲发展的各个阶段并未被拉康构想为生物性成熟的自然阶段,而是被构想为**要求**(DEMAND)的不同形式,它们是被回溯性地结构起来的(S8, 238-46)。在口腔阶段与肛门阶段当中,欲望被要求所遮蔽,而只有在生殖阶段当中,欲望才得以充分地建构起来(S8, 270)。因而,拉康便遵循弗洛伊德,将生殖阶段描述为继口腔阶段与肛门阶段之后到来的第三个时刻(S8, 268)。然而,拉康有关该阶段的讨论却都聚焦于弗洛伊德所谓的"幼儿(infantile)生殖组织"(亦称阳具阶段);在此阶段中,孩子只认识一个性器官(即男性生殖器)并且经历着阉割情结。因而,拉康便强调说,只有就生殖阶段受到阉割的符号所标记而言,这一阶段才是可以设想的;只有在主体首先承担其自身阉割的条件下,才能达到"生殖实现"(genital realisation)(S4, 219)。此外,拉康还坚持强调说,即便当前生殖阶段的多形倒错的性欲受到生殖组织的支配,这也并不意味着前生殖期的性欲就被废除了。"孩子的那些最古老的渴望……即从未在某种生殖器欲所具有的首要性的情况下得到完全消除的一个内核"(S7, 93)。因此,他便拒绝一个最终的综合阶段的概念;依照拉康的见解,综合对人类而言是不可能的,因为人类的主体性是在本质上而且是不可挽回地割裂开来的。

• 生殖冲动　生殖冲动并未被拉康作为一种部分冲动而罗列出来。鉴于拉康认为每一种冲动都是一种部分冲动,他拒绝把生殖冲动囊括在部分冲动之中,便等于是在质疑它的存在。在1964年,拉康明确地表达了这一点。他写道:"生殖冲动,倘若它存在的话,根本不是像其他冲动那样被链接的。"(S11, 189)不同于其他冲动,生殖冲动(倘若它存在的话)是在大他者的那一边"找到其形式"的(S11, 189)。此外,也没有任何"生殖对象"(genital object)能够对应于这一假设的生殖冲动。

• 生殖性爱　拉康拒绝迈克尔·巴林特[①]的"生殖性爱"

[①] 迈克尔·巴林特(Michael Balint, 1896—1970),匈牙利裔精神分析学家,英国对象关系学派的代表人物之一,与温尼科特(D. W. Winnicott)、费尔贝恩(R. W. D. Fairbairn)和冈特里普(H. Guntrip)并称为英国精神分析四君子(即独立于梅兰妮·克莱因与安娜·弗洛伊德论战的中间学派),主要著作有《幼儿早期的个体行为差异》《原初爱恋与精神分析的技术》《医生、病人与疾病》以及《基本错误》等。

(genital love)概念(Balint, 1947)。该术语指示着一种心理性欲的成熟,其中肉欲与情感这两个元素是完全整合且和谐的,因而其中不再有任何矛盾情感(ambivalence)的存在。然而,弗洛伊德却从未使用过这一术语,而拉康也把它当作与精神分析理论完全背道而驰的概念而加以拒绝。对拉康而言,在"生殖性爱"这一术语中所隐含的心理性欲的最终成熟与综合的思想,是一种完全忽视"那些即便在最完满的爱情关系中也是如此常见的隔阂与冷遇(Erniedrigungen)"的幻象(E,245)。根本不存在这样一种后矛盾情感式的对象关系(post-ambivalent object relation)。

生殖性爱的概念与"奉献性"(oblativity)的概念密切相关,后一术语被一些精神分析家们用来指代一种成熟形式的爱情。在此种爱情中,一个人爱上另一个人,是因为他之所是,而非因为他之所能给予的东西。一如拉康批判生殖性爱的概念那样,他也批判"奉献性"的概念,将其看作某种形式的道德教化,同时也背离了精神分析有关部分对象的发现(S8, 173-4)。他指出,奉献性的概念与生殖器欲没有丝毫关系,而更多是与肛门爱欲有着共同之处。遵循弗洛伊德将粪便等同于礼物的说法,拉康声称奉献性的公式——"一切皆为他者"(everything for the other)——表明了它是强迫型神经症患者的某种幻想(S8, 241)。

格式塔

德:Gestalt

"格式塔"是一个德语单词,意指一种组织化的模式或整体,它具有不同于其孤立组成部分的那些特征。有关格式塔的实验研究始于1910年针对某些知觉现象的研究,并且促成了以"格式塔心理学"著称的一个思想学派,该学派立基于心灵与身体的完型概念，同时强调躯体表象在心理上的重要性。这些理念构成了由保罗·古德曼①、弗里茨·皮尔斯②以及拉尔夫·赫夫兰③等人发展起来的格式塔疗法的基础。

当拉康提及格式塔的时候，他明确是在指涉一种组织化的模式，即同种的另一成员被知觉为一个统一整体的视觉形象。这样一种形象之所以是格式塔，是因为它具有其各个组成部分在孤立存在时所不具备的某种效应；此种效应即在于它充当着一种"释放机制"（法：déclencheur），能够触发诸如繁殖行为之类的某些本能反应(S1，121f)。换句话说，当动物感知到其同种的另一成员的统整形象时，它便会以某些本能的方式做出反应。关于这类针对形象做出的本能反应，拉康举出了很多来自动物行为学的例子（例如：E，3），但是他的主要兴趣还在于格式塔作用于人类的方式。对于人类而言，身体形象也同样是一个会产生各种本能反应的格式塔，尤其是那些性行为反应，但是形象的力量又不仅仅是本能性的；它构成了**镜像**（SPECULAR IMAGE）的基本捕获性力量（见：**捕获**[CAPTATION]）。正是通过认同身体形象的统整格式塔，自我才得以在镜子阶段中构成。然而，自我的这种想象的统一性，却会不断地被在**碎裂的身体**（FRAGMENTED BODY）的形象中表现出来的崩解的恐惧所威胁；这些形象恰恰代表着身体形象的统整格式塔的对立面。

---

① 保罗·古德曼(Paul Goodman，1911—1972)，美国心理治疗师，同时也是著名的小说家、剧作家、诗人兼文学批评家，一生著作等身，格式塔疗法的创建人之一。
② 弗里茨·皮尔斯(Fritz Perls，1883—1970)，美国著名心理治疗师，格式塔疗法的主要发起人。
③ 拉尔夫·赫夫兰(Ralph Hefferline，1910—1974)，美国心理治疗师，哥伦比亚大学心理学教授，曾是皮尔斯的病人，后来与皮尔斯和古德曼合著《格式塔疗法》，最后转向了行为主义流派。

欲望图解

英：graph of desire；法：graphe du désir

欲望图解是对欲望结构的一种地形学表现。拉康首先在《研讨班 V》中发展了欲望图解（Lacan, 1957-8），以便阐明精神分析的诙谐理论（见：Freud, 1905c）。此一图解再度出现于随后几年的研讨班（见：Lacan, 1958-9 与 1960-1），但接着又完全消失于拉康的著作。该图解以很多不同的形式出现，尽管其最著名的形式出现于《主体的颠覆与欲望的辩证法》一文（Lacan, 1960a）。在这篇文章里，拉康把欲望图解建立在四个阶段之中。这些阶段中的第一个便是该图解的"基本单位"（elementary cell）（图 4；见：E, 303）。

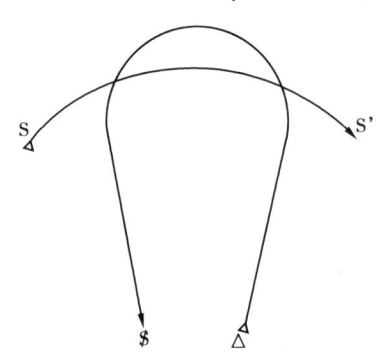

图 4 欲望图解——基本单位

来源：Jacques Lacan, *Écrists*, Paris：Seuil, 1966.

水平向的线条代表着历时性的**能指链条**（SIGNIFYING CHAIN），马蹄形的线条则代表着主体意向性的矢量。这两条线的双重交叉图解了回溯作用的本质：信息，即在完整图解中标记有 $s(A)$ 的那一点，便是由大他者（A）给予它的标点而回溯性决定的**结扣点**（POINT DE CAPITON）。前语言的纯粹需要的神话主体由三角形（△）所表示，它必须经由能指的隘路（defiles of signifier）

而产生割裂的主体($)。

欲望图解的中间阶段并不意在表明任何进化或者时间性的发展,因为该图解始终都是作为一个整体而存在的;它们仅仅是拉康为了阐明完整图解的结构而使用的教学策略(图5;见:E,315与Ec,817)。

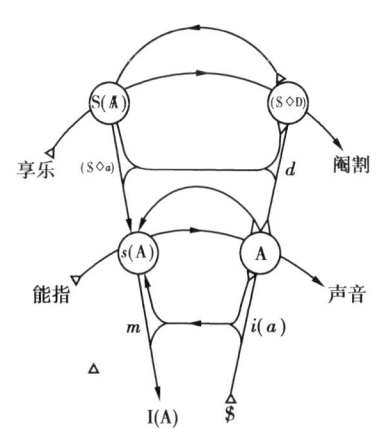

图5 欲望图解——完整图解

来源:Jacques Lacan, *Écrists*, Paris:Seuil, 1966.

在完整图解中,能指链条有两道而不是一道。低阶的链条(从能指到声音)是有意识的能指链条,属于所述(statement)的层面;高阶的链条(从享乐到阉割)是无意识的能指链条,属于**能述**(E-NUNCIATION)的层面。这一结构因而是复写性的:图解的高阶部分恰恰是像低阶部分那样结构的。

H

幻觉

英:hallucination;法:hallucination

在精神病学上,幻觉通常被定义为"错误知觉"(false perceptions),也就是说,是"在缺乏适当外部刺激的情况下"所产生的知觉(Hughes,1981:208;见:美国精神病学协会,1987:398)。拉康发觉这样的定义并不充分,因为它们皆忽视了意义与意指的维度(Ec,77;见:E,180)。幻觉是**精神病**(PSYCHOSIS)的一种典型现象,它们通常是听觉性的(听见一些声音),但也可能是视觉性、躯体性、触觉性、嗅觉性或者味觉性的。

拉康认为,精神病的幻觉是**排除**(FORECLOSURE)运作的结果。排除指的是**父亲的名义**(NAME-OF-THE-FATHER)从精神病主体的象征世界中缺位。幻觉是这一遭到排除的能指在实在界的维度上的返回,"那些未曾曝光在象征界之中的事物便会出现在实在界之中"(Ec,388)。这不应与**投射**(PROJECTION)相混淆,后者被拉康看作神经症而非精神病所特有的一种机制。在这一区分中,拉康遵循了弗洛伊德对于施瑞伯的幻觉的分析:"在内部遭到抑制的知觉会被投射向外部,这样的说法是不正确的;事实正好相反,正如我们现在所看到的那样,在内部遭到废除的事物会从外部返回"(Freud,1911c:SE XII,71)。

虽然幻觉最常被联系于精神病,但是从另一种意义上说,它们也在所有主体的欲望结构中扮演着某种重要的角色。弗洛伊德声称:"最初的愿望似乎是对于满足记忆的某种幻觉式贯注。"(Freud,1900a:SE V,598)

无助

英：helplessness；法：détresse；德：Hilflosigkeit

"无助"（德：Hilflosigkeit）这一术语在弗洛伊德的著作中具有一个特别的意义，它在那里表示新生儿无法执行那些满足其自身**需要**（NEEDS）所需的特定行动，因此完全依赖于他人（尤其是**母亲**[MOTHER]）的状态。

人类婴儿的无助是以其过早的诞生为根据的，拉康在其早期作品中接受了弗洛伊德曾经指出的这一事实。相比于诸如类人猿之类的其他动物，人类婴儿在诞生时是相对不成熟的，尤其是在运动协调性方面。这意味着它会比其他动物更加依赖于父母，且依赖的持续时间也会更长。

拉康遵循弗洛伊德突出人类婴儿对于母亲的初始依赖的重要性的观点。拉康的原创性则在于他让我们注意到了"这种依赖是由一个语言的世界来维持的事实"（E，309）。母亲会把婴儿的啼哭解释为饥饿、疲倦、孤独等，并且回溯性地决定了它们的意义（见：**标点**[PUNCTUATION]）。孩子的无助与母亲的全能形成了对比，因为母亲能够决定是否要去满足孩子的需要（S4，69，185）。对于这一反差的认识便会在孩子身上造成一种抑郁的效果（S4，186）。

拉康同样用无助的概念来阐明分析者在**分析的结束**（END OF ANALYSIS）时所感受到的那种遭到抛弃与主体性罢免（subjective destitution）的感觉。"在一个训练性分析结束的时候，主体应该会抵达并且了解那种绝对混乱无序的经验的领域和水平。"（S7，304）因而，分析的结束并未被拉康构想为某种幸福充盈的实现，而是完全相反，它是主体甘心接受其绝对孤独的时刻。然而，婴儿能够依赖于其母亲的帮助，但是分析者在分析结束时却"无法期待来自任何人的帮助"（S7，304）。如果说这似乎表现了精神分析治疗的一种特殊的苦行观，那么这恰恰就是拉康希望它被看待的方式；用拉康的话说，精神分析即一场"漫长的主体的苦行"（E，105）。

癔症
英：hystcria；法：hystérie；德：Hysterie

癔症的病情学范畴可追溯至古希腊的医学，当时它被构想为因子宫在身体内到处游走而导致的一种女性疾病（在希腊语中，"hysteron"即子宫的意思）。此一术语在 19 世纪的精神病学中获得了一个重要的地位，尤其是在让-马丁·沙柯[①]的著作当中，弗洛伊德曾在 1885—1886 年跟从沙柯学习。正是在 1890 年代治疗癔症病人的过程中，弗洛伊德发展出了精神分析的治疗方法（自由联想等），并且开始建立精神分析理论的一些主要概念。弗洛伊德的第一例严格精神分析意义上的个案，便涉及对于名叫"杜拉"的一位癔症女病人的治疗（Freud，1905e）。

癔症的经典症状学包括了诸如局部性的瘫痪、疼痛与麻木之类的躯体症状。对于这些症状，人们无法找到任何器质性的原因，并且这些症状也皆是围绕着与神经系统的实在结构丝毫不具关联的一种"想象的解剖"（imaginary anatomy）来进行组织的（见：Lacan，1951b：13）。然而，尽管拉康确实有讨论癔症的症状学，并且将其联系于**碎裂的身体**（FRAGMENTED BODY）的意象（E，5），但是他最终把癔症定义为一种**结构**（STRUCTURE）而非一组症状的集合。这意味着，一个主体可能并未充分展现出癔症的任

[①] 让-马丁·沙柯（Jean-Martin Charcot，1825—1893），法国著名神经病学家，现代神经病学奠基人，在临床上曾尝试以催眠术的方法对癔症患者实施治疗，其最著名的两位弟子便是弗洛伊德同法国精神病学家皮埃尔·让内（Pierre Janet，1859—1947），其主要著作有《神经系统疾病讲义》等。

何典型的躯体症状,但是仍旧会被一位拉康派的分析家诊断成一位癔症患者。

如同弗洛伊德一样,拉康也把癔症视作**神经症**(NEUROSIS)的两种主形式之一,另一种是**强迫型神经症**(OBSESSIONAL NEUROSIS)。在1955—1956年度的研讨班上,拉康发展出了这样一种思想:认为神经症的结构是一个问题的结构,而把癔症与强迫型神经症区分开来的正是这一问题的本质。强迫型神经症涉及有关主体存在(existence)的问题,而癔症则关系有关主体性别位置(sexual position)的问题。这个问题可以用"我是男人还是女人?"的措辞来表达,或者更确切地说,用"什么是一个女人?"的措辞来表达(S3,170-5)。这对于男性与女性的癔症患者而言皆是如此(S3,178)。拉康因而重申了在癔症与女性特质之间存在着一种密切联系的古老观点。实际上,大多数的癔症患者都是女人,正如大多数的强迫型神经症患者都是男人。

欲望的结构,即欲望乃是大他者的欲望此种结构,是被更清晰地表现在癔症而非任何其他的临床结构之中的;癔症患者恰恰是通过认同别人而将他者的欲望据为己有的人。例如,杜拉就认同K先生,同时把她觉察到的K先生拥有的对于K夫人的欲望当作她自己的欲望(S4,138)。然而,正如杜拉个案所同样显示的那样,癔症患者唯有在她不是大他者的欲望对象的条件下才维系着大他者的欲望(Ec,222);她无法忍受自己被当作那一欲望的对象,因为那样便会重新激活剥夺的创伤(S17,84)。正是欲望结构与癔症结构之间的这一特殊关系,说明了拉康为何会对此种临床结构投入这么多的关注,以及他为何会在1970年代发展出有必要在精神分析治疗中"癔症化"分析者这样的思想。癔症,作为一种临床结构,必须同拉康有关癔症**话语**(DISCOURSE)的概念加以区分,后者指代的是社会联结的一种特殊形式。

I

它/它我
英:id;法:ça;德:das Es①

弗洛伊德从最早支持精神分析的精神病学家之一格奥尔格·格罗代克②那里借来了"das Es"(《标准版》将其译作"the Id")这一术语,尽管正如弗洛伊德所同样注意到的那样,格罗代克自己似乎又是从尼采那里借来这个术语的(Freud, 1923b: SE XIX, 23, n.3;见:Nietzsche, 1886: 47)。格罗代克声称"我们所谓的自我在生活中的表现基本都是被动的,而且……我们也都是被那些未知的且无法控制的力量所'居住'的"(Freud, 1923b: SE XIX, 23),并且用"das Es"一词来表示这些力量。该术语在1920年代早期首度出现在弗洛伊德著作的第二精神模型的语境之中;在此模型中,精神被划分成了三个机构:它我、**自我**(EGO)、**超我**(SUPEREGO)。它我大致对应着弗洛伊德在其第一精神模型中所谓的无意识系统,但是在这两个概念之间也存在着一些重要的差异(见:Laplanche and Pontalis, 1967: 197-9)。

拉康对于它我理论的主要贡献,即在于他强调上述"那些未知的且无法控制的力量"并非原始的生物性需要或是自然的野蛮本能性力量,而必须根据语言学来构想:

---

① 正如本书作者所指出的那样,弗洛伊德本人使用的是德语中第三人称单数的"das Es"(斯特雷奇在《标准版》中将其译作拉丁文的"id",相当于英语的"it"或法语的"ça"),他从德国精神病学家格罗代克那里借来这个术语(格罗代克又是从尼采那里接受的这个概念),以描述不受自我控制的某种"异己性"或"非我性"的力量,就此语境的特殊性而言,国内学界将其译作"本我"的既定译法就显得颇有问题,倘若硬要把"它"附会到"我"的结构当中,那么"它我"似乎也是更恰当的一种译法。

② 格奥尔格·格罗代克(Georg Groddeck, 1866—1934),德国精神病学家,同时被认为是心身医学的开创者之一,通过弗洛伊德接触到精神分析,代表作有《疾病的意义》与《它之书》等。

> 分析所关切的"它我"是由业已存在于实在界中的那一能指,那一无法理解的能指所构成的。它已然存在于那里,不过却是由能指所构成的,它并非与某种预定的和谐相对而言的某种原始且混乱的属性……
>
> (S4,49)

80 拉康把"它我"构想为言语的无意识起源,即超越了想象性自我的象征性的"它"(与《标准版》中所使用的拉丁文"id"不同,拉康所使用的法文术语"ça"更接近于弗洛伊德的"Es",两者皆是日常使用的普通词汇)。因而,格罗代克声称"'我在生活'(I live)这一断言的正确性是有条件的,它仅仅道出了'人被它所居住'(Man is lived by the It)这一基本原则在表面上的一小部分"(Groddeck, 1923:5),而拉康的观点也可以用类似的措辞来表达,只不过是用动词"言说"(to speak)代替了动词"生活/居住"(to live);"我在言说"(I speak)这一断言仅仅是"人被它所言说"(Man is spoken by it)这一基本原则在表面上的一部分。因此,拉康在讨论"它我"时经常使用到的措辞便是"它在言说"(le ça parle)(例如:S7,206)。它我的这一象征性本质,超越了由自我所构成的那种想象性的自体感,从而导致拉康将其等同于"主体"一词。德文术语"Es"与字母"S"之间的同音便阐明了这一等同,后者是拉康用来表示主体的符号(E,129;见:L 图式[SCHEMA L])。

弗洛伊德最著名的箴言之一,便涉及了它我及其与精神分析治疗之间的关系:"它曾在之处,我必将抵达"(Wo Es war, soll Ich werden)(《标准版》将这句话译作"它我曾经在哪里,自我就应当在那里"[where id was, there ego shall be];Freud, 1933a:SE XXII, 80)。有关这则神秘箴言的一种常见解读,便是把它看作精神分析治疗的任务在于拓展无意识的领域;这样一种解读也明确体现在弗洛伊德此语的最早法文翻译中——"自我应当撵走它我"

(le moi doit déloger le ça)。拉康则完全反对这样一种解读(S1, 195),相反他指出"应当"(soll)一词要被理解为一项伦理性命令,故而分析的目标是让自我服从于象征秩序的自主性。因此,拉康更喜欢把弗洛伊德的这则陈述翻译为"它曾在之处,或者说其自在之处……即我有义务必将存在之处"(Là où c'était, peut-on dire, là où s'était... c'est mon devoir que je vienne à être)(Ec,129,翻译有所修改;Ec,417-18;亦见:E,299-300;S11,44)。因而,根据此种见解,分析的结束便是对于自身存在(being)的那些象征性决定因素的"存在性识别"(existential recognition),即认识到"你即如此"(你仅仅是这道象征链条而已)的事实(S1,3)。

认同

英:identification;法:identification;德:Identifizierung

在弗洛伊德的著作中,"认同"这个术语是指某一主体借以将另一主体的一种或更多属性纳为己有的过程。在其后来的著作中,随着弗洛伊德又发展出了自我与超我均是基于一系列的认同而建构起来的思想,认同的概念便最终开始表示"人类主体借以构成的运作本身"(Laplanche and Pontalis,1967:206)。因而,它是在精神分析理论中具有核心重要性的一个概念。然而,它也同样是引发了重要理论性难题的一个概念。这些难题中最重要的一个,也是弗洛伊德自己与之斗争的一个,便是在认同与对象爱恋(object-love)之间建立明确关系的困难。

认同的概念在拉康的著作中占据着一个同等重要的位置。拉康特别强调形象的角色,他把认同定义为"当主体承担一个形象时在主体身上所发生的转变"(E,3)。"承担"(assume)一个形象,即在那一形象中再认其自身,并且将那一形象当作其自身,据为己有。

从其早期的著作开始，拉康便在想象性认同（imaginary identification）与象征性认同（symbolic identification）之间做出了区分：

（1）想象性认同是自我在**镜子阶段**（MIRROR STAGE）中借以被创造出来的机制，它绝对属于想象秩序。当人类幼儿看见自己在镜中的映像时，它便会认同那一形象。自我经由认同某种外在于（甚至是对立于）主体的事物而建立，这便"把主体结构成了他自己的竞争对手"（E，22）且涉及了侵凌性与异化。镜子阶段构成了"原初认同"（primary identification），并且诞生了**理想自我**（IDEAL EGO）。

（2）象征性认同是在**俄狄浦斯情结**（OEDIPUS COMPLEX）的最后阶段对于父亲的认同，它引起了**自我理想**（EGO-IDEAL）的形成。正是凭借这种次级认同（secondary identification），主体才得以超越原初认同中所固有的那种侵凌性（E，23），因而可以说是代表着某种"力比多的正常化"（libidinal normalisation）（E，2）。尽管这一认同被称作"象征性"的，然而它作为一种"次级认同"（E，2），仍旧是以原初认同为模型的，因而像所有的认同一样带有想象性；它之所以被称作"象征性"的，仅仅是因为它代表着主体完成了进入象征秩序的通路。

拉康有关象征性认同之本质的思想，在他的著述过程中经历了一些复杂的改变。在1948年，他根据"对于同性父母意象（imago）的内摄"来看待它（E，22），而到了1958年，他则转向根据在俄狄浦斯情结的第三时间上对于实在的父亲的认同来看待它。

在1961年，拉康又继而把象征性认同描述为一种对于能指的认同。他以弗洛伊德在《群体心理学与自我的分析》（Freud, 1921c：*Group Psychology and the Analysis of the Ego*）第七章中提出的三种认同的类目来佐证这一思想。在前两种认同（认同爱恋对象，或是认同竞争对手）之中，主体表现认同的方式往往都可能只是发展出与其认同对象的症状相同的一个症状。在这样的情况下,"认同便是部分的且极其有限的,而且也只是从认同对象本人身上借取一个单一特征(德:nur einen einzigen Zug)"(Freud,1921c:SE XVII,107)。此种"单一特征"(single trait,在法文中是"trait unaire",拉康的英文译本将其多样化地译作"实线"[unbroken line]、"一划"[single-stroke]或是"单一特征"[unitary trait])被拉康看作将其内摄便会产生自我理想的一种原始的符号项。虽然此一特征可能原本是一个符号,但是当它被并入一个能指系统的时候却变成了一个能指(S8,413-14)。在1964年,拉康又将单一特征联系于第一个能指(S_1),并且将它比作原始人为表示自己杀掉了一只动物而划在一根木棍上的刻痕(S11,141,256)。

拉康坚决反对那些宣称认同分析家便是**分析的结束**(END OF ANALYSIS)的作者(例如:巴林特);相反,拉康不但坚持"跨越认同的层面是可能的"(S11,273),而且他还强调这对于真正的精神分析而言是一个必要的条件。因而,分析的结束便被拉康构想为主体的空乏,主体的认同在此一时刻上统统会受到质疑,如此以至于这些认同不再能够按照以前的方式来维持。然而,虽然分析的结束明确不是对于分析家的认同问题,但是拉康也指出在一种不同的意义上来谈论分析结束时的认同是可能的,即对于症状的认同(见:**圣状**[SINTHOME])。

想象界

英:imaginary;法:imaginaire

拉康把"想象界"这一术语作为一个名词来使用,可以追溯至1936年(Ec,81)。从一开始,该术语便具有幻象(illusion)、迷恋(fascination)与诱惑(seduction)等意涵,而且特别联系着**自我**(EGO)与**镜像**(SPECULAR IMAGE)之间的**二元关系**(DUAL

RELATION)。然而,需要注意的是,虽然想象界始终保留着幻象与引诱的意涵,但是它并不完全同义于"虚幻"(the illusory),因为后一术语意味着某种不必要且不合理的事物(Ec, 723)。想象界远非不合理的;它在现实中有着强大的效果,而并不完全是某种能够被免除或"克服"的事物。

从1953年开始,想象界就变成了同象征界与实在界相对立而言的三大**秩序**(ORDERS)之一,它们构成了处在拉康思想核心的三重图式。想象秩序的基础仍然是自我在**镜子阶段**(MIRROR STAGE)中的形成。因为自我是通过认同相似者或镜像而形成的,所以**认同**(IDENTIFICATION)也是想象秩序中的一个重要的面向。自我与相似者构成了二元关系的原型,而且两者是可以互换的。自我借以认同小他者而构成的这一关系,便意味着自我乃至想象秩序本身,皆是一种根本性**异化**(ALIENATION)的位点,"异化是想象秩序的构成性要素"(S3, 146)。自我与相似者之间的此种二元关系在根本上是自恋性的,而**自恋**(NARCISSISM)则是想象秩序的另一个特征。自恋始终都伴随着某种**侵凌性**(AGGRESSIVITY)。想象界是形象与空想,乃至欺骗与引诱的领域。想象界中的主要幻象,即那些涉及整体性、综合性、自主性、二元性,且尤其是相似性的幻象。因而,想象界是那些表面显象的领域,即隐藏了潜在结构的那些欺骗性的、可观察的现象的领域;情感即这样的现象。

然而,想象界与象征界之间的对立,却并非意味着想象界是缺乏结构的。相反,想象界总是已经由象征秩序所结构。例如,在其1949年有关镜子阶段的讨论中,拉康便讲到了想象空间中的各种关系,这些关系都隐含着那一空间的某种象征结构化(E, 1)。"想象性矩阵"(imaginary matrix)这一措辞也同样意味着想象界是由象征界所结构的(Ec, 221),而且在1964年,拉康也讨论了视觉领域是如何由象征法则所结构的(S11, 91-2)。

想象界同样涉及一个语言的维度。能指是象征秩序的基础,而**所指**(SIGNIFIED)与**意指**(SIGNIFICATION)则属于想象秩序。因而,语言便同时具有象征性与想象性的面向;在其想象性的面向,语言是颠倒并扭曲大他者的话语的"语言之墙"(wall of language)(见:**L 图式**[SCHEMA L])。

基于镜像的那种近乎催眠式的效果,想象界会在主体身上施加一种迷惑性的力量。因而,想象界便根植于主体与自己身体(或者更确切地说,是与其身体形象)之间的关系。此种迷惑性/捕获性的力量既是诱惑性的(想象界尤其表现在性的层面上,诸如以性的展示与求偶仪式这样的形式;Lacan, 1956b: 272),又是致残性的:它把主体囚禁在一系列静态的固着之中(见:**捕获**[CAPTATION])。

想象界是与动物行为学和动物心理学有着最密切联系的人类主体的维度(S3, 253)。因而,所有那些根据动物心理学来说明人类主体性的企图,都是局限于想象界的(见:**自然**[NATURE])。虽然想象界代表着人类主体性与动物行为学之间最密切的接触点(S2, 166),但是两者并不是完全等同的;想象秩序对于人类而言是由象征界所结构的,而这就意味着"在人类身上,想象关系已然[从自然王国中]有所偏离"(S2, 210)。

对于把空想当作认识工具,拉康有着一种笛卡尔式的怀疑。如同笛卡尔一样,他也坚持纯粹理智的至高无上,强调只有不依赖于形象的纯粹理智,才是抵达某种知识的唯一途径。这一点正是拉康运用那些无法在空想中加以表征的拓扑学图形来探究无意识结构的根由所在(见:**拓扑学**[TOPOLOGY])。这种对于空想和感觉的怀疑,致使拉康坚定地站在了理性主义而非经验主义的一边(见:**科学**[SCIENCE])。

拉康指责与他同时代的主要精神分析学派把精神分析缩减到了想象秩序;这些精神分析家们把对于分析家的认同变成了分析

的目标,并且把分析化约成了一种二元关系(E, 246-7)。拉康将此看作对精神分析的一种全然背叛,这样一种背离永远都只能在增加主体的异化方面取得成功。针对这样的想象还原论,拉康指出精神分析的本质在于其对象征界的运用。这种对于象征界的运用,是驱除想象界中那些令人丧失能力的固着的唯一途径。因而,对分析家而言,在想象界获得任何收益的唯一途径,便是把形象转化为言词,正如弗洛伊德把梦看作一个字谜那样:"想象界只有在被转译成象征符的时候才是可以破译的。"(Lacan, 1956b: 269)这种对象征界的运用,对于分析的过程而言,便是"跨越认同层面"的唯一方式(S11, 273)。

意象

拉:imago

"意象"(imago)一词最初是由荣格在1911年引入精神分析理论的,到1930年代拉康开始接受精神分析家的训练的时候,这一拉丁文术语已然变成了精神分析术语学中的标准词汇。该术语与"形象"(image)一词有着明显的联系,但是它意在强调形象的主观决定性;换句话说,意象既囊括了各种感觉,又包含了一种视觉表象。这些意象尤其涉及他人的形象(荣格提到有父亲的、母亲的与手足的意象);然而,它们并非纯粹个人经验的产物,而是能够在任何人的精神中得到实现的普遍原型。这些意象充当着刻板印象的作用,从而影响到主体与他人建立关系的方式,因为主体是经由这些不同意象的透镜来感知他人的。

"意象"这一术语在拉康1950年代以前的作品中占据着一个

核心的角色,在那里它与**情结**(COMPLEX)这个术语有着紧密的关联①。在1938年,拉康把三个家庭情结分别联系于特定的意象:断奶情结联系着母亲乳房的意象,闯入情结联系着相似者的意象,而俄狄浦斯情结则联系着父亲的意象(Lacan, 1938)。在1946年,拉康指出,通过阐述意象的概念,精神分析便给**心理学**(PSYCHOLOGY)提供了一种专门的研究对象,因而把心理学奠定在了一种真正具有科学性的地基之上:"以意象来指定心理学的专门对象……是可能的,恰好是就同样的意义而言,伽利略的惯性质点(inert material point)的概念构成了物理学的基础。"(Ec, 188)

尽管对于荣格和克莱因而言,这些意象都同样具有积极性与消极性的效应,然而在拉康的著作中,它们却稳固地偏重于消极性,而在根本上是欺骗性与破坏性的元素。拉康谈到了**碎裂的身体**(FRAGMENTED BODY)的意象,而即便诸如镜像这样的统一性意象,也都只不过是引入了某种潜在侵凌性的整体性"幻象"(illusion)。"在人类身上出现的第一个意象的效果,即一种主体性'异化'(alienation)的效果"(Ec, 181,强调为原文所加)。

在1950年之后,"意象"这个术语便几乎从拉康的理论词汇中完全消失了。然而,在拉康1950年代以前的作品中围绕着该术语而发展起来的这些基本思想,继续在他的思想中扮演着一个重要的角色,只不过它们是围绕着其他的术语,主要是"形象"一词来表达。

---

① 两者皆处理的是共同的领域,即孩子与其家庭乃至社会环境之间的关系,不同之处在于:"情结"是人际情境在整体上对主体产生的效果,而"意象"则是该情境中的参与者所残留的想象图式。

指示符

英：index；法：indice

在北美符号学家查尔斯·桑德斯·皮尔斯[①]所设想的**符号**（SIGNS）类型学中，指示符是与其所表征的对象具有"存在性关系"（existential relationship）的一种符号（即指示符总是在空间上或时间上临近于对象）。皮尔斯把指示符与"象征符"（symbol）对立起来，后者与索绪尔的符号概念一样，是以符号与其对象之间的所有必然联系的缺位为特征的。例如，烟是火的指示符，而红疹是诸如麻疹之类的各种疾病的指示符（Peirce, 1932）。

在拉康的话语中，"指示符"一词与"**能指**"（SIGNIFIER）这一术语相对立（而非如同在皮尔斯的哲学中那样，与"象征符"这一术语相对立）而运作的。因而，拉康便把指示符构想为一种"自然符号"（nature sign），其中符号与对象之间是一种固定的一一对应关系（不同于能指，能指与任何一个所指皆没有固定的联系）。指示符与能指之间的此种对立，支撑了拉康著作中的下列区分：

· 精神分析与医学有关"**症状**"（SIMPTOM）的概念　在医学中，症状被视作疾病的一个指示符，而在精神分析中，症状则不是一个指示符，而是一个能指（E, 129）。因此，在精神分析中，病理性现象与潜在的结构之间便没有任何一对一的固定联系。

· （动物的）"**编码**"（CODE）与（人类的）语言　编码是由指示符所组成的，而语言则是由能指所组成的。这便解释了编码为什么缺乏语言的最重要特征，即其潜在的歧义性与多义性。

[①] 查尔斯·桑德斯·皮尔斯（Charles S. Peirce, 1839—1914），美国哲学家、逻辑学家、数学家兼科学家，实用主义代表人物之一，同时也是符号学的主要创始人之一。其符号学思想可参见赵星植翻译的《皮尔斯：论符号》一书（四川大学出版社 2014 年版）。

能指与指示符之间的这一对立,由于某些同样充当指示符来运作的能指的存在而复杂了;这些充当指示符而运作的能指,即所谓的**转换词**(SHIFTERS)。

本能

英:instinct;法:instinct;德:Instinkt

拉康遵循弗洛伊德的观点将本能与**冲动**(DRIVES)区分开来,并且批评那些遵循斯特雷奇的观点的人由于用英文单词("instinct")来翻译弗洛伊德的这两个术语(德文的 Instinkt 与 Trieb)而模糊了这一区分(E, 301)。

"本能"是一个纯粹生物学的概念(见:**生物学**[BIOLOGY]),而且属于动物行为学的研究。动物是受到本能所驱使的,这些本能是相对稳固而不变的,并且隐含着一种与对象的直接关系,而人类的性欲则关系冲动的问题,这些冲动是非常易变的,而且从来不会抵达它们的对象。虽然拉康在其早期著作中频繁使用"本能"这一术语,但是在 1950 年以后,他很少使用到这一词汇,而是更倾向于根据**需要**(NEED)来重新概念化本能的概念。

从其最早期的著作开始,拉康便批判那些试图纯粹根据本能来理解人类行为的人,他指出这一企图假设了在人类与世界之间存有某种和谐的关系,然而这样的和谐事实上并不存在(Ec, 88)。本能的概念便是假设了有关对象的某种几乎带有道德性质的直接先天知识(Ec, 851)。拉康反对此种思想,他坚称人类的生理有其不充分性,并以"生命的不足"(法:insuffisance vitale;Ec, 90)与"先天性不足"(congenital insufficiency)等措辞来指明这一特征。此种不充分性,明显可见于人类婴儿的无助,是凭借**情结**(COMPLEXES)而得到补偿的。人类的心理是由情结(完全取决于社会与文化因素)而非本能所支配的,这一事实即意味着,不把社会因素纳入考量的任何有关人类行为的解释皆是无益的。

国际精神分析协会

英：International Psycho-Analytical Association

国际精神分析协会（IPA）由弗洛伊德在1910年创立，是聚集了当时在世界各地纷纷涌现的各个精神分析学会的一个伞状组织。其总部最初设在苏黎世，尔后又迁至伦敦，但是随着大多数维也纳分析家移民至美国，该协会自1930年代以来便一直受其美国成员所主导。

在1953年，拉康退出了隶属国际精神分析协会的巴黎精神分析学会（Société Psychanalytique de Paris, SPP）并加入了新建的法国精神分析学会（Société Française de Psychanalyse, SFP），此后拉康便被书面告知这也就意味着他不再是国际精神分析协会的成员。自此时起，一直到拉康逝世，他与国际精神分析协会都是势不两立的。在法国精神分析学会随后争取国际精神分析协会的成员资格（拉康对此似乎是支持的）期间，拉康被国际精神分析协会看作阻碍谈判的首要障碍。争端的主要原因是拉康对于弹性时间会谈（sessions of variable duration，或译作"可变时长会谈"）的使用，尽管国际精神分析协会再三警告，他都仍然继续此种实践。最终，在1963年，国际精神分析协会虽然同意把成员资格授予法国精神分析学会，但条件是剥夺拉康作为训练性分析家（training analyst）的身份。法国精神分析学会内部的很多领导级分析家均已点头同意，然而这对很多其他分析家（包括拉康在内）而言是不可接受的。拉康随即退出了法国精神分析学会，其他的一些分析家和受训者也随之离开，拉康在1964年建立了他自己的**学派**（SCHOOL）。从此时起，拉康在自己对于国际精神分析协会的批评中就变得愈发畅所欲言，他谴责国际精神分析协会是某种教会，并且把他自己的命运和斯宾诺莎被犹太教"逐出教会"的命运相类比(S11, 3-4)。

拉康同时批评了国际精神分析协会的制度结构及其主导的理论趋向。关于制度结构,他指责其官僚主义的程序只能造就出一批庸才,并且嘲讽其陈腐的等级制度(Ec, 474-86)。拉康认为,弗洛伊德之所以会用这样一种方式来组织国际精神分析协会,是因为这是确保他的理论在受尽其首批追随者的误解之后,仍然能完好地留待后来者(即拉康)发掘并复兴的唯一方式。换句话说,国际精神分析协会就如同一座坟墓,其唯一的功能即在于保存弗洛伊德的学说,尽管协会的成员们对此皆毫不知情,而这意味着,一旦拉康给弗洛伊德的学说注入了新的生命,国际精神分析协会也就断然不再具有任何有效的功能了(见:Lacan, 1956a)。比这更加重要的是拉康对于国际精神分析协会的**训练**(TRAINING)程序的批评,弗洛伊德强调文学与文化研究方面的教诲是有必要的,拉康谴责国际精神分析协会的训练程序忽视了这一点(Ec, 473),并且他还指责国际精神分析协会把训练性分析化约成了一种纯粹的仪式。拉康用以组织他自己学派的那些特定的组织结构,诸如"卡特尔"与"通过"等,便皆是旨在保证这一学派不会重复国际精神分析协会的这些错误。

在理论层面上,针对国际精神分析协会中的所有主要理论趋向,包括克莱因派精神分析与对象关系理论在内,拉康也提出了各种各样的批评,但他最持久也最深刻的那些批评,却留给了1950年代在国际精神分析协会中取得主导地位的**自我心理学**(EGO-PSYCHOLOGY)流派。拉康谴责国际精神分析协会背离了弗洛伊德的那些最根本的洞见,他将其更名为"反分析话语互助会"(Société d'assistance mutuelle contre le discours analytique, SAMCDA;见: Lacan, 1973a: 27),并且把这一背叛主要归咎于国际精神分析协会由美国主导的事实(见: c **因素**[FACTOR C])。拉康将他自己的教学看作对于国际精神分析协会所背离的这些洞见的某种回归（见：**回到弗洛伊德**[FREUD, RETURN TO]）。

解释

英：interpretation；法：interprétation[①]

分析家在治疗中的角色是双重性的。首先，他必须倾听分析者，但是他也必须通过向分析者言说来进行干预。尽管分析家的言说是以很多不同的言语行动（提出问题、给予指示等）为特征的，然而解释的提供在治疗中扮演着最重要且最与众不同的角色。宽泛地说，当分析家说出的话语颠覆了分析者在意识层面上看待某种事物的"日常"见解的时候，我们便可以说分析家提供了一则解释。

弗洛伊德起初开始向他的病人们提供解释，是为了帮助她们回忆起在记忆中遭受压抑的某一观念。这些解释都是训练有素的猜测，即根据病人从其事件描述中所遗留的内容来推测是什么导致了其症状的形成。例如，在他最早记录的一则解释中，弗洛伊德便告诉一位病人说她并未全盘托出自己向其雇主的孩子们表现出强烈情感的全部动机，他又继续说道："我相信你其实是爱上了你的雇主，那位总监，尽管你自己或许对此浑然不知"（Freud, 1895d: SE II, 117）。解释的目的即在于帮助病人意识到那些无意识的思想。

[①] "解释"（interpretation）是借由分析性的探索而阐明主体言语或行为之隐义的过程。解释会揭示出各种防御性冲突的模式，而其最终的目的则是辨认出由所有无意识的产物所表达出的欲望。在精神分析治疗的背景下，为了使主体触及这一无意识的隐义，根据分析运行的方向和演进的方式所定下的规则而传递给主体的信息便可以称作精神分析式的"解释"。另外，国内也有学者坚持将此一术语翻译为"诠释"，而我之所以并未在此采用这种译法，是因为"诠释"更容易滑动到分析家的"权势"，而"解释"则更多关联于分析家对于主体无意识的"揭示"。

解释的模型是弗洛伊德在《释梦》(Freud, 1900a)当中确立下来的,虽然只是明确地关涉梦境,但是弗洛伊德在这部作品中有关解释的那些评论,却也同样适用于所有其他的无意识构形(过失行为、诙谐、症状等)。在此书的第二章中,精神分析式的解释方法便由于自由联想方法的使用而区别于"译码式"(decoding)的解释方法:精神分析性的解释并非在于参照一套预先存在的等价系统来给一个梦境赋予某种意义,而是在于参照梦者本人的种种联想。由此可知,如果不同的人梦见了同样的形象,那么这一形象便会意味着很多不同的事物。即便当弗洛伊德后来承认梦中"象征意义"(symbolism)的存在(即某些形象除了对于个别梦者的特殊意义之外,还有着固定的普遍意义),他也总是主张解释应当首先聚焦于特殊的意义,并且警告不要"高估象征符在释梦中的重要性"(Freud, 1900a: SE V, 359-60)。

在精神分析运动的历史初期,解释迅速成为分析家最重要的工具,是他在病人身上取得治疗效果的主要手段。因为症状被认为是一个遭受压抑的观念的表达,所以解释便被看作是通过帮助病人意识到那一观念来治愈症状。然而,在解释的提供似乎取得显著效果的这一最初时期之后,分析家们在1910—1920年便开始注意到他们的解释变得不那么有效了。特别是,纵使在分析家已然针对症状提供了各种详尽的解释之后,这一症状还是会继续存在。

为了说明此种现象,分析家们便转向了**阻抗**(RESISTANCE)的概念,认为仅仅针对症状的无意识意义提供解释是不够的,还必须祛除病人不愿充分意识到此种意义的阻抗(见:Strachey, 1934)。然而,拉康提出了一则不同的说明。他指出,解释在1920年之后的递减效力,是由于分析家们自己所激起的某种无意识的"关闭"(S2, 10-11;S8, 390)。除此之外,拉康还指责第一代分析家们越来越倾向于把他们的解释更多地奠定在象征意义的基础之上(不顾弗洛伊德的相反劝告),从而又回到了前精神分析性的"译码式"解释方法。这样的做法不但把解释降格成了一套固定公式,而且让病人也很快便能够准确地预知分析家会对他们所产生的任何特殊症状或联想做出何种说辞(正如拉康揶揄讽刺地评论道:"这无疑是可以捉弄算命先生的那种最惹人恼火的诡计";Ec, 462)。解释因而便同时缺乏了中肯的关联性(relevance)与震撼的价值(shock-value)。

在拉康之前已然有个别其他的分析家认识到了由于病人日益了解精神分析的理论这一事实所导致的问题。然而,他们针对这一问题所提出的解决办法是"病人一方的过多知识应该被代之以分析家一方的更多知识"(Ferenczi and Rank, 1925: 61)。换句话说,他们敦促分析家去创制更加复杂的理论,以便领先病人一步。然而,拉康提出了一种不同的解决办法。他指出,分析家所需要的不是日益复杂的解释,而是用一种截然不同的方式来处理解释。因此,拉康便提倡一种"更新的解释技术"(E, 82),从而挑战了经典精神分析的解释模型的那些潜在的基本假定。

经典的解释采取的形式,往往都是把梦境、症状、过失行为或者联想归于某种并非由病人给它赋予的意义。例如,解释可以采取"借由这个症状,你真正想说的是你欲望着 x "这样的形式。这里的基本假定即在于解释揭露了某种隐藏的意义,而其真实性则可以通过让病人产生更多的联想来加以证实。拉康所挑战的正是此种假定,他声称分析性的解释应当不再针对揭示隐藏的意义,而是相反针对瓦解意义;"与其说解释针对的是'有意义'(making sense),不如说它导向的是把能指化约为其'无意义'(non-sense)以便由此找出主体所有行径的那些决定性因素"(S11, 212,本书作者自译)。解释因而便颠倒了能指与所指之间的关系:解释并非正常的意义生产(能指产生所指),而是在 s 的层面上运作以生成 S:解释会引起那些"无意义"的"不可化约的能指"出现(S11,

250)。因此,对拉康而言,问题便不是在于让分析者的话语符合一套预先构想的解释矩阵或解释理论(譬如在"译码式"的方法之中),而是在于瓦解所有诸如此类的理论。解释远非给分析者提供一则新的信息,而是应当仅仅服务于使分析者能够听到自己无意识地发送给其自身的信息。除了分析者有意识地想要传达的那些意义之外,他的言语还总是具有很多其他的意义。分析家则玩味分析者言语中的歧义性,从而使其显示出多重的意义。通常,让解释达到此种效果的最有效的方式,便是让解释本身也同样变得带有歧义。借由这样的方式来进行解释,分析家便把分析者的信息以其真正的、颠倒的形式送回给了分析者(见:**交流**[COMMUNICATION])。

因此,解释的提供并不是为了获得分析者的赞同,而仅仅是旨在当联想的流动变得堵塞之时能够使分析者继续言说下去的一种战术性策略。解释的价值并不在于其与现实的符合,而仅仅在于其产生某种效果的力量;因此,从与"事实"不相符合的意义上说,一则解释可能是不正确的,然而从拥有强大象征性效果的意义上说,这则解释是真实的(E, 237)。

拉康指出,为了以这样的方式来进行解释,分析家就必须完全从字面上(à la lettre)来对待分析者的言语。也就是说,分析家的任务并不在于对分析者的"隐藏信息"获得某种想象性的直觉把握,而仅仅在于阅读分析者的话语,就仿佛它是一则文本,注意这一话语的那些形式特征,即那些重复其自身的能指(S2, 153)。因此,拉康便频频告诫"理解"的危险:"你理解得越少,你就倾听得越好。"(S2, 141)"理解"(英:understanding;法:comprendre)对拉康而言具有一些消极的内涵,它隐含了仅仅试图使他人的言说符合一套预先形成的理论的这样一种倾听(见:E, 270;S2, 103;S8, 229-30)。为了尽量避免此种理解的危险,分析家在倾听的时候便必须"忘记他所知道的事情"(Ec, 349),而且在提供解释的时候也必须做得"恰好仿佛我们对于理论全然无知一般"(Lacan，1953b：227)。

关于拉康如何着手"解释转移"这一复杂的问题，见：**转移**(TRANSFERENCE)。

主体间性

英：intersubjectivity；法：intersubjectivité

当拉康(在1953年)首度开始详细分析**言语**(SPEECH)在精神分析中的功能时，他便强调言语在本质上是一种主体间的过程；"主体的言谈(allocution)需要有一个对谈者(allocutor)"，因此"言谈者(locutor)在其中是作为主体间性而建立起来的"(E，49)。于是，在拉康此时的著作当中，"主体间性"这一术语便占有了一种积极的价值，因为它关注了语言在精神分析中的重要性，并且强调了无意识是"超个人性"(transindividual)的这一事实。因而，精神分析便应当根据主体间性(intersubjective)而非主体内性(intrasubjective)来构想。

然而，到了1960年代，这一术语对拉康而言却渐渐获得了一些消极的内涵。至此，它便不是被联系于言语本身，而是被联系于互易性(reciprocity)与对称性(symmetry)的观念，这些皆是**二元关系**(DUAL RELATIONSHIP)的特征(S8，11)；也就是说，是被联系于想象界而非象征界。精神分析不再应当根据主体间性来构想(S8，20)；实际上，转移的经验恰恰削弱了主体间性概念的基础(见：Lacan，1967)。

内摄

英：introjection；法：introjection；德：Introjektion

"内摄"这一术语是由桑多尔·费伦齐[①]在1909年创造出来的,用以表示投射的对立面(Ferenczi, 1909)。弗洛伊德此后迅速吸收了这一术语,并且指出"纯净化的快乐自我"(purified pleasure-ego)即通过内摄一切作为快乐来源的事物而建立的(Freud, 1915c)。梅兰妮·克莱因大量地使用这一术语,但是将该术语局限于针对各种"对象"(objects)的内摄。

拉康批评精神分析家们倾向于采纳有关内摄的那些"魔法般"见解,因为这样的方式把内摄混淆于吞并(incorporation),因而也搅混了幻想与结构的不同秩序(S1, 167)。故此,拉康便拒绝那种克莱因式的形象化比喻,内摄物在其中皆是作为内部对象(internal objects)经由某种幻想性吞并而进入分析家的体内。相反,他指出,受到内摄的东西始终是一个能指,"内摄始终是对于他者言语的内摄"(S1, 83)。内摄因而便涉及象征性认同的过程,即**自我理想**(EGO-IDEAL)在俄狄浦斯情结结束时赖以建立的过程(见：E, 2)。

拉康同样反对把内摄看作**投射**(PROJECTION)的对立面的观点。因而,虽然在克莱因的说法中,一个对象可以永无止境地(ad infinitum)被内摄进来继而再重新投射出去,但是拉康则声称此两种过程位于全然不同的辖域,因此不能被构想为一个单一过程的部分。他指出,投射是与形象相联系的一种想象性现象,而内摄则是与能指相联系的一种象征性过程(Ec, 655)。

[①] 桑多尔·费伦齐(Sándor Ferenczi, 1873—1933),匈牙利裔精神分析家,弗洛伊德的著名弟子之一,在精神分析的临床上首先提倡主动性与共情的技术,代表作有《对于精神分析理论与技术的进一步贡献》,另与奥托·兰克(Otto Rank)合著《精神分析的发展》一书。

颠倒

英：inversion；法：inversion

弗洛伊德用"颠倒"这一术语来指代同性恋，意思是同性恋是异性恋的颠倒。在拉康的早期著作中，他也是在此种意义上来使用该术语的（Lacan，1938：109）。

然而，在拉康二战后的著作中，该术语被赋予一种截然不同的意义。此时，颠倒往往指的是**镜像**（SPECULAR IMAGE）的一种特征；在实在的身体这一边出现的事物，也会在镜子中反射出来的身体形象的那一边出现（见：Lacan，1951：15）。在此意义上延伸开来，颠倒就变成了所有想象性现象的一种属性，诸如**互易感觉**（TRASITIVISM）等。因而，在 L 图式中，想象界便被表现为阻碍大他者话语的一道屏障，导致这一话语"以一种颠倒的形式"（in an inverted form）抵达主体。因此，拉康把分析性的交流定义为发送者以一种颠倒的方式接收他自己的信息。

在 1957 年，该术语的这两种意义都在拉康有关列奥纳多·达·芬奇的讨论中聚集了起来。拉康接受了弗洛伊德有关列奥纳多是同性恋的观点（Freud，1910c），他又继而指出列奥纳多的镜像认同是极其不同寻常的，因为它导致了自我与小他者（在 L 图式上）的位置的颠倒（S4，433-4）。

J

享乐

法:jouissance

法文单词"jouissance"基本上是"享乐"(enjoyment)的意思,但是它具有英文单词"enjoyment"中所缺乏的一种性的意涵(即"高潮"),因此该词在拉康的大多数英文译本中皆被保留了下来而非做翻译(尽管有人业已指出,"jouissance"一词也确实出现在《牛津简明英语词典》之中;参见:Macey,1988:288,n.129)。正如简·盖勒普①所观察到的,"高潮"是一个可数名词,而"享乐"一词则总是被拉康以单数来使用,也总是在前面带有一个定冠词(Gallop,1982:30)。

这一术语直到1953年才出现在拉康的著作中,但是即便在当时,它也并不是特别突出(E,42,87)。在1953—1954年度与1954—1955年度的研讨班上,拉康偶尔会用到这个术语,而且通常都是在黑格尔的**主人**(MASTER)与奴隶辩证法的语境之下:奴隶被迫去劳动,以便提供各种对象供主人"享乐"(S1,223;S2,269)。于是,直到1957年为止,此一术语似乎都仅仅意味着与某种生物性需要(诸如饥饿等)的满足伴随而来的感官愉悦(S4,125)。不久之后,性的内涵就变得愈发明显了;在1957年,拉康便用该术语来指涉对于性对象的享乐(Ec,453)以及手淫的快感(S4,241),而在1958年,他则明确指出"享乐"具有"高潮"的意味(Ec,727)(至于该术语在拉康著作中的发展的更充分描述,见:Macey,1988:200-5)。

只有在1964年时,拉康才发展了他在享乐(jouissance)与快乐

---

① 简·盖勒普(Jane Gallop,1952年生),美国女性主义学者,在比较文学与精神分析领域颇有建树,主要著作有《女儿的诱惑:女性主义与精神分析》《阅读拉康》以及《通过身体思考》等。

(pleasure)之间做出的经典对立,这一对立影射的是黑格尔/科耶夫在"Genuß"(享乐)与"Lust"(快乐)之间的区分(参见:Kojève, 1947: 46)。快乐原则是作为对于享乐的一种限制而运作的,它是命令主体"尽可能少地享乐"的法则。与此同时,主体则不断地企图违反那些被强加在其享乐之上的禁令,企图"超越快乐原则"。然而,违反快乐原则的结果并非更多的快乐,而是痛苦,因为主体只能承受一定量的快乐。超出这一界限,快乐就会变成痛苦,而这种"痛苦的快乐/痛快"(painful pleasure)即拉康所谓的"享乐";"享乐是令人痛苦的"(S7, 184)。"享乐"这一术语因而很好地表达出了主体得自其症状的悖论性满足,或者换一种说法,是他得自其自身满足的痛苦(即弗洛伊德所谓的"来自疾病的初级获益")。

对于"享乐"的禁止(快乐原则)是内在于语言的象征性结构的,这就是为什么"就其本身而言,对于言说之人,享乐是遭到禁止的"(E, 319)。主体进入象征界的条件便是在阉割情结中对于"享乐"的初始弃绝,即主体在此时放弃了他想要为母亲而成为想象的阳具的打算;"阉割即意味着享乐必须被拒绝,以便它能够在欲望法则的反转阶梯(l'échelle renversée)上被抵达"(E, 324)。因而在俄狄浦斯情结中对于享乐的象征性禁止(即乱伦禁忌),便悖论性地是对某种已然不可能之物的禁止;其功能也因此在于维持神经症性的幻象:假如没有遭到禁止,享乐便会是可以抵达的。这样的禁止恰恰造成了僭越它的欲望,"享乐"也因此在根本上是僭越性的(见:S7, ch. 15)。

死亡冲动(DEATH DRIVE)便是给予在主体身上想要朝向**原物**(THING)与某种过度享乐而冲破快乐原则的那种持续欲望的名称。因而,"享乐"是"通往死亡的道路"(S17, 17)。因为冲动都是旨在冲破快乐原则以寻求享乐的企图,所以每一个冲动都是死亡冲动。

在拉康的"享乐"概念与弗洛伊德的**力比多**(LIBIDO)概念之

间具有一些强烈的亲缘性,这一点明显可见于拉康把享乐称作一种"肉体物质"(bodily substance)的描述(S20, 26)。与弗洛伊德的只有一种力比多,即男性力比多的主张相一致,拉康也声称享乐在本质上是阳具性的;"享乐,就它是性欲化的而言,便是阳具性的,而这就意味着它就其本身而言与大他者并无关联"(S20, 14)。然而,在1973年,拉康又承认存在着一种明确是女性的享乐,即"超越阳具"(S20, 69)的一种"增补性的享乐"(S20, 58)。这一女性享乐是无法言喻的,因为女人们虽然体验到它,但对它一无所知(S20, 71)。为了在这两种形式的"享乐"之间做出区分,拉康给它们分别引入了不同的代数学符号:$J\varphi$ 指代阳具性的享乐(phallic jouissance),而 JA 则指代大他者的享乐(jouissance of the Other)。

K

克莱因派精神分析

英：Kleinian psychoanalysis

克莱因派精神分析是对围绕着奥地利精神分析家梅兰妮·克莱因（1882—1960）的开创性工作而逐渐兴起的精神分析理论学派的命名。克莱因诞生于维也纳，她在1926年定居英国，并且在那里度过了自己的余生。在1940年代，克莱因派精神分析开始作为一支与众不同的精神分析理论学派而异军突起，以抗衡安娜·弗洛伊德迁居伦敦之后围绕着她而聚集起来的团体。然而，直至第二次世界大战结束以后，其他的分析家们才开始作为"克莱因派"而为人所知，也才开始发展出一个坚实的克莱因派思想团体。这些分析家包括汉娜·西格尔[1]、赫尔伯特·罗森费尔德[2]、威尔弗雷德·比昂以及（后来的）唐纳德·梅尔泽等人。

连同其他两个非拉康派的主要精神分析理论学派（**自我心理学**［EGO-PSYCHOLOGY］与**对象关系理论**［OBJECT-RELAITONS THEORY］）一起，克莱因派精神分析构成了对于拉康而言的一个主要的参照点，使拉康能够以此为背景而提出他自己对于弗洛伊德的独特解读。因此，拉康针对克莱因的批判，对于理解他的立场的原创性便是十分重要的。虽然我们不可能在这里提及这些批判的全部，但是其中最重要的一些还是可以被概括如下：

---

[1] 汉娜·西格尔（Hanna Segal, 1918—2011），英国精神分析家，克莱因思想的主要学术继承人之一，曾任英国精神分析学会主席与国际精神分析协会副主席，著有《梅兰妮·克莱因的著作介绍》《克莱因》《临床精神分析》《梦、幻想与艺术》等。
[2] 赫尔伯特·罗森费尔德（Herbert Rosenfeld, 1910—1986），英国克莱因派精神分析家，他发展了克莱因有关精神病治疗的思想，其理论贡献在于提出了"混淆"（confusion）、"毁灭性自恋"（destructive narcissism）和"分析性僵局"（analytical impasse）的概念，主要著作有《精神病状态》《僵局与解释》等。

（1）拉康批评克莱因过于强调母亲的重要性，从而忽视了父亲的角色（例如：Ec, 728-9）。

（2）拉康批评克莱因全然在想象秩序中对**幻想**（FANTASY）加以理论化。拉康指出，这样一种方法是一种误解，因为它未能对从下面支撑着所有想象性构形（imaginary formations）的象征性结构（symbolic structure）加以考虑。

（3）拉康不同意克莱因有关俄狄浦斯情结的早期发展的观点。在拉康看来，有关俄狄浦斯情结的确切日期的一切争论皆是徒然的，因为俄狄浦斯情结主要并不是一个发展阶段，而是一个主体性的永久结构（就俄狄浦斯情结能够在时间上被定位而言，拉康也不会像克莱因所做的那样把它定位得那么早。因而，虽然克莱因看似几乎否认了一个前俄狄浦斯期的存在，但是拉康认为存在着这么一个时期）。

（4）与前述观点密切联系的是拉康相较于"梅兰妮·克莱因侵入无意识的前语言领域"的不同（Lacan, 1951：11）。对拉康而言，根本没有无意识的前语言领域（pre-verbal areas of the unconscious），因为无意识是一个语言性结构（linguistic structure）。

（5）拉康批评克莱因的解释风格是特别野蛮的。当提及克莱因在其有关"象征形成"（symbolic formation）的论文中（Klein, 1930）所讨论的小病人（"迪克"）的时候，拉康评论道："她完全野蛮地将象征意义（symbolism）砸在他的身上。"（S1, 68）

然而，把拉康描绘为对克莱因持有完全批判的态度，又会使问题变得过度简单化。因为虽然拉康与克莱因派精神分析的分歧至少同他与自我心理学和对象关系理论的分歧是一样大的，但是他对克莱因的评论并不是以同样轻蔑的语气来加以刻画的，这种轻蔑的语气明显可见于他对其他两派分析家的那些尖刻批判。他确实把克莱因派精神分析看作优于自我心理学，而且也称赞欧内斯特·琼斯站在支持梅兰妮·克莱因的一边来反对安娜·弗洛伊德

(Ec,721-2)。此外,他还声称,就转移的理论而言,梅兰妮·克莱因当然比安娜·弗洛伊德更加忠实于弗洛伊德(S8,369)。

在拉康1950年以前的作品中,他曾多次影射克莱因关于母子关系以及在幻想中运作的各种意象的著作。在1950年以后,拉康则称赞克莱因强调了死亡冲动在精神分析理论中的重要性(尽管他自己构想死亡冲动的方式明显有别于克莱因)并且发展了**部分对象**(PART-OBJECT)的概念(尽管拉康对于此一概念的阐述再一次大大有别于克莱因)。

认识/知识
英:knowledge;法:connaissance/savoir

拉康区分了两种类型的知识:想象性的认识(connaissance),即自我的认识,以及象征性的知识(savoir),即主体的知识。因为这两个法文术语皆被翻译成了同一个英文单词"knowledge"(知识),所以在阅读拉康的译本时,重要的便是弄清楚拉康在原文中所使用的是哪一个法文单词。

(1)"知识"(savoir)即精神分析治疗所力求达到的那种知识。它既是涉及主体与象征秩序之间关系的知识,同时又是那一关系本身。此种知识完全就是众多能指在主体的象征世界中的链接,即能指链条(S_2)。无意识也只不过是此种象征性知识的别名,因为它是一种"未知的知识"(unknown knowledge),即一种主体不知道自己知道的知识。精神分析治疗的目的便在于把此种知识渐进地揭示给主体,而它的基本前提也在于,触及此种知识的唯一手段,便是经由某种特殊的言语形式,即所谓的自由联想(free association)。然而,精神分析治疗的目的并非针对一种黑格尔式的"绝对知识"(absolute knowledge),因为无意识是不可化约的;在主体与知识之间存在着一种不可避免的割裂。象征性知识即有关某人无意识欲望的真理的知识。在此种意义上,知识便是一种"享乐"的形式:"知识是大他者的享乐。"(S17, 13)象征性知识既不存在于任何特殊的主体,也不存在于大他者(大他者不是一个主体,而是一个位点),而是主体间性的。然而,这却并不妨碍我们假设在某处存在着一个拥有此种象征性知识的主体(见:**假设知道的主体**[SUBJECT SUPPOSED TO KNOW])。

(2)"认识"(connaissance)(及其必然相关的"误认"[méconnaissance])则属于想象辖域的那种自我认识(self-knowledge)。正是通过误解(misunderstanding)与误认/误识(misrecognition/méconnaissance),主体才得以抵达有关其自身的想象性认识,这种自我认识(me-connaissance)即自我(ego)的构成性要素(E, 306)。因而,自我便是一种虚假的自我认识,其基础在于自主性与统一性的幻想。自我与他人之间也存在着某种"共生"(英:co-birth;法:co-naissance)(参见克劳岱尔①的格言:"所有出生都是一种共生"[toute naissance est une co-naissance])。想象性认识被拉康称作"偏执狂的认识"(paranoiac knowledge; E, 2),因为它与偏执狂有着同样的结构(两者皆涉及对于绝对知识与主人性的妄想),而且也因为所有人类认识的先决条件之一,便是"自我的偏执狂异化"(Lacan, 1951b: 12)。想象性认识是阻碍主体触及象征性知识的一种障碍。因此,精神分析治疗便必须不断地颠覆主体想象性的自我认识,以便揭示出它所阻碍的象征性的自我知识。

---

① 保罗·克劳岱尔(Paul Claudel, 1868—1955),法国诗人、剧作家,曾在中国生活,1946 年荣获法兰西学院院士称号,代表作有《黄金头》《缎子鞋》《正午的分割》与《认识东方》等。

L

缺失

英：lack；法：manque

在拉康的教学之中，"缺失"这一术语始终联系着**欲望**（DESIRE）。正是某种缺失导致了欲望的升腾（见：S8，139）。然而，缺失之物的确切性质随着拉康的著述过程而有所改变。

当该术语在1955年首度出现的时候，缺失首先指代的是**存在**（BEING）的缺失（这里与萨特存在着一些紧密的对应关系；见：Sartre，1943）。被欲望之物即存在（being）本身。"欲望即存在与缺失之间的关系。严格地讲，缺失即存在之缺失。它不是这个抑或那个的缺失，而是存在之缺失，存在（being）正是借由此种存在之缺失而得以实存（exist）的"（S2，223）。拉康在1958年又返回了这一主题，他在此时宣称欲望即存在之缺失（法：manque à être；谢里丹将其译作"存在之想望"[want-to-be]，施耐德曼则将其译作"存在之匮乏"[want of being]）的换喻（见：E，259）。主体的存在之缺失即"分析经验的核心"，也是"神经症患者的激情在其中得以展开的真正领域"（E，251）。拉康把"存在之缺失"与"拥有之缺失"（manque à avoir）对立了起来，前者联系着欲望，后者则联系着要求（Ec，730）。

表2　三类对象缺失表

动因	缺失	对象
实在的父亲	象征的阉割	想象的阳具
象征的母亲	想象的挫折	实在的乳房
想象的父亲	实在的剥夺	象征的阳具

来源：Jacques Lacan，*Le Séminaire. Livre IV. La relation d'objet*，ed. Jacques-Alain Miller，Paris：Seuil，1994.

在1956年,缺失开始指代某种对象的缺失。根据所缺失的对象的性质,拉康区分了三种类型的缺失,如表2所示(取自:S4,269)。

从分析经验的视角来看,阉割在此三种形式的缺失中是最为重要的一种,而且"缺失"这一术语也倾向于变成阉割的同义词(见**阉割情结**[CASTRATION COMPLEX])。

在1957年,当拉康引入被画杠的大他者(A)的代数学符号时,缺失便开始指代大他者中的一个能指的缺失。拉康引入了符号$S(A)$来表示"大他者中缺失的能指"。无论我们给能指链条增添多少能指,能指链条都总是不完整的;它总是缺失那个能够将其补全的能指。这个"佚失的能指"(missing signifier,在拉康的代数学中写作:-1)构成了主体[1]。

语言

英:language;法:langue/langage

需要注意的是,英文单词"language"对应着两个法文单词:"langue"和"langage"。这两个单词在拉康的著作中有着截然不同的意义:"langue"往往指涉的是某种具体的语言系统,如法语或英语等;而"langage"则指涉的是从所有特殊语言中抽象出来的普遍的语言结构。从根本上说,引起拉康兴趣的正是这一普遍的语言结构(langage),而非各种特殊的语言系统(langues)之间的差异。因此,在阅读拉康著作的英文译本时,就有必要搞清楚在法语原文中使用的是哪一项术语;而在绝大多数时间,这一法文术语都是

---

[1] 在拉康的理论中,$S(A)$即所有其他能指(S_2)皆为其代表主体的那一能指,它指向了大他者中的缺失。

"langage"。

拉康对于语言现象的兴趣,可以追溯至他早年对于超现实主义诗歌的兴趣,以及他对爱美(Aimée)的精神病式语言的着迷,爱美是一个患有偏执狂的女人,拉康曾在其博士论文中分析过她的写作(Lacan,1932)。在此之后,拉康有关语言本质的思考经历了一个漫长的发展过程,我们可以从中区分出四个大致的阶段(见:Macey,1988:121-76)。

(1)在1936—1949年,拉康对于语言的提及只有寥寥几处,但是它们都有着重要的意义。例如,早在1936年,拉康便强调语言是精神分析经验的构成性要素(Ec,82),而在1946年,他又声称倘若不处理语言的问题就不可能理解疯癫(Ec,166)。拉康在此时有关语言的这些评论,并不包含任何对于某种特定语言学理论的参考,反而是受到了一些哲学性影射的主导,这些影射主要源自黑格尔的哲学。因而,语言便主要被看作可以使主体从他人那里获得承认的一种中介性元素(见:E,9)。在其传达信息的用途之上及之外,语言首先且最重要的是向对话者发出的一种诉求;用雅各布森的话说,拉康注重意动功能更甚于指称功能[①]。因而,他便坚持强调语言不是一套命名法(Ec,166)。

(2)在1950—1954年,语言便开始占据了它在拉康其后的著作中将有的那一核心地位。在此一时期,拉康有关语言的讨论皆主要是参照海德格尔的现象学,而且更为重要的是参照(莫

[①] 雅各布森曾梳理出语言的六种功能,即相对于说话者(addresser)的"表情功能"(emotive function),相对于受话者(addressee)的"意动功能"(conative function),相对于语境(context)的"指称功能"(referential function),相对于交际(contact)的"寒暄功能"(phatic function),相对于编码(code)的"元语言功能"(metalanguage function),以及相对于信息(message)的"组诗功能"(poetic function)。

斯[1]、马林诺夫斯基[2]以及列维-斯特劳斯等人的)语言人类学。语言因而被看作社会交换的结构性法则,被看作一种象征性契约,等等。偶尔也会有一些对于修辞学的提及,但是这些参照并未被详加阐述(例如:E,169)。尽管还有寥寥几处对于索绪尔的影射(例如:S1,248),然而在其著名的《罗马报告》中,拉康却在 parole(言语)与 langage(语言结构)之间建立了一种对立(而非像索绪尔所做的那样,在 parole[言语]与 langue[语言系统]之间建立一种对立;见:Lacan,1953a)(见:**言语**[SPEECH])。

(3)在1955—1970年,语言则登上了舞台的中心,同时拉康也展开了他的"无意识如同语言一般被结构"(S11,20)的经典命题。正是在这一时期中,费尔迪南·德·索绪尔和罗曼·雅各布森的名字开始在拉康的著作中占有举足轻重的地位。

拉康继承了索绪尔的理论,认为语言是由各种差异性元素组成的一个结构,但是索绪尔以"langue"(语言系统)来对此加以阐述,拉康则将其规定为"langage"(语言结构)。对拉康而言,"语言结构"(langage)变成了所有结构的单一范例。于是,拉康便转而开始批判索绪尔的语言概念,指出语言的基本单位不是符号,而是**能指**(SIGNIFIER)。拉康继而声称,**无意识**(UNCONSCIOUS)如同语言一样,是一个能指的结构,这一结构也允许拉康更加精确地阐释象征界的范畴。1969年,拉康又发展出了作为一种社会联结(social bond)的**话语**(DISCOURSE)的概念。

(4)自1971年开始,拉康便从**语言学**(LINGUISTICS)转向把数学作为科学性的范例,这一转变伴随着一种强调语言的诗意性

---

[1] 马尔赛·莫斯(Marcel Mauss,1872—1950),法国社会学家、人类学家,其学术工作虽然跨于社会学与人类学两个领域,但其主要影响在于他对人类学领域的贡献,特别是他分析了不同文化中的巫术、祭祀与礼物交换等主题。其代表作《礼物》是他最负盛名也最广为人知的一部著作。另外,莫斯还对结构人类学之父列维-斯特劳斯产生过深远的影响。
[2] 布罗尼斯拉夫·马林诺夫斯基(Bronisław Malinowski,1884—1942),波兰裔英国社会人类学家,功能主义人类学的主要创始人之一,代表作有《野蛮人的性生活》《自由与文明》等。

与歧义性的倾向,此种倾向在拉康对于詹姆斯·乔伊斯①的"精神病式语言"(psychotic language)与日俱增的兴趣中可见一斑(见:Lacan, 1975a;1975-6)。拉康自己的风格便反映了此种转变,他开始愈加频繁地使用双关语和新词。拉康创造了"呀呀儿语"(法:lalangue;来自法语定冠词 la 和名词 langue)这一新词,以指涉在语言中借由玩味歧义性和同音词而诞生出某种"享乐"的那些非交流性(non-communicative)的面向(S20, 126)。至此,"语言"这一术语就变得同"呀呀儿语"相对立了起来。"呀呀儿语"就好像是语言从中被构筑起来的那种原初混沌的多义性的基底,而语言则几乎如同坐落在这一基底顶端的某种秩序化的上层结构:"毫无疑问,语言是由'呀呀儿语'所构成的。语言是精心炮制出来的一种有关呀呀儿语的知识(savoir)。"(S20, 127)

正是拉康派精神分析放置在语言上面的此种强调,往往被看作其最具区分性的特征。拉康批判其他形式的精神分析所采取的方法,诸如克莱因派精神分析与对象关系理论之流,就倾向于贬低语言的重要性,并且以牺牲分析者的言语为代价而强调分析者的"非言语交流"(non-verbal communication)(诸如强调分析者的身体语言[body language]等)。根据拉康的观点,这是一种根本性的错误,主要的原因有以下三点。

首先,所有的人类交流皆是被铭写在一个语言结构之中的,即便是"身体语言"(body language),正如这一措辞所隐含的那样,从根本上也是一种"语言"(language)的形式,且带有同样的结构性特征。

---

① 詹姆斯·乔伊斯(James Joyce,1882—1941),爱尔兰小说家,意识流小说代表人物,其作品多揭示西方现代社会的腐朽,以语言晦涩著称,代表作有《尤利西斯》《都柏林人》《一个青年艺术家的肖像》《芬尼根的守灵夜》等。拉康关于乔伊斯的评论,集中体现在他的《研讨班XXIII:圣狀》一书中。

其次,精神分析治疗的全部目标,即旨在以言语而非任何其他的媒介来道出(articulate)某人欲望的真理;精神分析的基本规则,便是建立在言语是通往此种真理的唯一途径这一原则的基础之上的。

最后,言语是分析家所拥有的唯一工具。因此,任何不理解言语与语言的运作方式的分析家,便无从理解精神分析本身(见:E,40)。

拉康强调语言的一个结果,便是他劝告分析家必须专注于分析者言语的那些形式特征(即能指),而非岔入基于对内容(即所指)的想象性理解而产生的一种共情/神入性态度之中。

对于拉康的一种常见的误解,便是把语言当作象征秩序的同义词。然而,这是不正确的;拉康指出,语言同时具有一个象征性的维度和一个想象性的维度:"在人类话语的象征功能之中存在着某种无法得到根除的东西,而那就是想象界在其中扮演的角色。"(S2,306)语言的象征性维度,即能指与真言的维度。语言的想象性维度,则是所指、意指与空言的维度。L图式(SCHEMA L)便经由相交的两轴而表现了语言的这两个维度。A—S轴是语言的象征性维度,是大他者的话语,即无意识。想象轴 a'—a 则是语言的想象性维度,是阻断、扭曲并颠倒大他者的话语的"语言之墙"。用拉康的话说,便是"语言把我们建立在大他者之中,同时又彻底地阻止我们对于大他者的理解"(S2,244)。

拉康在语言与**编码**(CODES)之间做出了区分,与编码不同的是,无论在符号与指涉物之间,抑或在所指与能指之间,在语言中都没有任何稳定的一一对应的关系。正是语言的这一特性,引发了所有话语的内在歧义性。此种歧义性明显可见于只能通过玩味同音异义(l'homophonie)与其他形式的模棱两可(l'équivoque)来解释的那些无意识的构形(见:**解释**[INTERPRETATION])。

法则

英:law;法:loi

拉康有关"法则"(拉康通常将"L"大写)的讨论,在很大程度上归功于克劳德·列维-斯特劳斯的著作(尤其参见:Lévi-Strauss, 1951)。正如在列维-斯特劳斯的著作中所出现的那样,法则在拉康的著作中并不指涉某项特殊的法律规章,而是指涉奠定所有社会关系之基础的那些基本原则。法则是让社会存在(social existence)成为可能的那些普遍原则的集合,也是支配着所有社会交换(social exchange)形式的那些结构,无论是礼物馈赠、亲属关系还是契约形成。因为交换的最基本形式即交流本身,所以法则在根本上是一个语言性实体(linguistic entity)——它是能指的法则:

> 因而,这一法则便足够清晰地被揭示为等同于语言的秩序。因为倘若没有亲属关系的那些命名,便没有任何力量能够制定出那些偏好与禁忌的秩序,它们经由代代相传而缠绕并编织着血脉的纱线。
>
> (E, 66)

事实上,这种"法则-语言"的结构,不多不少,正是象征秩序本身。

拉康遵循列维-斯特劳斯的观点指出,法则在本质上是人类的,正是法则借由调节在动物界中不受规制的性关系,从而把人类与其他的动物区隔开来;人类的法则是"原始的法则……它在规制婚姻联结之时把文化的界域叠加在隶属于交媾法则的自然界域之上。乱伦禁忌只不过是其主观的枢轴"(E, 66)。

正是**父亲**(FATHER)在**俄狄浦斯情结**(OEDIPUS COMPLEX)

中把这一法则强加在了主体的身上，这一父性动因（或是父性功能）只不过是对于此种禁止性兼立法性的角色的命名。在俄狄浦斯情结的第二时间上，父亲作为《图腾与禁忌》中的那一全能的"原始部落的父亲"（father of the primal horde）而出现（Freud, 1912-13）；然而这位立法者并未被包括在他自己的法则之中，因为他即法则——他拒绝其他人靠近部落中的女人，而他自己则享有她们全部。在俄狄浦斯情结的第三时间上，父亲则被包括在他自己的法则之中，法则在此时被显示为一种契约，而非一种律令。俄狄浦斯情结代表着法则对于欲望的规制。这便是**快乐原则**（PLEASURE PRINCIPLE）的法则，它命令主体"尽可能少地享乐！"，因而把主体维持在同原物（Thing）安全的距离上。

然而，法则与欲望之间的关系是辩证性的，"欲望是法则的反面"（Ec, 787）。如果在一方面，法则将诸多限制强加在欲望之上，那么在另一方面，法则也就确实通过创造禁止而首先创造出了欲望。欲望在本质上是想要僭越的欲望，而要有僭越的存在，就必须首先有禁止的存在（S7, 83-4）。因此，情况就并不是说先有一个预先给定的欲望，然后法则再对其加以规制，而是说欲望即诞生自这一规制的过程，"我们在此看到的是欲望与法则之间的紧密联结"（S7, 177）。

如果说法则与父亲有着密切的联系，那么这就不仅是因为父亲是强加法则之人，而且也是因为法则即诞生自对于父亲的谋杀。这一点在弗洛伊德的《图腾与禁忌》中所讲述的原父神话里得到了清楚的阐明。在这则神话中，对于父亲的谋杀，非但没有使儿子们免于法则的约束，反而加固了乱伦禁忌的法则。

字符①
英:letter;法:lettre

拉康对于"字符"的频繁提及,必须在索绪尔对**语言**(LANGUAGE)进行讨论的语境之中来看待。在索绪尔的《普通语言学教程》(*Course in General Linguistics*)中,他给口头语言(spoken language)赋予了凌驾在书面语言(written language)之上的特权,因为前者无论在人类的历史上还是在个体的生活中皆是先于后者而出现的。书写(writing)仅仅被构想为口头语言的二手表象,而**能指**(SIGNIFIER)则纯粹被构想为一种声像(acoustic image),而非一种图像(graphic image)(Saussure,1916)。

当拉康在1950年代借鉴索绪尔著作中的观点时,他使之随意地适合于他自己的目的。因而,他便不是把字符构想为只是声音的图像表征,而是将其构想为语言本身的物质基础,"我以'字符'来指称的是具体的话语从语言中借取的那一物质性支撑"(E,147)。字符因而便被联系于实在界,即从下面支撑着象征秩序的一种物质性基底。对拉康而言,物质性(materiality)的概念同时隐含着不可分割性(indivisibility)的观念与定位性(locality)的观念;因此,字符便"在本质上是经过定位的能指结构"(E,153;见:S20,30)(见:**唯物主义**[MATERIALISM])。

作为实在界中的一个元素,字符就其本身而言是无意义的。拉康通过参照古埃及的象形文字(正如弗洛伊德所做的那样——见:Freud,1913b:SE XIII,117)来阐明这一点,长久以来,这些象

---

① 根据语境,法文的"lettre"一词可译作"字符""文字""字母"或"信件"等,但无论如何,该词都是在强调书写的维度,因而与实在的享乐相关联。

形文字都是欧洲人所无法破译的。直到商博良（Champollion）①能够基于罗塞塔石碑（Rosetta Stone）破译它们之前，没有任何人知道如何去理解这些神秘的铭文，然而清楚的是，它们是被组织在一套能指系统之中的（S1, 244-5；见：E, 160）。以同样的方式，能指作为一个无意义的字符而坚持着，这一无意义的字符标记着主体的命运，而且是主体必须破译的。对此，一个绝佳的例子即狼人个案，弗洛伊德从中注意到，无意义的字母"V"以很多样貌重复出现在狼人的生活里（Freud, 1918b）。

正如狼人的例子所表明的那样，字符在本质上是返回其自身并重复其自身的东西；它不断坚持着将其自身铭写在主体的生活之中。拉康参照埃德加·爱伦·坡的小说《失窃的信》（Poe, 1844）而阐明了此种**重复**（REPITITION）。通过玩味"letter"一词的双重意义（字符/书信），拉康提出爱伦·坡所描述的一封书面文件（一封信）几度易手的故事，恰恰是对于能指的隐喻，这个能指在不同的主体之间循环流通，同时给任何为其所占据的人指派了一个特殊的位置（Lacan, 1955a）。正是在这篇文章里，拉康提出："一封信总是会抵达它的目的地。"（Ec, 41）

正是因为字符在无意识中的作用，分析家不应当聚焦在分析者话语的意义或意指之上，而应当纯粹聚焦在它的那些形式属性之上；分析家必须将分析者的言语当作一则文本那样来阅读，"从字面上看待它"（prendre à la lettre）。因而，在字符与书写之间便存在着一种紧密的联系，拉康在其1972—1973年度的研讨班上考察了此种联系（S20, 29-38）。虽然字符与书写皆被定位于实在界的秩序，且因此带有一种无意义的性质，但是拉康指出，字符是人

---

① 让-弗朗索瓦·商博良（Jean-François Champollion, 1790—1832），法国著名历史学家、语言学家、埃及学家，是第一位破解古埃及象形文字结构并破译罗塞塔石碑的学者，从而成为埃及学的创始人，被后人称为"埃及学之父"，代表作有《古埃及象形文字体系》《象形文字语音初阶》等。

们要阅读的东西,而书写则恰恰相反,是不要被阅读的东西(S20,29)。书写也同样被联系于形式化(formalisation)和数元(mathemes)的概念;拉康因而讲到他的那些代数学符号皆是"字符/字母"(S20, 30)。

拉康的字符概念是雅克·德里达(Derrida, 1975)以及德里达的两位追随者拉库-拉巴特与南希(Lacoue-Labarthe and Nancy, 1973)所批判的一个主题。拉康在其 1972—1973 年度的研讨班上提到了拉库-拉巴特与南希的著作(S20, 62-6)。

力比多

英:libido;法:libido

弗洛伊德曾将力比多构想为一种定量的(或"经济学"的)概念:它是一种能够增加或减少且能够移置的能量(见:Freud, 1921c: SE XVIII, 90)。弗洛伊德坚持强调此种能量的性欲化本质,而且纵观他的著作,他也始终主张一种二元论,把力比多对立于另一种(非性欲化)形式的能量。荣格则反对此种二元论,他提出只有一种单一形式的生命能量,它在性质上是中性的,并且提议用"力比多"这一术语来表示此种能量。

拉康拒绝荣格的一元论而重申弗洛伊德的二元论(S1, 119-20)。他追随弗洛伊德指出,力比多仅仅是性欲化的。拉康同样遵循弗洛伊德断言,力比多仅仅是男性的(E, 291)。在 1950 年代,拉康把力比多定位在想象秩序,"力比多与自我处在同一边。自恋是带有力比多性质的"(S2, 326)。不过,从 1964 年开始,却发生了一种将力比多更多链接于实在界的转变(见:Ec, 848-9)。然而,总体而言,拉康并未如弗洛伊德那般频繁地到处使用"力比多"这一术语,他更喜欢根据"**享乐**"(JOUISSANCE)来重新概念化性欲的能量。

语言学

英：linguistics；法：linguistique

尽管拉康对于**语言**（LANGUAGE）的兴趣可以追溯至1930年代早期，当时他曾在自己的博士论文中分析过一位精神病女性的作品（Lacan，1932），然而直到1950年代早期，他才开始根据那些衍生自特定语言学理论的术语来明确阐述他自己的语言观，而直至1957年，他才详细着手于语言学。

拉康的"语言学转向"（linguistic turn）受到了克劳德·列维-斯特劳斯的人类学著作的启发；早在1940年代，列维-斯特劳斯便已经开始把结构语言学的方法应用于那些非语言性的文化资料（神话、亲属关系等），从而诞生出了"结构人类学"（structural anthropology）。在这么做之时，列维-斯特劳斯即宣告了一项野心勃勃的计划，让语言学在其中能够为所有的社会**科学**（SCIENCES）提供一种科学性的范例；"相对于那些社会科学而言，结构语言学肯定会扮演一种革命性的角色，举例而言，就如同核物理学相对于物理力学所扮演的角色那样"（Lévi-Strauss，1945：33）。

拉康追随列维-斯特劳斯的指示而转向了语言学，以便给精神分析的理论提供一种它在先前所缺乏的概念严格性。拉康认为，这一概念严格性之所以缺乏，只不过是因为结构语言学出现得太迟，以至于弗洛伊德在当时无法对其加以运用；"'1910年的日内瓦'（Geneva 1910）与'1920年的彼得堡'（Petrograd 1920）便足以说明弗洛伊德为什么会缺乏这一特殊的工具"（E，298）。然而，拉康指出，当我们根据语言学理论来重新阅读弗洛伊德的时候，以其他方式无从显示的某种一致性的逻辑便被揭示了出来；实际上，弗洛伊德甚至可以被看作早已预见了现代语言学理论的某些要素（E，162）。

正如上文引述的参照("1910年的日内瓦"与"1920年的彼得堡")所表明的那样,拉康同语言学的交锋几乎完全是围绕着瑞士语言学家费尔迪南·德·索绪尔(1857—1913)与俄国语言学家罗曼·雅各布森(1896—1982)的著作而进行的。至于对其他那些有影响的语言学家,诸如诺姆·乔姆斯基、莱昂纳德·布鲁姆菲尔德[1]以及爱德华·萨丕尔[2]等人的提及,在拉康的著作中则几乎完全是缺席的。拉康聚焦于符号(sign)、修辞比喻(rhetorical tropes)与音素分析(phoneme analysis),而其相应的代价便在于他几乎完全忽略了语言学的其他领域,诸如句法学、语义学、语用学、社会语言学以及语言习得论(见:**发展**[DEVELOPMENT])等(见:Macey,1988:121-2)。

索绪尔是"结构语言学"的创始人。相较于19世纪的全然"历时性"(diachronic;即仅仅聚焦于语言随时间而改变的方式)的语言研究,索绪尔指出语言学同样应该是"共时性"(synchronic;即聚焦于语言在某一特定时间点上的状态)的。这就导致索绪尔发展出了他在"语言"(langue)与"言语"(parole)之间做出的著名的区分,以及他把**符号**(SIGN)看作由两个元素所组成的概念,即能指与所指。所有这些思想皆被展开在索绪尔最著名的著作之中,即《普通语言学教程》,该书由他的学生们根据自己记录的索绪尔在日内瓦大学讲座的笔记汇编而成,并在索绪尔逝世三年后付梓出版(Saussure,1916)。雅各布森进一步发展了由索绪尔所奠定的这一路线,他不但开拓了音韵学的发展,同时也在句法语义学、语用学及诗学等领域做出了一些重要的贡献(见:Caton,1987)。

---

[1] 莱昂纳德·布鲁姆菲尔德(Leonard Bloomfield,1887—1949),美国语言学家,其1933年出版的《语言论》一文奠定了20世纪三四十年代结构主义语言学在美国的发展。
[2] 爱德华·萨丕尔(Edward Sapir,1884—1939),美国人类学家、语言学家,描写语言学的先驱,其代表作《语言论——言语研究导论》对日后的美国语言学理论产生了广泛且深远的影响。

从索绪尔那里,拉康借取了把语言看作一种**结构**(STRUCTURE)的概念,尽管索绪尔将其构想为一个符号系统,而拉康则将其构想为一个能指系统。从雅各布森那里,拉康则援引了所有语言现象皆沿其排列的(共时性的轴)**隐喻**(METAPHOR)与(历时性的轴)**换喻**(METONYMY)的概念,并且用这些术语来理解弗洛伊德的凝缩(condensation)与移置(displacement)的概念。拉康从语言学中采纳的其他概念有:**转换词**(SHIFTER)的概念,以及所述(statement)与**能述**(ENUNCIATION)之间的区分。

在拉康借用这些语言学概念的时候,他一直因严重歪曲了这些概念而遭到谴责。拉康回应了这样的一些批评,他辩称自己所从事的不是语言学而是精神分析,而这就要求对那些借自语言学的概念进行某种修改。归根结底,拉康的兴趣并非真正在于语言学理论本身,而是仅仅在于语言学理论能够被用来发展精神分析理论的方式(见:Lacan, 1970-1;1971年1月27日的研讨班)。正是这一点导致拉康创造了"癔言学"(linguistérie)这一新词(该词由"语言学"[linguistique]和"癔症"[hystérie]两词凝缩而成)[①],以指涉他自己对于这些语言学概念的精神分析式运用(S20, 20)。

103 爱

英:love;法:amour

拉康认为,关于爱,我们不可能说出任何有意义或是有判断的事情(S8, 57)。实际上,当我们开始谈论爱的时候,我们便会陷入

[①] 拉康《著作集》的英文译者布鲁斯·芬克(Bruce Fink)相当恰如其分地将该词译作"恶搞语言学"(linguistricks,由"语言学"[linguistics]与"恶作剧"[tricks]缩合而成,或译"语言的诡计"),并以此来强调无意识的顽皮,因为语言总是试图绊倒主体,试图捉弄(play tricks on)意识的思维。

低能(imbecility)的状态(S20, 17)。鉴于这些看法,拉康自己恰恰在他的研讨班上用了大量的时间来谈论爱,可能就是令人惊讶的了。然而,在这么做时,拉康只不过是在示范分析者在精神分析治疗中所做的事情,因为"我们在分析话语中所做的唯一的事情,就是谈论爱"(S20, 77)。

爱在分析治疗中是作为**转移**(TRANSFERENCE)的一种效果而出现的,而一种人为的情境何以会产生这样的一种效果,是在拉康的著作中始终令他着迷的问题。拉康指出,爱与转移之间的此种关系,即证明了欺骗在所有爱中的基本角色。拉康同样极其重视爱与**侵凌性**(AGGRESSIVITY)之间的密切关联,一者的在场必然隐含着另一者的在场。弗洛伊德将其称作"矛盾情感"(ambivalence)的此种现象,被拉康看作精神分析的伟大发现之一。

爱被拉康定位为一种纯粹想象性的现象,尽管它在象征秩序中也有其效果(其中的一个效果即造成"象征界的真正潜没"——S1, 142)。爱是自体情欲性的,而且从根本上带有一种自恋性的结构(S11, 186),因为"我们在爱中所爱的正是我们自己的自我,是在想象层面上变得实在的我们自己的自我"(S1, 142;见:**自恋**[NARCISSISM])。爱的这一想象性本质,导致拉康反对所有那些把爱设定为精神分析治疗中的某种理想的分析家(诸如巴林特)(S7, 8;见:**生殖**[GENITAL])。

爱涉及一种想象的互易性,因为"爱,在本质上,是希望被爱"(S11, 253)。正是"爱"与"被爱"之间的此种互易性构成了爱的幻象,而且也正是这一点使爱区别于冲动的秩序,因为在冲动的秩序中没有任何的互易性,有的只是纯粹的主动性(S11, 200)。

爱是通过与所爱者相融合从而填补任何**性关系**(SEXUAL RELATIONSHIP)的缺位的一种虚假的幻想(S20, 44);这一点在典雅爱情(courtly love)的无性观念中尤其清晰(S20, 65)。

爱是欺骗性的,"作为一种镜像反射的虚假幻境,爱在本质上是欺骗"(S11,268)。爱之所以具有欺骗性,是因为它涉及给出自己所没有的东西(即阳具);爱即"给出自己所没有的东西"(S8,147)。爱所指向的并不是爱恋对象(love-object)所拥有的东西,而是指向他所缺失的东西,指向超出他之外的虚无(nothing)。这个对象之所以被赋予价值,是因为它来到了那一缺失的位置上(见:S4,156的面纱图式)。

拉康著作中最复杂的领域之一,便涉及爱与**欲望**(DESIRE)之间的关系。一方面,这两个术语是截然对立的;另一方面,此种对立又因为两者之间的某些相似性而成了问题:

(1)爱是隶属于自我领域的一种想象现象,它明显对立于登陆到象征秩序(亦即大他者领域)的欲望(S11,189-91)。爱是一种隐喻(S8,53),而欲望则是一种换喻。我们甚至可以说是爱杀死了欲望,因为爱的基础是与所爱者融为一体的幻想(S20,46),而这便废除了促使欲望产生的那种差异。

(2)拉康著作中的某些元素也动摇了爱与欲望之间的纯然对立。首先,它们的相似性在于两者皆无法得到满足。其次,爱是"希望被爱"的这一结构等同于欲望的结构,主体在其中欲望成为大他者欲望的对象(实际上,在科耶夫对于黑格尔的解读之中,此种有关欲望的说法所基于的正是"爱"与"欲望"之间在某种程度上存在的语义模糊性;见:Kojève,1947:6)。最后,在需要/要求/欲望的辩证法中,欲望恰好诞生自**要求**(DEMAND)中未被满足的那一部分,这一要求即是对爱的要求。因而,拉康自己有关爱的论述,便常常因为他自己在柏拉图的《会饮篇》(*Symposium*)这则文本中强调的那种"欲望"对于"爱"的替代(S8,141)而显得非常复杂。

引诱

英：lure；法：leurre

阿兰·谢里丹在他给其《著作集》译本提供的术语简表中指出："这一法文单词不同地转译了（猎鹰、捕鱼用的）'诱饵'（lure）、（抓鸟用的）'囮子'（decoy）、（钓鱼用的）'咬饵'（bait），以及'蛊惑'（allurement）与'诱惑'（enticement）的概念。"（Sheridan, 1977: xi）

引诱是属于想象秩序的一部分。因而，孩子在前俄狄浦斯三角中的那些诱奸性策略（当孩子试图成为母亲的阳具之时）便被描述为引诱（S4, 201）。就精神分析治疗而言，在分析治疗中遭遇到的那些**阻抗**（RESISTANCES）就是分析家必须用尽自己的全部狡狯以避免落入其陷阱的引诱。

人类并非唯一能够设置诱饵的动物，这一事实有时也会被用来充当"动物意识"（animal consciousness）存在的有力证明。然而，拉康则指出有必要在动物的引诱与人类的引诱之间做出区分：

・**动物的引诱**　动物可以通过自己的伪装，或是"通过佯装残弱掉队而把掠食者诱离族群"来进行欺骗，但是"即便在这里也没有任何东西超越了引诱服务于需要的功能"（E, 172）。动物的引诱在交配仪式中极其重要，其中一只动物必须诱使另一只动物与其交媾，而这也同样给人类的性欲赋予了强大的想象性元素；"性行为尤其带有引诱的倾向"（S2, 123）。

・**人类的引诱**　动物的引诱皆是直截了当的，而唯独人类能够进行涉及"双重欺骗"（double deception）的那种特殊类型的引诱。这种特殊的引诱即在于通过假装欺骗来进行欺骗（即故意说出会被别人当成谎话的真话；见：E, 305）。适合于人类引诱的一个经典的例子，便是弗洛伊德曾经引用（拉康也常常援引）的有关两个波兰裔犹太人的那则笑话:"为什么你告诉我说你要去克拉科夫(Cracow),以至于我会相信你要去利沃夫(Lvov),而你这时却真的要去克拉科夫。"(E,173)其他动物皆无法进行这种特殊的引诱,因为它们事实上并不拥有语言。

M

疯癫

英:madness;法:folie

当拉康使用"疯癫"这一术语,或是将某人称作"疯子"的时候,他都是在指涉**精神病**(PSYCHOSIS):"精神病……对应的即那些总是被称作,且继续被合法地称作'疯癫'的事物。"(S3, 4)拉康又补充道:"我们没有任何理由舍弃使用这个词给人带来的享受。"(S3, 4)因而,拉康非但没有把它看作一个贬义词,反而相当重视其诗意回响(poetic resonances)的价值,而且他也赞同该词的使用,只要它被使用在精神病的精确意义上。因此,例如在1964年,拉康便称赞法国精神病学家亨利·埃伊[①]"固执地保留了这一术语"(Ec, 154)。

主人

英:master;法:maître

在其1950年代的著作中,拉康经常会提到黑格尔在《精神现象学》(1807)一书中引入的"主奴辩证法"(dialectic of the master and the slave)。正如他所有其他对黑格尔的提及那样,拉康乃受益于亚历山大·科耶夫对于黑格尔的解读,因为他是在1930年代参加科耶夫有关黑格尔的讲座(见:Kojève, 1947)时才接触到黑格尔。

根据科耶夫的说法,人的**欲望**(DESIRE)是对于承认(recognition)的欲望,而主奴**辩证法**(DIALECTIC)便是这一事实的不可避

[①] 亨利·埃伊(Henri Ey, 1900—1977),法国精神病学家,20世纪法国精神病学界的领军式人物,同时也是拉康的好友,提出"器质动力学说"(整合了神经学与心理动力学的一套心理学理论)。拉康在其1945年的《论精神因果性》一文中讨论了亨利·埃伊的主要思想。

免的结果。为了获得承认,主体必须将其自身所持有的观念强加给一个他者。然而,因为这个他者也同样欲望着承认,所以他也必须做出同样的事情,因此主体便被迫卷入了与他者的斗争。这场争夺承认、争夺"纯粹声望"(pure prestige)的斗争(Kojève, 1947: 7;见:S1, 223)必定是一场"殊死搏斗"(fight to the death),因为只有为了承认而冒上自己生命的危险,一个人才能够证明他真的是人。然而,这场战役事实上又必须在任何一方战斗者死亡之前停止下来,因为只有活着的人才能授予承认。因而,当其中一方放弃自己对于承认的欲望并且向另一方投降的时候,这场斗争便结束了;战败的一方承认胜利者是自己的"主人"并且变成他的"奴隶"。事实上,人类社会之所以可能,仅仅是因为一些人甘愿当奴隶,而不是殊死搏斗;一个完全由主人们构成的社会共同体是不可能的。

在取得胜利之后,主人便使唤奴隶为他劳动。奴隶的劳动在于将自然之物转化为可供主人消费并享用的成果。然而,这场胜利并非像它在表面上看来的那样绝对;主人与奴隶之间的关系之所以是辩证性的,是因为它会导致对于他们各自位置的否定。一方面,主人所取得的承认是不能令他满足的,因为给他授予这一承认的不是别人,而仅仅是一个奴隶,他在主人看来只不过是一头牲畜或是一件物品;因而"当主人的那位便永远都不会得到满足"(Kojève, 1947: 20)。另一方面,奴隶却因为这样一个事实而部分地补偿了他的战败,即通过劳动,通过对自然加以改造,他便让自己凌驾在自然之上。在改变世界的过程中,奴隶也改变了他自己,变成了其自身命运的主宰者,而非像主人那样,只能经由奴隶劳动的中介而做出改变。至此,历史的进展便是"劳动的奴隶而非好战的主人的产物"(Kojève, 1947: 52)。因此,这一辩证法的结果是悖论性的:主人终将陷入一种令人不满的"存在性僵局"(existential impasse),而奴隶则通过"辩证地克服"(dialectically overcoming)自己的奴性而保有获得真正满足的可能性。

拉康借用主奴辩证法阐明了涵盖范围甚广的很多观点。例如,争夺纯粹声望的斗争即阐明了欲望的主体间性本质,其中重要的事情便是让欲望得到一个他者的承认。殊死搏斗也阐明了自我与相似者之间的二元关系中所固有的那种**侵凌性**(AGGRESSIVITY)(E, 142)。此外,听天由命地"等待主人死亡"(E, 99)的奴隶,也给以犹豫和拖延为特征的强迫型神经症患者提供了一个很好的类比(见:S1, 286)。

拉康还将主奴辩证法纳入了他对主人**话语**(DISCOURSE)的理论化中。在这一话语的公式化表述中,主人即主人能指(S_1),他迫使奴隶(S_2)进行劳动,以便产生他能够将其据为己有的某种剩余(a)。主人能指是为所有其他能指表征主体的能指,主人话语因而是一种旨在整体化的意图(这就是拉康为什么会把主人话语与哲学和本体论联系起来,同时玩味"主人"[maître]与"是我"[m'être]之间同音异义的原因所在;S20, 33)。然而,这一意图却始终都会失败,因为主人能指永远都不可能完整地表征主体,总是存在着某种逃脱表征的剩余。

唯物主义
英:materialism;法:matérialisme

由于要着手处理心理发生学与心/身关系等议题,精神分析必然会引发一些本体论的问题。至于弗洛伊德的那些见解能否被看作唯物主义,这一问题很难回答。一方面,他坚持强调物质性基底(physical substratum)在所有心理性事件(mental events)中的重要性,这与他在研究中最尊敬的那些科学家(主要是赫尔曼·赫尔姆霍兹①与恩斯特·布吕克②)的唯物主义公理保持一致。另一方面,他又反对沙柯试图参照大脑损伤来说明所有癔症性症状的企图,因此他把精神现实(psychical reality)与物质现实(material reality)区分开来,而且也不断地强调经验而非遗传在神经疾病的病因学中的作用。这两种倾向通常都会在他的作品中以一种不稳定的联合汇聚起来,譬如在下面的这句话里:"分析家实际上皆是无可救药的机械论者与唯物论者,即便他们试图避免使心灵和精神丧失其仍旧未加认识的那些特征。"(Freud, 1941d[1921]: SE XVIII, 179)

拉康也同样将自己呈现为一位唯物主义者。早在1936年,他就批判联想主义心理学(associationist psychology)未能践行其所声称的唯物主义,而在1964年,他又宣称精神分析对立于任何形式的哲学唯心主义(S11, 221)。

然而,与弗洛伊德一样,拉康的这些唯物主义宣言也是极其复杂的。因而,即便在拉康有关这一主题最早的那些声明中,他也明显是以一种非常特殊的方式来构想唯物主义的。例如,在1936年,他便指出唯物主义并非意味着对于意向性与意义等范畴的拒绝(Ec, 76-8),并且他也拒绝把"物质"看作"真正的唯物主义将其抛诸脑后的一种天真形式"的过分简单化概念(Ec, 90)。在1946年,他又反复批评把思维视作某种纯粹"附带现象"(epiphenomenon)的那种粗糙形式的唯物主义(Ec, 159)。而在1956年,他又在"自然主义式的唯物主义"(naturalist materialism)与"弗洛伊德式的唯物主义"(Freudian materialism)之间做出了区分(Ec, 465-6)。因此,拉康显然并不赞同把所有因果关系皆还原为一种粗糙的经济决定

---

① 赫尔曼·赫尔姆霍兹(Hermann Hermholtz, 1821—1894),德国著名生理学家、物理学家兼哲学家,曾在心理学实验研究的多个方面做出过重要的贡献。
② 恩斯特·布吕克(Ernst Brücke, 1819—1892),德国著名医学生理学家。弗洛伊德在维也纳大学学医期间曾在布吕克创建的生理学实验室中从事研究工作,深受布吕克的影响。

论,并且把所有文化现象(包括**语言**[LANGUAGE]在内)皆看作一种纯粹由经济基础来决定的上层建筑的那种唯物主义。与此相反,拉康引用了斯大林的著名宣言"语言并非上层建筑"(E,125),并且指出语言是"某种物质性的东西"(S2,82)。在这些基础之上,他便宣称自己给语言所赋予的重要性是完全相容于历史唯物主义的(Ec,875-6)。

拉康的唯物主义,因而是一种**能指**(SIGNIFIER)的唯物主义:"我在你们面前正试图主张的这一观点便涉及上述那些元素的某种唯物主义,因为从某种意义上说,能指完完全全就是具身化的、物质化的。"(S3,289)然而,能指的物质性并非指涉某种有形的铭写,而是指涉它的不可分割性;"但是如果我们首先坚持能指的物质性,那么这一物质性在很多方面皆是独一无二的,其中的第一条便是能指经不起分割"(Ec,24)。在其物质性的维度上,能指的实在性面向,即**字符**(LETTER)。正是拉康的"能指唯物主义"致使他给出了"一则有关意识现象的唯物主义定义"(S2,40-52)。

拉康宣称他的能指理论是一种唯物主义理论;但是,此一主张遭到了德里达的驳斥,德里达指出拉康的字符概念透露出了某种隐含的唯心主义迹象(Derrida,1975)。

数学

英:mathematics;法:mathématiques

在其理论化**象征界**(SYMBOLIC)范畴的尝试中,拉康采取了两种基本的取径。第一种取径即根据借自**语言学**(LINGUISTICS)的术语来对象征界加以描述,也就是运用受索绪尔启发的语言模型将其描述为一个能指系统。第二种取径则是根据借自数学的术语来对其加以描述。此两种方法是互补的,因为两者皆试图以精确规则来描述形式系统,且两者皆示范了能指的效力。尽管在拉康的著作中存在着一个总体上的转变，即从在1950年代居于主导的语言学取径转向在1970年代居于主导的数学取径，但是早在1940年代便已然存在着一些数学取径的痕迹（诸如拉康对于一则逻辑难题的分析，见：Lacan，1945；亦见他在1956年的主张："主体间性的法则皆是数学式的"，见：Ec，472）。拉康使用最多的数学分支是**代数学**（ALGEBRA）与**拓扑学**（TOPOLOGY），尽管也存在着一些关于集合论（set theory）和数论（number theory）的涉猎（例如：E，316-18）。

拉康对于数学的使用代表着一种旨在将精神分析理论加以形式化的尝试，而这也符合他的如下观点，即精神分析理论应当渴求科学所特有的那种形式化，"数学式的形式化是我们的目标、我们的理想"（S20，108）。对拉康而言，数学充当着现代科学话语的范式，此一话语"是由数学中的那些小写字母呈现出来的"（S7，236）。

然而，对于数学的这种使用并非旨在产生一种**元语言**（METALANGUAGE）的尝试，因为"没有元语言是可以被言说的"（E，311）。"这一困难的根源便在于你只能通过使用日常语言来引入那些数学的抑或其他方面的符号，因为你毕竟不得不说明你要用它们来干什么。"（S1，2）因而，拉康对于数学的使用便并非一种旨在逃离语言歧义性的尝试，而恰恰相反，是旨在产生一种形式化精神分析的方式，使之产生多重的意义效果而不至于被化约为某种单义的意指。同样，通过使用数学，拉康也是在试图防止所有那些旨在对精神分析加以想象性的直觉化理解的意图。

数元/数学型

英：matheme；法：mathème[①]

"数元"或"数学型"(mathème)这一术语大概是拉康通过类比于"神话素"(mytheme)的概念(克劳德·列维-斯特劳斯创造出这个术语以表示神话系统的基本构成性要素；见：Lévi-Strauss, 1955)而从"数学"一词中导出的一个新词。数元属于拉康的**代数学**(ALGEBRA)。

虽然数元这个术语直至 1970 年代早期才被拉康引入，但是最常被称作数元的两则公式可以追溯至 1957 年。这两则公式皆是为了指代**欲望图解**(GRAPH OF DESIRE)中的位点而被创造出来的，它们即冲动的数元($ \$ \Diamond D$)与幻想的数元($ \$ \Diamond a$)。这两个数元之间的结构性平行是显而易见的；它们皆是由两个联结有菱形(符号$\Diamond$，拉康将其称作"冲孔"[poinçon])并且被封入括号的代数学符号所构成的。菱形象征着两个符号之间的某种关系，其中包括"包围(envelopment)—发展(development)—联合(conjunction)—分离(disjunction)"等多种关系[②](E, 280, n. 26)。

拉康指出，这些数元"并非超验的能指，它们皆是一种绝对意指的指示符"(E, 314)。它们"被创造出来以允许 101 种不同的解读，只要说出的话仍然不脱离于它们的代数学，此种多样性就是可容许的"(E, 313)。它们被构造出来以抵制任何旨在把它们化约

[①] "数元"或"数学型"(mathème)又译作"数元""基式"等，是拉康创造的一个新词，旨在以数学化符号的书写形式在实在的层面上来整体进行精神分析的教学。首先，拉康的"mathème"源自"数学"(mathématique)一词；其次，该词在构成上乃基于"音素"(phoneme)和"义素"(semanteme)，借鉴了列维-斯特劳斯的"神话素"(mytheme)概念，也类似于福柯创造的"知识型"(episteme)概念；再次，拉康参考了海德格尔从希腊语"ta mathemata"的原始含义中引申出来的"数学元素"的概念；最后，这一措辞在法语的发音上还等同于"ma thème"(我的主题)，即拉康个人主体性的表达。

[②] 符号"$\Diamond$"同时包括了"大于"($>$)、"小于"($<$)、"合取"($\wedge$)与"析取"($\vee$)的关系。

为某种单义意指的企图，也是要防止读者对于精神分析概念的直觉化或是想象性理解；这些数元不是用来理解的，而是用来使用的。通过这样的方式，它们便构成了精神分析理论的一个形式核心，使之可以完整地传递下去，"我们当然不知道它们意味着什么，但是它们会被传递下去"（S20, 100）。

误认

法：méconnaissance

法文术语"méconnaissance"大致对应着英文单词中的"误解"（misunderstanding）与"误识"（misrecognition）。然而，在把拉康著作翻译成英文的时候，通常都会不加翻译地原样保留这一法文术语，以便显示出它与术语"认识"（connaissance）之间的密切关系（见：**认识/知识**[KNOWLEDGE]）。因而，在想象秩序中，"自我认识"（me-connaissance）便是"误认"（méconnaissance）的同义词，因为**自我**（EGO）在镜子阶段中得以形成的过程同时也是从存在的象征性规定（symbolic determination of being）中异化出来的开始。

除了作为一般神经症患者的自我认识的结构之外，"误认"同样是偏执狂患者的**妄想**（DELUSIONS）的结构，因为妄想是根据"对于现实的系统性误认"（méconnaissance systématique de la réalité）来描述的（Lacan, 1951b: 12）。在一般自我建构与偏执狂妄想之间的这一结构性同源，导致拉康把神经症与精神病中的全部认识（connaissance）统统描述为"偏执狂的认识"（paranoiac knowledge）。

"误认"还需要与"无知"（ignorance）区分开来，后者是三种激情中的一种（见：**情感**[AFFECT]）。无知是对于知识匮乏的一种激情，而误认则是对于主体在某处确实拥有的象征性知识（savoir）的一种想象性误识。

> 误认不是无知。误认代表着主体所依附的那些肯定与否定已然经过某种组织化。因此,误认便无法在没有相关知识的情况下来设想……在他的误认背后,必定存在着某种知识涉及要被误认的事物。
>
> (S1, 167)

再者,这在一般自我建构与偏执狂中亦是同样适用的。就前者的情况而言,自我基本上是对于主体性的那些象征性决定因素(大他者的话语,即无意识)的某种误认。就后者的情况而言,偏执狂的妄想也总是隐含着对于真理的某种模糊性认识;"误认(méconnaître)即隐含着某种承认(reconnaissance),正如在系统性误认(méconnaissance systématique)中明显可见的那样,我们必须承认的是,其中遭到否认的事物也是以某种方式而得到承认(reconnu)的"(Ec, 165)。

记忆

英:memory;法:mémoire

"记忆"这一术语在拉康的著作中是以两种截然不同的方式被使用的。

(1)在1950年代,记忆被理解为一种象征秩序中的现象,联系着**能指链条**(SIGNIFYING CHAIN)。它与铭记(remembering)和**回忆**(RECOLLECTION)的概念有关,而与想象性的回想(reminiscence)相反。

拉康明确指出,他的记忆概念不是一个生物学或者心理学的概念,"精神分析感兴趣的记忆,与心理学家们在动物实验中向我们展示其机制时所讲的东西是截然不同的"(S3, 152)。对于精神分析而言,记忆是主体的象征性历史,是一连串能指相互联系而构成的链条,即一种"能指的链接"(signifying articulation)(S7, 223)。只有当某种事物"被登记在能指链条中"(S7, 212)的时候,它才是可记忆(memorable)且记忆化(memorized)的。从此种意义上来说,无意识是一种记忆(S3, 155),因为"我们教主体将其作为他的无意识来加以认识的正是他的历史"(E, 52)。

在与记忆相联系的那些现象中,最能引起分析家兴趣的便是当某件事情的记忆出错,当主体无法召回其历史中的某一部分的那些时刻。正是他可能遗忘,即一个能指可能从能指链条中被节略掉的这一事实,让精神分析的主体变得与众不同(S7, 224)。

(2)在1960年代,拉康则把"记忆"这一术语保留给了生物学抑或生理学的记忆概念,即把记忆看作一种有机体的属性。因而,它便不再指代精神分析所关心的主体的象征性历史,而是指代某种完全位于精神分析之外的东西。

元语言

英:metalanguage;法:métalangage

元语言是语言学中的技术性术语,表示用以描述各种语言属性的任何形式的语言。罗曼·雅各布森把元语言功能纳入了他的语言功能清单(Jakobson, 1960: 25)。

拉康对于元语言的提及最早出现在1956年,他在当时响应雅各布森的观点,认为所有的语言皆带有元语言的功能,"所有的语言皆隐含着一种元语言,它已然是在其自身辖域中的一种元语言"(S3, 226)。

几年之后,在1960年,他的说法则恰好相反,他在此时指出"没有任何元语言是能够被言说的"(E, 311)。透过此种评论,拉康似乎想说的是,因为每一种旨在固定语言意义的尝试皆必须在语言中来进行,所以便不可能有任何逃离语言的出口,即没有"外部"。这一点会令人想到海德格尔有关不可能出离"语言之家"的观点。此外,这一点与"文本之外一无所有"(il n'y a rien hors du texte)的结构主义主旨看似相似,但不尽相同;拉康并不否认存在着某种超越语言的范畴(这一超越即实在界),不过他又指出这一超越并不属于某种能够最终锚定意义的范畴。换句话说,没有任何超验的所指,也没有任何办法能够让语言"讲述有关真理的真理"(Ec, 867-8)。同样的观点也被表达在"没有大他者的大他者"这句格言之中;如果说大他者是主体话语的一致性的担保,那么这一担保的虚假性便会透过担保者自身缺乏这样一种担保的事实而被揭示出来。在一种临床的语境下来看,这就意味着没有转移的元语言,在转移之外没有任何能够让它最终得到解释和"肃清"的地点。

隐喻

英:metaphor;法:métaphore

　　隐喻的通常定义是一种比喻,通过把某一事物比较于另一事物来对其加以描述,但并不直接点明其中的比较关系,这样的比喻便是隐喻。一个经典的例子即"朱丽叶是太阳",在这一措辞中,莎士比亚通过把朱丽叶比作太阳来描述她那光彩照人的美丽,却没有使用"好像"一词来点明此种比较关系。

　　然而,拉康对该术语的使用很少归于这则定义,而是更多归于罗曼·雅各布森的著作。在发表于1956年的一篇重要的文章里,雅各布森在隐喻与**换喻**(METONYMY)之间建立了一则对立。基于两种失语症之间的区分,雅各布森区分出了语言的两条基本对立的轴:隐喻轴涉及语言项目的选择且允许项目之间的替代,而换喻轴则涉及语言项目的组合(既有循序性又有同步性)。因而,隐喻便对应着索绪尔的纵向聚合(paradigmatic)关系(这些关系以"缺位"[in absentia]来维系),而换喻则对应着横向组合(syntagmatic)关系(这些关系以"在场"[in praesentia]来维系)。

如同当时的很多其他法国知识分子(诸如克劳德·列维-斯特劳斯与罗兰·巴特[①]等人)一样,拉康也迅速采纳了雅各布森关于隐喻和换喻的重新解释。在雅各布森的奠基性论文得以发表的同一年里,拉康便在自己的研讨班上提到了这篇文章,并且开始将此一对立合并进他对弗洛伊德的语言学重读(见:S3, 218-20, 222-30)。一年之后,他又专门写了一整篇文章,以便更加详细地分析这则对立(Lacan, 1957b)

雅各布森把隐喻等同于语言的替代轴,拉康据此把隐喻定义为一个能指对于另一能指的替代(E, 164),并且提出了隐喻的第一公式(E, 164;图6)。

$$f\left(\frac{S'}{S}\right)S \cong S(+)s$$

图6 第一隐喻公式

来源:Jacques Lacan, *Écrits*, Paris: Seuil, 1966.

这则公式当做如下解读。在等式的左边,拉康在括号外面写下了fS,表意功能(函数),也就是**意指**(SIGNIFICATION)效果。在括号里面,拉康写下了S'/S,表示"一个能指对于另一能指的替代"。在等式的右边,则有S,表示能指,以及s,表示所指。介于这两个符号之间的符号(+)则代表着对于索绪尔式算法中的那道**杠**(BAR)(—)的穿越,并且代表着"意指的出现"。符号"$\cong$"要读作"全等于"。因而,整个公式即读作:一个能指替代另一能指的表意

[①] 罗兰·巴特(Roland Barthes,1915—1980),当代法国文学理论家、哲学家、符号学家,其思想极大地影响了结构主义、符号学与后结构主义等后现代主义思潮的发展,主要著作有《零度写作》《神话学》《符号帝国》《符号学基础》《S/Z》《文之悦》《明室:摄影札记》《恋人絮语》等。

功能全等于对杠的穿越。

在这则相当晦涩的公式化表达背后的思想,便是在语言中存在着一种针对意指的固有阻抗(这一阻抗是由索绪尔式算法中的那道杠来象征的)。意义并不完全是自发出现的,而是对杠进行穿越的一种特殊运作的产物。这则公式意在阐明拉康的以下论题,即拉康将其称作"意指"的此种运作,即意义的生产,只能通过隐喻而变得可能。隐喻因而是能指进入所指的通路,是一个新的所指的创造。

在写于几个月后的一篇文章里,拉康又提出了隐喻的另一公式(E, 200;图7)。

$$\frac{S}{S'} \cdot \frac{S'}{x} \longrightarrow S\left(\frac{1}{s}\right)$$

图7 第二隐喻公式

来源:Jacques Lacan, *Écrits*, Paris: Seuil, 1966.

拉康自己对这则第二公式的说明如下:

> 那些大写的 S 即能指,x 即未知的意指,而 s 则是由隐喻而导出的所指,这则隐喻由能指链条上的 S 对 S' 的替代而构成。S' 的删除,在此由划在它上面的那道杠所代表,乃是隐喻成功的条件。

(E, 200)

拉康把他的隐喻概念放置在各种不同的语境下使用。

· **俄狄浦斯情结** 拉康根据一则隐喻来分析俄狄浦斯情结,因为该情结涉及替代的关键概念,在此种情况下,是父亲的名义对母亲的欲望的替代。这一基本隐喻,奠定了所有其他隐喻的可能性,被拉康命名为**父性隐喻**(PATERNAL METAPHOR)。

- **压抑**(REPRESSION)与神经症的症状　拉康认为压抑(次级压抑)具有一种隐喻的结构。"换喻的对象"(即在先前的公式中被划消的能指 S')尽管遭到压抑,却会返回到由隐喻而产生的剩余意义(+)之中。因此,压抑物的返回(即症状)也同样具有一种隐喻的结构;实际上,拉康断言说"症状即一则隐喻"(E, 175,强调为原文所加)。

- **凝缩**　拉康同样遵循雅各布森把隐喻—换喻的区分联系于弗洛伊德所描述的梦的工作的基本机制。然而,在此种类比的确切本质上,他又不同于雅各布森。对雅各布森而言,换喻同时联系着凝缩与移置,而隐喻则联系着认同与象征意义,但拉康则把隐喻联系于凝缩,而把换喻联系于移置(见:Jakobson, 1956: 258)。拉康继而指出,正如移置在逻辑上优先于凝缩,故而换喻是隐喻的条件。

- **肛门冲动**　在弗洛伊德的《以肛欲为例论冲动的转化》一文中,他说明了肛欲何以会密切联系于替代的可能性——例如,粪便对于金钱的替代(Freud, 1917c)。拉康以此为基础把肛欲与隐喻联系了起来,"肛欲的水平即隐喻的地点——一个对象替代另一对象,给出粪便以替代阳具"(S11, 104)。

- **认同**(IDENTIFICATION)　隐喻同样是认同的结构,因为认同即在于自身对他人的替代(见:S3, 218)。

- **爱**(LOVE)　爱是像一则隐喻那样被结构的,因为它也涉及替代的运作。"正是就'有情人'(érastès)作为匮乏主体的功能来到了'心上人'(érômènos)即所爱对象的位置上并且以自身替代了后者的功能而言,爱的意指才得以产生。"(S8, 53)

换喻

英：metonymy；法：métonymie

换喻的通常定义是一种比喻，其中的一个词项被用来表示它实际上并不指涉却与之紧密联系的一个对象。此种联系可以是物理临近性的联系（诸如"三十张帆"意味着"三十艘船"），但也未必（诸如"我没有读过莎士比亚"意味着"我没有读过莎士比亚的任何作品"）。

然而，除了临近性的概念以外，拉康对于该术语的使用很少归于这项定义，因为拉康的用法是受罗曼·雅各布森的著作启发而来的，雅各布森在换喻与**隐喻**（METAPHOR）之间建立了一则对立（Jakobson，1956）。遵循雅各布森的观点，拉康把换喻联系于语言的组合轴（combinatorial axis），与替代轴（substitutive axis）相对立。例如，在"我是快乐的"这句话中，"我"和"是"这两个词之间的关系便是一种换喻关系，而以"悲伤"来替代"快乐"的可能性则取决于这两个词项之间的隐喻关系。

在拉康有关此一主题的最为详尽的著作中（Lacan，1957b），他把换喻定义为**能指链条**（SIGNIFYING CHAIN）中的一个能指与另一能指之间的历时性关系。换喻因而便涉及单一能指链条上的众多能指如何被组合或联系起来（"水平"关系），而隐喻则涉及一个能指链条上的能指如何被另一能指链条中的能指所替代（"垂直"关系）。隐喻与换喻合在一起，便共同构成了意指得以产生的方式。

拉康给换喻提供了一则公式（E，164，图 8）。

$$f(S...S')S \cong S(-)s$$

图 8 换喻公式

来源：Jacques Lacan, *Écrits*, Paris：Seuil, 1966.

这一公式当做如下解读。在等式的左边,拉康在括号外面写下了ƒS,表意功能(函数),也就是意指效果。在括号里面,他则写下了S...S',即一个能指与另一能指在一个能指链条上的联系。在等式的右边,S即能指,s即所指,(—)则是索绪尔式算法中的那道杠(BAR)。符号"≅"要读作"全等于"。因而,整个公式读作:"能指与能指相联系的表意功能全等于对杠的维持"。这则公式意在阐明拉康的以下论题,即在换喻中,意指的阻抗被维持,杠没有被穿越,也没有任何新的所指被产生。

拉康把他的换喻概念放置在各种不同的语境下来使用。

•**欲望**(DESIRE) 拉康提出换喻是沿着能指链条从一个能指到另一能指的历时性运动,即一个能指在意义的永久延迟中不断地指涉于另一能指。欲望恰好也是以同样永无止境的不断延迟过程为特征的,因为欲望总是"对于某种其他事物的欲望"(E, 167),一旦欲望的对象被获得,它就不再是可欲望的,而主体的欲望便固着于另一对象。因而,拉康写道:"欲望即一则换喻。"(E, 175,强调为原文所加)

•**移置** 拉康同样遵循雅各布森的观点,把隐喻—换喻的区分联系于弗洛伊德所描述的梦的工作机制。然而,在此种联系的确切本质上,他又不同于雅各布森(见:**隐喻**[METAPHOR])。正如移置在逻辑上优先于凝缩,所以换喻是隐喻的条件,因为"在所指的转移能够发生之前,能指的协调必须首先是可能的"(S3, 229)。

镜子阶段

英:mirror stage;法:stade du miroir

镜子阶段(在英文中也被译作"照镜时期"[looking-glass phase])是拉康对于精神分析理论正式贡献的第一个主题,他在

1936年向举办于马里安巴(Marienbad)的第十四届国际精神分析大会提交了这一概念(虽然1936年的原始文稿从未得到出版,但在1949年出现了一则重写的版本)。从此时起,镜子阶段便构成了贯穿在拉康全部著作中的一个持续的参照点。尽管镜子阶段的概念看似相当简单,然而随着拉康在各种不同的语境下对它的重申与修改,这一概念也在拉康的著述过程中呈现出一种不断增加的复杂性。

法国心理学家亨利·瓦隆[①]早在1931年便首先描述了"镜子试验"(mirror test),此人也是拉康的朋友,尽管拉康将这一试验的发现归于鲍德温[②](E,1)。它指的是可以把人类婴儿同与其亲缘关系最接近的动物黑猩猩区分开来的一项特殊的实验。半岁大的儿童与同龄的黑猩猩的不同,即在于前者会变得痴迷于其镜中的映像,并且欢欣雀跃地把它接纳为其自身的形象,而黑猩猩则会迅速认识到那一形象是虚幻的,并且丧失对它的兴趣。

拉康的镜子阶段概念(与瓦隆的"镜子试验"相反)远远不止是一项纯粹的实验:镜子阶段代表着主体性结构的一个根本性面向。在1936—1949年,拉康似乎把镜子阶段看作可以在儿童的发展中被定位于一个特定时间上的有始(六个月大)有终(十八个月大)的阶段(见:E,5),然而在此一时期的末了,已然存在着一些迹象表明他正在拓宽这一概念。到了1950年代初期,拉康便不再把它仅仅视为幼儿生活中的某一时刻,而是将其看作同样代表着一

[①] 亨利·瓦隆(Henri Wallon,1879—1962),法国著名儿童心理学家,主要著作有《儿童的心理发展》与《儿童的思维起源》等。拉康的"镜子阶段"概念部分地吸收了瓦隆的"镜子试验"的结果。

[②] 詹姆斯·马克·鲍德温(James Mark Baldwin,1861—1934),美国著名哲学家与发展心理学家。拉康没有在其有关镜子阶段的论文中提及瓦隆实验在镜子阶段概念上的贡献,而是将这一实验的发现归功于鲍德温,这绝非他一时大意忘了学术规矩,而是要表明他与瓦隆所见相去甚远。因为瓦隆关注的是儿童和动物的生理与意识过程,但在拉康看来,镜子阶段则表现的是人类主体结构的想象维度。由此,拉康从这个心理学实验中翻转出了一套关于想象秩序的结构理论。

种主体性的永久结构,即**想象界**(IMAGINARY)秩序的范式;镜子阶段是一个"竞技场"(stade),主体在其中被其自身的形象永久地捕获并迷惑。

> [镜子阶段是]我为其赋予了双重价值的一种现象。首先,因为它标志着儿童心智发展上的一个决定性的转折点,所以具有历史性价值。其次,它代表着与身体形象之间的一种本质性的力比多关系。
>
> (Lacan, 1951b: 14)

随着拉康进一步发展镜子阶段的概念,他的强调便较少落在其"历史性价值"之上,而是更多落在其"结构性价值"之上。因而,到1956年,拉康便能说:"镜子阶段远非出现在儿童发展中的一种纯粹的现象。它阐明了二元关系的冲突性本质。"(S4, 17)

镜子阶段描述了**自我**(EGO)经由认同过程的形成,自我即某人认同于其自身**镜像**(SPECULAR IMAGE)的结果。此种现象的关键,便在于人类婴儿的早熟:在六个月大时,婴儿仍旧缺乏运动协调性。然而,其视觉系统的发展相对超前,而这就意味着在对自己的身体运动获得控制之前,婴儿便能够在镜子中认出自己。婴儿会将其自身的形象看作一个完型(见:**格式塔**[GESTALT]),而此一形象的综合便与身体的不协调产生了一种反差的感觉,后者被体验为一个**碎裂的身体**(FRAGMENTED BODY);这种反差首先会被婴儿感受为与其自身形象的竞争,因为形象的整体性以碎裂威胁着主体,镜子阶段便在主体与形象之间引起了一种侵凌性的张力(见:**侵凌性**[AGGRESSIVITY])。为了解除这一侵凌性的张力,主体便认同那一形象,对于相似者的这一原初认同,便构成了自我。主体将其形象接纳为其自身的这一认同的时刻,被拉康描述为一种狂喜(jubilation)的时刻(E, 1),因为它导致了一种想象性的掌控感;"[孩子的]欢喜是由于它在预期自己尚未实际获得的一定程度的肌肉协调性方面取得了想象性的胜利"(Lacan, 1951b：15;见：S1, 79)。然而,当孩子将其自身不稳定的掌控感比较于母亲的全能之时,此种狂喜也可能会伴随着某种抑郁性的反应(Ec, 345;S4, 186)。这一认同也涉及理想自我(ideal ego),其作用是充当对于未来整体性的某种许诺而把自我维系在预期之中。

镜子阶段表明了自我乃是误认(méconnaissance)的产物,也是主体变得异化于其自身的场所。它代表着主体在想象秩序中的引入。然而,镜子阶段同样具有一个重要的象征性维度。象征秩序即体现在怀抱或扶持婴儿的成人的角色之中。当主体欢欣雀跃地将其形象接纳为其自身之后,他便会在下一刻把头转向代表着大他者的这个成人,仿佛要召唤大他者来认可这一形象似的(Lacan, 1962-3;1962年11月28日的研讨班)。

正如纳喀索斯(Narcissus)的故事(在古希腊神话中,纳喀索斯爱上了他自己的倒影)所清楚表明的那样,镜子阶段同样与自恋有着紧密的关联。

莫比乌斯带

英：moebius strip；法：bande de moebius

莫比乌斯带是拉康在其对于**拓扑学**(TOPOLOGY)的使用中所研究的众多图形之一。它是一个三维图形,可以通过拿取一个长条的矩形纸带并且将其扭转然后再将其两端接合起来而构成(见：图9)。结果便是这一图形颠覆了我们表现空间的正常(欧几里德式)方式,因为它看似具有两个面,但其实只有一个面(而且也只有一条边)。就局部而言,在任何一点上,两个面都可以清楚地加以区分,但是当沿着整条纸带经过时,两个面就会明显变为实际上是连续的。两个面只能经由时间的维度来加以区分,即经过整条带子所花费的时间。

这个图形阐明了精神分析问题化各种二元对立的方式,诸如内部/外部、爱/恨、能指/所指、真理/显象,等等。尽管这些对立中的两项往往皆被呈现为截然不同的,然而拉康更喜欢根据莫比乌斯带的拓扑学来理解这些对立。因而,这些对立项便不是被看作离散的,而是被看作彼此连续的。同样,主人话语与分析家话语也是连续的。

莫比乌斯带还有助于我们理解"穿越幻想"(traverse the fantasy)是如何可能的(S11, 273)。只有两个面是连续的,才有可能从内部穿越到外部。不过,当我们用一根手指沿着莫比乌斯带的表面绕行的时候,我们便不可能说出我们是在哪一个确切的点上从内部穿越到了外部(反之亦然)。

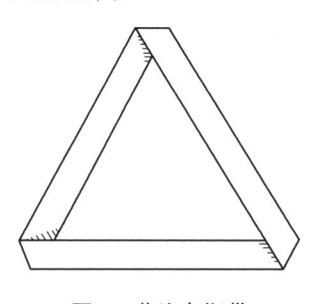

图9 莫比乌斯带

母亲

英:mother;法:mère

在弗洛伊德有关**俄狄浦斯情结**(OEDIPUS COMPLEX)的说明中,母亲是孩子的第一个爱恋对象;唯有**父亲**(FATHER)经由阉割威胁的干预性介入,才会迫使孩子放弃自己对于母亲的欲望。

在梅兰妮·克莱因的著作中,强调的重点从父亲的角色转向了前生殖期的母子关系;克莱因把这里的母子关系描述为一种施虐性的关系,即孩子(在幻想中)对母亲的身体进行恶意攻击,继而又恐惧来自母亲的报复。

在拉康二战前的作品中,他多次影射梅兰妮·克莱因的著作,并且描述了吞噬母亲与被母亲所吞噬的那些同类相食的幻想。拉康指出,家庭情结中的第一个情结即断奶情结,此时与母亲的象征性关系的打断会在孩子的精神中留下一个永久的痕迹。此外,他还把死亡冲动描述为渴望回到与母亲的乳房相融合的这一关系的一种乡愁式向往(Lacan, 1938: 35)。

这种把母亲看作威胁要吞噬孩子的一种泯灭性力量的观点,在拉康其后的著作中是一个恒定的主题(见:S4, 195; S17, 118)。拉康认为,孩子必须使自己从与母亲的想象性关系中分离出来,以便进入社会世界;未能做到这一点便可能会导致其范围从恐怖症延伸至性倒错的各种怪癖中的任何一种。因为帮助孩子克服对于母亲的原初依恋的动因是父亲,所以这些怪癖便也可以说是起因于父性功能的某种失败。因此,拉康的大部分著作皆旨在把分析理论中的重点从强调母子关系(前俄狄浦斯,即想象界的原型)转回至强调父亲的角色(俄狄浦斯情结,即象征界的原型)。

·**母亲的欲望** 根据弗洛伊德的观点,女人想要拥有一个孩子的欲望是根植在她对于男人阴茎的羡慕之中的。当女孩子最初认识到自己并不拥有阴茎的时候,她便会感觉到自己被剥夺了某种有价值的事物,并且会试图通过获得一个孩子来对此进行补偿,把孩子当作自己一直被拒绝给予的阴茎的象征性替代(Freud, 1924d)。拉康遵循弗洛伊德的观点指出,对于母亲而言,孩子总是代表着她所缺失的象征性阳具的替代(见:**剥夺**[PRIVATION])。然而,拉康又强调说此种替代从来都不会真正地满足母亲;即便在她拥有了一个孩子之后,她对于阳具的欲望也会继续存在。孩子很快便会认识到自己并未完全满足母亲的欲望,认识到她的欲望指向了超越他自身之外的某种东西,并因而试图去破译这个谜一般的欲望;他必须找出"你要什么?"(Che vuoi?,即"你想从我这里得到什么?")这一问题的答案。孩子所想出的回答,便是母亲欲望的是想象的阳具。孩子于是便试图通过认同想象性阳具(或是通过认同阳具性母亲,即被想象为拥有阳具的母亲)来满足母亲的欲望。在这场"成为抑或不成为阳具"(to be or not to be the phallus)的游戏之中,孩子便完全听凭母亲反复无常的欲望所支配,无助地面对着她的全能(S4, 69, 187)。然而,这样的无力感起初可能并不会引起太大的焦虑;有那么一段时间,孩子都会把他想要变成阳具的企图体验成一种相对令人满意的诱惑游戏。只有当孩子的性冲动开始搅动(例如:在幼儿手淫之中)并且把实在界中的一个元素引入这场想象性游戏的时候,母亲的全能才开始在孩子身上激起巨大的焦虑。此种焦虑即表现在那些遭到母亲吞噬的形象之中,并且只能通过实在的父亲在俄狄浦斯情结的第三时间上阉割孩子的干预性介入而得到解除。

・**母亲:实在的、象征的与想象的** 拉康认为,在实在的母亲、象征的母亲与想象的母亲之间做出区分是非常重要的。

母亲在实在界中表现为婴儿的原初照料者。婴儿无法满足其自身的需要,且因此绝对依赖于一个对其进行照料的大他者(见:**无助**[HELPLESSNESS])。母亲首先是象征性的,只有通过挫败主体的要求,她才会变成实在性的(见:**挫折**[FRUSTRATION])。

当母亲照料婴儿,给婴儿带来那些将会满足其需要的对象的时候,这些对象便会很快呈现出一种象征性的功能,从而完全遮蔽其实在性的功能,这些对象被视为礼物,是母爱的象征性标志。最终,母亲的在场就是这份爱的证明,即便她没有随身带来任何实在的对象。因此,母亲的缺位便会被体验为一种创伤性的拒绝,即体验为母爱的丧失。弗洛伊德就曾经说明过孩子会如何试图通过在游戏与语言中象征化母亲的在场与缺位来应对此种丧失(Freud, 1920g)。拉康则把这一原初的象征化看作孩子迈进象征秩序的第一步(S4, 67-8)。精神分析理论感兴趣的母亲,因而便首先是象征性母亲,即在其角色上作为原始大他者的母亲。正是这个母亲,通过解释孩子的哭闹并由此回溯性地决定这些哭闹的意义,从而把孩子引入语言之中(见:**标点**[PUNCTUATION])。

母亲在想象秩序中表现为若干的形象。上文已经提到的一个重要的形象便是处在焦虑根源的饕餮母亲(devouring mother)的形象。另一个重要的母性形象则是阳具母亲(phallic mother)的形象,即被想象为拥有想象性阳具的母亲。

N

父亲的名义
英：Name-of-the-Father；法：Nom-du-père[①]

当"父亲的名义"(the name of the father)这一措辞在1950年代早期首度出现在拉康著作中的时候，它是不带大写字母的，而且通常指的是**父亲**(FATHER)在俄狄浦斯情结中颁布乱伦禁忌的禁止性角色(即象征性父亲)；"正是在'父亲的名义'之中，我们必定会认识对于象征性功能的那一支撑，自历史的黎明以来，它便将父亲其人等同于法则的象征"(E, 67)。

从一开始，拉康便玩味了"父亲的名义"(le nom du père)与"父亲的'不'"(le 'non' du père)的同音异义，以强调象征性父亲的立法性功能与禁止性功能。

几年之后，在有关精神病的研讨班(Lacan, 1955-6)中，这一措辞变成了大写并加上了连字符，从而呈现出一种更加明确的意义，父亲的名义(Nom-du-Père)现在是允许意指正常发生的基本能指。这一基本能指既给主体授予了某种身份(它命名主体，把主体安置

[①] 该术语有时也被译作"父名"，我在此将其译作"父亲的名义"，因为法语的"nom"同时具有名字、名称、姓氏、名义、名气、名词等多重含义，从而给这个术语的翻译和理解提供了不同的语境和参照，这也是拉康经常将其用作复数形式的"des Noms-du-Père"的原因所在。在拉康的父性隐喻中，父亲的名义主要是指"父亲对于母亲欲望的命名"，而且"父亲"也首先是作为一个名词从母亲的话语中被传递给孩子。因此它是在主体的精神现实中运作的一个关键能指，从而允许母亲在话语中对其进行传递，即母亲以父亲的名义来传递象征的法则。然而，当拉康最初引入这个术语的时候，它似乎涉及的是一种对于基督教的参考，诸如"天父的名义"抑或"因父之名"，在此意义上将其译作"父亲的名义"更为合适。此外，它也可以根据法语中"nom"和"non"的同音被理解为"父亲的不"或"父亲的禁止"。同样，鉴于介词de的语法作用，我们还可以将其理解为父亲在孩子身上传递的名字或者孩子从父亲那里接受的名字等，即父亲家族的姓氏或者父亲给孩子取的名字。霍大同教授建议在中文语境下将其译作"父姓"，以强调这一能指本身所携带的同姓不婚的乱伦禁忌的功能。然而，这里需要指出的是，拉康的"父名"并不等同于"父姓"(patronyme)，至少不能单纯地在"家族姓氏"的意义上来理解，因为把父亲的名义化约为单一的因素即构成了妄想的特征。

在象征秩序之中),同时又代表着俄狄浦斯式的禁止,即乱伦禁忌中的"不"。倘若这一能指遭到排除(即没有被纳入象征秩序之中),便会导致**精神病**(PSYCHOSIS)。

在有关精神病的另一著作(Lacan,1957-8b)中,拉康又将俄狄浦斯情结表现为一则隐喻,即一个能指(父亲的名义)替代另一能指(母亲的欲望)的**父性隐喻**(PATERNAL METAPHOR)。

自恋

英:narcissism;法:narcissisme;德:Narzissmus

"自恋"这一术语在1910年首度出现于弗洛伊德的著作中,然而直至他的《论自恋:导论》(Freud,1914c)一文,此一概念才开始在精神分析理论中扮演一个核心的角色。从此时起,弗洛伊德便把自恋定义为力比多在**自我**(EGO)中的投注,同时将它对立于力比多被投注于对象的对象爱恋(object-love)。拉康给弗洛伊德著作中的这一时期赋予了极大的重要性,因为它清楚地把自我刻画为一个力比多经济(libidinal economy)的对象,并且将自我的诞生联系于自恋的发展阶段。自恋不同于先前的自体情欲①(autoeroticism)阶段(自我在其中并不作为一个统一体而存在),而且只有当"一种全新的精神作用"诞生出自我的时候,自恋才得以发生。

拉康通过把自恋更加明确地联系于其同名的纳喀索斯神话来发展弗洛伊德的概念。因而,拉康便把自恋定义为受到**镜像**(SPECULAR IMAGE)的爱欲性吸引,此种爱欲性的关系构成了自我在镜子阶段中借以形成的原初认同(primary identification)的基础。自恋同时具有一种爱欲性的特征与一种侵凌性的特征(见:

---

① 弗洛伊德的"自体情欲"(auto-eroticism)概念,在广义上是指主体仅仅凭借自己的身体而无须外部对象来获得满足的性行为模式,在狭义上则特指部分冲动借以获得满足的早期幼儿性行为模式。

侵凌性[AGGRESSIVITY])。自恋之所以带有爱欲性,正如纳喀索斯的神话所表明的那样,是因为主体受到了其形象的格式塔的强烈吸引。自恋之所以带有侵凌性,则是因为镜像的整体性与主体实在的身体那一不协调的非统整性形成了鲜明的对比,且因而似乎以崩解威胁着主体。在《有关精神因果性的评论》(Lacan, 1946: Remarks on Psychic Causality)一文中,拉康创造了"自恋性自杀式侵凌"(ugression suicidaire narcissique)这一术语,以表达对于镜像的自恋性痴迷这一爱欲性—侵凌性的特征可以将主体导向自我毁灭的事实(正如纳喀索斯的神话所同样表明的那样)(Ec, 187; Ec, 174)。自恋关系构成了各种人际关系中的想象性维度(S3, 92)。

自然

英:nature;法:nature

贯穿于拉康著作中的一个恒定的主题,即他在人类与其他动物之间做出的区分,或者用拉康的话说,是在"人类社会"与"动物社会"之间做出的区分(S1, 223)。这一区分的基础便是**语言**(LANGUAGE);人类拥有语言,而动物则只有**编码**(CODES)(但也有一处有趣的告诫,见:S1, 240)。此种基本差异便导致动物的心理是完全受想象界所支配的,而人类的心理则由于额外的象征性维度而变得复杂了。

在人类存在与其他动物之间的此种二元对立的语境下,拉康便把"自然"一词用在了一种复杂的双重意义上。一方面,它用该词来指代这个对立中的一项,即动物世界。在此种意义上,拉康采纳了自然与文化(用拉康的话说,"文化"即象征秩序)之间的传统人类学区分。如同克劳德·列维-斯特劳斯与其他人类学家那样,拉康指出乱伦禁忌是把文化区别于自然的法律结构的核心,"原始的法则(Law)因此便是在规定婚姻制度的时候将文化领域叠加在服从交媾法则的自然领域之上的那个东西"(E, 66)(见:**法则**[LAW])。

亲属关系受到乱伦禁忌的规定,便指明了这样一个事实,即父性功能是人类与动物之间裂隙的核心所在。正是**父亲**(Father)通过铭写下一条男男相传的血脉并由此排列出一个世世代代的序列,从而标记了象征界与想象界之间的差异。换句话说,人类的独特之处并非在于他们缺乏动物心理的想象性维度,而是说在人类身上,这一想象秩序遭到了额外的象征界维度的扭曲。想象界是动物与人类所共有的,只可惜对人类而言,它不再是一种自然的想象界。因此,拉康便驳斥"在动物心理与人类心理之间存在着我们远远无法设想的某种断续性的学说"(Ec, 484)。

另一方面,拉康也用"自然"一词来表示那些认为在人类存在(human existence)中存有某种"自然秩序"的观念,此种观念被拉康称为"有关'自然母亲'(natura mater)的伟大幻想,即真正的自然概念"(S1, 149)。这种关于自然的伟大幻想,作为在浪漫主义中如此持续的一个主题(例如:卢梭的高贵的野蛮人的概念),构成了现代心理学的基础,因为现代心理学试图通过参照诸如本能与适应之类的动物行为学范畴来说明人类行为。

拉康对于所有这些根据自然来说明人类现象的企图皆持有极为批判的态度。他指出,此类企图的基础皆在于它们未能认识到象征秩序的重要性,正是象征秩序使得人类存在(human beings)从根本上异化于自然的给定。在人类世界中,即便是"那些最接近于需要的意指,那些关系到最纯粹的生物性附着于某种滋养性或捕获性环境的意指,这些最原始的意指,对它们的次序与它们的基础本身而言,也皆服从于能指的法则"(S3, 198)。

因此,拉康指出:"弗洛伊德的发现给予我们的教导便是,所有自然的和谐在人类身上皆遭到了深深的破坏。"(S3, 83)甚至从一开始就没有让人类主体在被捕获于象征秩序之前便能够存在于其中的那种纯粹自然的状态,"法则(Law)从原初时(ab origine)即已存在"(S3, 83)。对人类而言,需要从来都不会以某种纯粹前语言的状态呈现:这样一种"神话性"的前语言的需要,只能在它被链接于要求之后来进行假设。

某种自然秩序在人类存在(human existence)中的缺位,可以最清晰地见于人类的性欲。弗洛伊德与拉康均认为,即便是性欲,这一可能看似在人类身上最接近于自然的意指,也完全是被捕获在文化秩序之中的;对人类而言,根本没有一种自然的性关系这样的事情。如此的一个结果便是,性倒错不可能通过参照支配着性欲的某种假设的自然性或生物性规范来加以界定。动物的本能是相对不变的,而人类的性欲则是由冲动来支配的,这些冲动皆是极其多变的,而且其目标也非某种生物学的功能(见:**生物学**[BIOLOGY])。

需要
英:need;法:besoin

在1958年左右,拉康在三个术语之间发展了一个重要的区分:**需要**、**要求**(DEMAND)与**欲望**(DESIRE)。在此一区分的语境下,"需要"接近于弗洛伊德所谓的"**本能**"(INSTINCT;德:Instinkt);也就是说,是与"冲动"(德:Trieb)的领域相对立的一个纯粹生物学的概念。

拉康把这一区分建立在这样一个事实的基础之上,即为了满足自己的需要,幼儿必须在语言中来表达它们;换句话说,幼儿必须用一个"要求"来表达自己的需要。然而,在这么做时,某种别的东西却被引入了进来,从而导致了需要与要求之间的某种分裂;这一事实即在于:每个要求不仅是一种对需要的表达,而且也是一种

(无条件的)对爱的要求。至此,尽管要求所指向的小他者(首先是母亲)可以也能够提供满足幼儿需要的对象,然而她永远都不可能无条件地回应此种对爱的要求,因为她也同样是割裂的。需要与要求之间的这一分裂的结果,便导致了一个无法满足的剩余物,即欲望本身。需要因而是一种间歇性的张力,它是由于纯粹的器质性原因而升起的,而且是完全通过与特殊需要相对应的特定行动而获得释放的。另一方面,欲望则是永远无法得到满足的一种恒定的力量,它是位于冲动之下的那一恒定的"压力"。

这种说法在时序的方面其实提出了一个结构的问题。事实上,情况并非首先存在着一个纯粹需要的主体,然后这个主体才试图在语言中来表达那一需要,因为这一纯粹需要与其在要求中的表达之间的区分,仅仅从其表达出来的那一时刻开始才是存在的,在这一时间之前我们不可能确定原先的那一纯粹需要到底是什么。一种前语言的需要的概念,因而便仅仅是一种假设,而这一纯粹需要的主体也只是一个神话的主体;即便是像饥饿这样典型的需要,也从来都不是作为一种纯粹的生物学给定而存在的,而是由语言的结构所标记的。不过,此种假设也有助于拉康主张以下论点,即在人类的欲望与所有自然性或生物学的范畴之间存在着根本的分歧(见:**自然**[NATURE])。

否定

英:negation;法:dénégation;德:Verneinung

对弗洛伊德而言,"否定"(Verneinung)这一术语既意味着逻辑上的否定(negation),又意味着否认(denial)的行为(见:Freud,1925h)。在1953—1954年度的研讨班(亦见:Lacan,1954a与1954b)及1955—1956年度的研讨班上,拉康吸收了弗洛伊德的否定概念。拉康指出,否定是一种神经症性的过程,它只能在叫作**肯**

定(BEJAHUNG)的一种更根本的肯定作用之后而发生。否定必须与**排除**(FORECLOSURE)区分开来,后者是先于任何可能的"否定"(Verneinung)的一种更原始的否定(S3, 46),即对于"肯定"(Bejahung)本身的一种拒绝。

神经症

英:neurosis;法:névrose;德:Neurose

"神经症"原本是一个精神病学的术语,但是在19世纪,该词渐渐开始表示以广泛多样的症状来界定的神经障碍的整个范围。弗洛伊德以很多不同的方式来使用这一术语,有时在他的早期著作中将它用作所有心理障碍的统称,有时则用它来表示心理障碍的一种特定类别(即与**精神病**[PSYCHOSIS]相对立)。

在拉康的著作中,神经症这一术语始终是相对于精神病和**性倒错**(PERVERSION)而出现的,它指的并非一套症状的集合,而是一种特殊的临床**结构**(STRUCTURE)。此种用该术语来表示一个结构的做法,便对弗洛伊德在神经症与正常态之间的区分提出了质疑。弗洛伊德把这一区分纯粹奠定在数量因素的基础之上("精神分析的研究发现,在正常人与神经症患者的生活之间没有任何根本性的区分,而只有数量上的差别"[Freud, 1900a: SE V, 373])。然而,这并非一种结构性的区分。因此,从结构上讲,正常的主体与神经症患者之间就不存在任何的区别。因而,拉康的疾病分类学便鉴别出了三种临床结构:神经症、精神病和性倒错,在这些结构中根本没有任何能够被称作正常的"心理健康"的位置(S8, 374-5;亦见:E, 163)。正常的结构,在占绝大多数人口的统计学的意义上,便是神经症,而"心理健康"则是永远都不可能实现的一种有关整体性的虚假的理想,因为主体在本质上是分裂的。因而,虽然弗洛伊德把神经症视作一种可以治愈的疾病,但是拉康则把神经症看作一种无法改变的结构。因此,精神分析治疗的目标便不是神经症的根除,而是主体相对于神经症的位置的修改(见:**分析的结束**[END OF ANALYSIS])。

根据拉康的说法,"神经症的结构在本质上是一个问题"(S3,174)。神经症即"存在(being)向主体提出的一个问题"(E,168)。神经症的两种形式(即**癔症**[HYSTERIA]与**强迫型神经症**[OBSESSIONAL NEUROSIS])便是根据这一问题的内容来加以区分的。癔症患者的问题("我是男人还是女人?")联系着主体的性别,而强迫型神经症患者的问题("生存抑或毁灭?")则联系着主体自身存在(existence)的偶然性。这两个问题(有关性别同一性的癔症问题,以及有关死亡/生存的强迫症问题)"碰巧都是在能指中正好找不到任何解答的两个终极问题,神经症患者也正是因此而被赋予了其存在(existential)的价值"(S3,190)。

拉康偶尔也会把**恐怖症**(PHOBIA)连同癔症与强迫型神经症一起列为神经症,从而引发了神经症的形式到底有两种还是三种的问题。

O

对象关系理论

英：object-relations theory；法：théorie du relation d'objet[①]

弗洛伊德曾经把对象定义为冲动在它之中并通过它而抵达其目标的东西。在弗洛伊德逝世以后的那些年里，"对象"与"对象关系"这对概念便在精神分析的理论中获得了越来越多的重要性，以至于最终形成了以"对象关系理论"而著称的整个精神分析理论学派。对象关系理论的主要支持者有罗纳德·费尔贝恩[②]、温尼科特[③]以及迈克尔·巴林特等人，他们全都是英国精神分析学会的中间小组（Middle Group）的成员。这些分析家在很多论点上持有分歧，因此对象关系理论便涵盖了相当广泛的理论观点。然而，尽管它缺乏精确的定义，但是对象关系理论可以与**自我心理学**（EGO-PSYCHOLOGY）形成鲜明的对照，因为它的关注焦点在于对象，而非在于冲动本身。此种之于对象的关注即意味着对象关系理论更为注重精神的主体间构成，从而与自我心理学更为原子论的方法形成了反差。这两种取径之间的区分一直都被比较晚近的分析

[①] 国内精神分析学界通常将"object"译作"客体"，相应地将"object-relation"译作"客体关系"。然而正如本书作者所指出的那样，在精神分析的理论背景下，"object"一词（既可以指人也可以指物）乃首先源自弗洛伊德冲动理论中的"冲动的对象"，继而也在对象选择的理论中指称"爱恋的对象"。如果将其译作"客体"，则似乎更多隐含了一种客观化的意味，也更容易让人产生西方哲学传统上关于"主客二元"的联想。例如，拉普朗什曾指出，在精神分析的意义上，与"objet"相应的形容词是"objectal"（对象性），而非"objectif"（客体性/客观性）。故而我在此将其译作"对象"，以强调该术语所蕴含的指向性的面向，特别是当涉及拉康理论中的"欲望的对象""幻想的对象""焦虑的对象"与"冲动的对象"等概念的时候，若仍将"object"译作"客体"似乎就有些说不过去了。

[②] 罗纳德·费尔贝恩（Ronald Fairbairn, 1889—1964），英国精神分析学家，对象关系学派的主要代表人物之一，其主要著作有《精神分析的人格研究》与《从本能到自体：费尔贝恩选集》等。

[③] 唐纳德·伍兹·温尼科特（Donald Woods Winnicott, 1896—1971），英国著名精神分析家，对象关系学派的主要代表人物，同时也是英国精神分析学会中独立小组的领袖人物，其主要贡献在于他提出了"抱持"（holding）"真实自体/虚假自体"（true self/false self）以及"过渡性对象"（transitional object）的概念，其主要著作有《游戏与现实》《抱持与解释》《涂鸦与梦境》等。

家所模糊,譬如奥托·科恩伯格[①]就曾试图将对象关系理论整合进自我心理学的框架之中。

尽管拉康派精神分析向来都被拿来与对象关系理论进行比较,因为这两个思想学派皆更加注重**主体间性**(INTERSUBJECTIVITY),然而拉康自己反复批判对象关系理论。他的批判大部分都集中于对象关系理论在主体与对象之间所设想的一种完整且完美的满足关系的可能性之上。拉康反对这样一种见解,他指出,对于人类而言,在"某种需要与满足此需要的那一对象"之间根本没有这样一种"预先建立的和谐"(S1, 209)。拉康认为,此种谬误的根源即在于,在对象关系理论中,"对象首先是一种满足的对象"(S1, 209)。换句话说,由于把对象定位于满足与**需要**(NEED)的辖域,对象关系理论便将精神分析的对象混淆于生物学的对象,从而忽视了欲望的象征性维度。由此产生的一个可怕后果即在于由欲望的象征性构成而引起的那些特定的困难遭到了忽视,结果就导致"成熟的对象关系"(mature object relations)与"生殖性爱"(genital love)的理想被提出来作为治疗的目标。因而,对象关系就变成了一种"谵妄性的道德教化"的场所(Ec, 716;亦见:**生殖**[GENITAL])。

同样受到拉康批判的对象关系理论的一个密切相关的方面,便在于它的重点从强调俄狄浦斯三角转向了强调母子关系,从而把后者构想为一种完全对称性的、互易性的关系。拉康的根本性关切之一,即在于重新强调父亲的重要性,以有别于对象关系理论对于母亲的强调,从而恢复俄狄浦斯三角对于精神分析而言的核

[①] 奥托·科恩伯格(Otto Kernberg,1928年生),美国当代著名精神分析学家,整合美国自我心理学派与英国对象关系理论的先驱,"移情焦点疗法"(transference-focused psychotherapy, TFP)的创始者,其主要贡献在于边缘型人格组织与自恋病理学的研究,主要著作有《对象关系理论与临床精神分析》《针对边缘型人格障碍的移情焦点疗法》以及《严重人格障碍:心理治疗策略》等。

心性。此种关切可以从拉康对于对象关系理论作为一种对称性的**二元关系**(DUAL RELATION)的批评,以及他认为对象关系是涉及三个项而非两个项的一种主体间关系的见解中窥见一斑。

拉康对于英国对象关系理论的批评,正如上文所概括的那样,是他第一年公众研讨班(1953—1954)的主要论题之一。在以"对象关系"为题的第四年研讨班(Lacan,1956-7)中,拉康讨论的不是英国的对象关系理论学派(巴林特、费尔贝恩、冈特里普[①]等人),而是法国的对象关系理论学派(莫里斯·布韦[②])。

对象小 *a*

法:objet petit *a*

虽然这一术语有的时候也在英文中译作"object little *a*",但是拉康则坚称它应当始终不做翻译,"因而可以说是获得了一个代数学符号的地位"(Sheridan,1977:xi;见:**代数学**[ALGREBRA])。

符号 *a*(法文"autre"即"小他者"一词的第一个字母)是最早出现在拉康著作中的几个代数学符号之一,它在 1955 年联系于 L 图式(SCHEMA L)被首度引入。该符号总是小写字母且以斜体印刷,以表明它指代的是小他者,与表示大他者的大写字母"A"相对立。不同于代表着某种根本的且不可化约的相异性的大他者,小他者"根本不是另一个人的他者,因为它在本质上与自我配对,处

[①] 哈利·冈特里普(Harry Guntrip,1901—1975),英国精神分析家,对象关系学派的主要代表人物之一,在精神分裂症的研究方面颇有建树,提出精神分裂样人格的九大特征,即内向(introversion)、离群(withdrawnness)、自恋(narcissism)、自足(self-sufficiency)、优越感(sense of superiority)、情感丧失(loss of affect)、孤独(loneliness)、人格解体(depersonalization)与退行(regression)。其主要著作有《精神分裂样现象、对象关系与自体》和《人格结构与人际互动》等。

[②] 莫里斯·布韦(Maurice Bouvet,1911—1960),法国精神分析家,巴黎精神分析学会(SPP)中著名的教学分析家,以对象关系和转移问题的研究见长,其主要著作收录于两卷本的《对象关系:强迫型神经症与人格解体》(1967)与《阻抗、转移:教学性文集》(1968)。

在一种始终是自反性且可互换的关系之中"（S2，321）。因而，在 L 图式中，a 与 a' 便不加区分地指代**自我**（EGO）与**相似者**（COUNTERPART）/**镜像**（SPECULAR IMAGE），而且明显是属于想象秩序。

在 1957 年，当拉康引入幻想的数元（$S \lozenge a$）的时候，a 便开始被构想为欲望的对象。这是想象性的**部分对象**（PART-OBJECT），即被想象为可分离于身体其余部分的一个元素。至此，拉康便在欲望的对象与镜像之间做出了区分，前者写作 a，而后者现在则被他用符号 i（a）来表示。

在 1960—1961 年度的研讨班上，拉康将对象小 a 链接于他摘自柏拉图《会饮篇》的术语"agalma"（即"神像"，这一希腊文术语具有某种荣耀、某种祭祀用品、某种给予神灵的祭品，或是一小尊神像的意思）。正如"神像"是隐藏在相对不起眼的盒子里的一个珍贵的对象，因此对象小 a 也是我们在小他者身上所寻找的那一欲望的对象（S8，177）。

从 1963 年开始，a 便渐渐获得了一些实在界的内涵，尽管它从未丧失其想象性的地位；拉康在 1973 年仍然说它是想象的（S20，77）。从此时起，a 便开始表示那种永远无法获得的对象，它其实是促成欲望的**原因**（CAUSE），而非欲望所趋向的对象；这就是为什么拉康现在把它称作欲望的"对象因"（object-cause）。对象小 a 即把欲望调动起来的任何对象，尤其是界定冲动的那些部分对象。冲动并不试图抵达对象小 a，而是环绕着它运转（S11，179）。对象小 a 既是焦虑的对象，又是最终不可化约的力比多储备（Lacan，1962-3；1963 年 1 月 16 日的研讨班）。它在拉康有关治疗的概念中扮演着一个越来越重要的角色，分析家在治疗中必须将自己定位为对象小 a 的假相，即化身为分析者欲望的原因。

在 1962—1963 年度与 1964 年度的两期研讨班中，对象小 a 被定义为某种残留物、剩余物（法：reste），即在实在界中引入象征界而残留下来的剩余。这在1969—1970年度的研讨班上得到了进一步的发展，拉康在那里详细阐述了他的四大**话语**（DISCOURSES）的公式。在主人话语中，一个能指试图为所有其他能指代表主体，但总是会不可避免地产生某种剩余；此种剩余即对象小 *a*，它既是一种剩余意义，又是一种剩余享乐（法：plus-de-jouir）。这个概念受到了马克思的剩余价值概念的启发，*a* 是虽然没有任何"使用价值"，但仅仅为了享乐的利益而留存的享乐的过剩。

在1973年，拉康又把对象小 *a* 联系于**假相**（SEMBLANCE）的概念，宣称 *a* 是一种"存在的假相"（semblance of being）（S20，87）。在1974年，他则将其置于博洛米结的中心，处在三大秩序（实在界、象征界与想象界）全部相交的交界。

强迫型神经症

英：obsessional neurosis；法：névrose obsessionnelle；
德：Zwangsneurose

强迫型神经症作为一种特定的诊断范畴，是由弗洛伊德在1894年最早将其孤立出来的。通过这么做，弗洛伊德便把那些很早以前就已有描述但一直被联系于各种不同诊断范畴的一系列症状在同一种情况下聚合了起来（Laplanche and Pontalis, 1967：281-2）。这些症状包括强迫观念（那些反复出现的念头）、不可抑制地执行那些看似荒谬并且/或者对主体而言是令人憎恶的行动的冲动，以及各种"仪式"（那些强制性重复的行动，诸如检查与洗手等）。虽然拉康同样把这些症状看作强迫型神经症的典型，但是他也指出强迫型神经症指的并非一套症状的集合，而是一种潜在的**结构**（STRUCTURE）：此种结构可能会抑或可能不会在与之相联系的那些典型症状中表现出来。因而，主体可能并未充分展现出任何典型的强迫症症状，却仍然会被一位拉康派分析家诊断为强迫型神经症患者。

拉康遵循弗洛伊德的观点,将强迫型神经症归类为**神经症**（NEUROSIS）的主要形式之一。在1956年,拉康发展出这样一种思想,认为强迫型神经症如同**癔症**（HYSTERIA）一样（弗洛伊德曾说癔症是一种"方言"）,在本质上也是存在（being）向主体提出的一个问题（S3, 174）。那一构成强迫型神经症的问题即涉及某人存在（existence）的偶然性,这一有关**死亡**（DEATH）的问题可以被表述为"生存抑或毁灭？""我是死了还是活着？"或者"我为何而存在？"（S3, 179-80）。强迫症患者的回答便是狂热地工作以证明其存在（existence）的合理性（这一点也证实了强迫症患者所感受到的罪疚感的特别负担）,强迫症患者之所以会执行某种强迫性的仪式,便是因为他觉得这样将能够使他逃离大他者中的缺失,即对于大他者的阉割,这一点往往会在幻想中表现为某种可怕的灾难。例如,在弗洛伊德的一例强迫型神经症患者（弗洛伊德将其昵称为"鼠人"）的个案中,病人就发展出了各种精心设计的仪式,他担心一种可怕的惩罚会被施加在其父亲或其心上人的身上,于是便执行这些仪式来抵御此种恐惧（Freud, 1909d）。这些仪式,无论在其形式上还是内容上,皆导致弗洛伊德得出了强迫型神经症的结构与宗教的结构之间的相似之处,拉康也同样注意到了这些相似之处。

癔症的问题涉及主体的性别位置（即"我是男人还是女人？"）,然而强迫型神经症患者则拒不接受这一问题,他同时拒绝两种性别,既不称呼自己为男性,也不称呼自己为女性："强迫症患者恰恰既不是一者[性别]也不是另一者——我们也可以说,他同时两者皆是。"（S3, 249）

拉康同样注意到了强迫型神经症患者有关存在（existence）与死亡的问题何以会影响到他对时间的态度。此种态度可以是在等待死亡之时的永久犹豫与拖延（E, 99）,又或者是因为自己已然死去而把自己看作不朽的(S3, 180)。

拉康对其加以评论的强迫型神经症的其他特征即罪疚感,以及与肛欲的密切关联。就后者而言,拉康评论到,强迫型神经症患者不但会将其粪便转化为礼物并将其礼物转化为粪便,而且还会将他自己也转化为粪便(S8, 243)。

俄狄浦斯情结

英:Oedipus complex;法:complexe d'Œdipe;德:Ödipuskomplex

俄狄浦斯情结曾经被弗洛伊德定义为主体在其与父母的关系中所体验到的一系列爱恋与敌对欲望的无意识布景;主体欲望着父母中的一方,并因而进入同另一方的竞争。在俄狄浦斯情结的"正向"形式中,被欲望的父母是与主体性别相反的一方,而同性的父母则是竞争者[1]。俄狄浦斯情结在生命的第三年出现,继而在第五年衰退,孩子在此时会放弃对于其父母的性欲望并转而认同于竞争者。弗洛伊德认为,所有的精神病理性结构皆可以追溯至俄狄浦斯情结中的某种故障,该情结因而便被冠名为"神经症的核心情结"。虽然此一术语直至1910年才出现于弗洛伊德的作品中,但是其发端的踪迹却可见于弗洛伊德更早前的著作,而到了1910年时则已然呈现出一些迹象,从而表明了该术语其后在所有精神分析理论中要获得的那种核心重要性。

拉康首度论及俄狄浦斯情结是在其1938年有关家庭的文章里,他在该文中指出,它是三个"家庭情结"中的最后也是最重要的一个情结(见:**情结**[COMPLEX])。拉康在此时有关俄狄浦斯情结的见解与弗洛伊德的看法并无二致,而他的唯一独创性在于他

---

[1] 至于俄狄浦斯的"负向"形式则相反表现为孩子对于同性父母的爱恋和欲望,以及指向异性父母的嫉妒和敌意。事实上,"正向"与"负向"两种形式皆在不同程度上存在于俄狄浦斯情结的所谓"完整"形式中。

从马林诺夫斯基等人的人类学研究中获得了启发,而强调该情结的历史与文化的相关性(Lacan, 1938: 66)。

到了1950年代,拉康才开始发展出他自己与众不同的俄狄浦斯情结概念。虽然他始终遵循弗洛伊德把俄狄浦斯情结看作无意识中的核心情结,但他现在开始在几个重要的观点上有别于弗洛伊德。其中最重要的一点就是,在拉康的见解中,不管主体是男性还是女性,主体都始终欲望着母亲,而父亲也始终是竞争者。因此,在拉康的说法中,男性主体便是以一种在根本上不对称于女性主体的方式来经历俄狄浦斯情结的(见:**性别差异**[SEXUAL DIFFERENCE])。

对拉康而言,俄狄浦斯情结是与所有二元关系形成反差的三角结构的范例(但是,请参见下文最后一段)。俄狄浦斯情结中的关键作用因而便是**父亲**(FATHER)的功能,正是作为第三项的父亲,把母亲与孩子之间的二元关系转化成了一个三元结构。俄狄浦斯情结因而便完全是从想象秩序过渡到象征秩序的通路,"就其本身而言即象征关系的胜利"(S3, 199)。过渡到象征界的这一通路需经由一种复杂的性别辩证法,这一事实便意味着主体无法不面对性别差异的问题而登陆象征秩序。

在《研讨班V》中,拉康通过鉴别出俄狄浦斯情结的三个"时间"来分析这一从想象界到象征界的通路,这三个时间的顺序是逻辑上的优先而非时序上的优先(Lacan, 1957-8;1958年1月22日的研讨班)。

俄狄浦斯情结的第一"时间"是以母亲、孩子与阳具构成的想象三角形为特征的。在1956—1957年的前一期研讨班上,拉康将此称作前俄狄浦斯三角(preoedipal triangle)(见:**前俄狄浦斯期**[PREOEDIPAL PHASE])。然而,无论这个三角被看作前俄狄浦斯性的还是俄狄浦斯情结自身中的一个时刻,其主旨都是一样,即在父亲的介入之前,母亲与孩子之间从来都没有一种纯粹的二元关系,而是始终存在着一个第三项——阳具,即母亲在孩子自身之外所欲望的一个想象的对象(S4, 240-1)。拉康暗示到,想象性阳具作为第三项在想象三角形中的在场,即表明象征性父亲此时已经在起作用了(Lacan, 1957-8:1958年1月22日的研讨班)。

于是,在俄狄浦斯情结的第一"时间"上,孩子便会认识到自己与母亲两者皆被某种缺失所标记。母亲由缺失所标记,是因为她被看作不完整的;否则的话,她便不会有欲望。主体也同样由缺失所标记,是因为他并未完全满足母亲的欲望。在两种情况下,这一缺失的元素都是想象的**阳具**(PHALLUS)。母亲欲望着她所缺失的阳具,而(依照黑格尔的**欲望**[DESIRE]理论)主体则试图变成她的欲望对象,他试图成为母亲的阳具并填补她的缺失。在此时刻上,母亲是全能的,而她的欲望即法则。虽然此种全能可能从一开始就被看作威胁性的,但是当孩子自身的性冲动开始表现出来(例如在幼儿手淫中)的时候,这样的威胁感便会受到强化。这一冲动的实在的突发状况,便会在先前诱惑性的想象三角形中引入一个焦虑的不和谐音符(S4, 225-6)。孩子现在则面对着这样一种认识,即他无法仅仅以阳具的想象性假相来愚弄母亲的欲望——他还必须交出实在界中的某种东西。不过,孩子的实在性器官(无论男孩还是女孩)是令人无望的不足。面对着全能的母亲的欲望,这种不足与无能的感觉无法得到安抚,便会引起焦虑。唯有父亲在俄狄浦斯情结的后续时间上的介入,才能为此种焦虑提供一种实在的解决。

俄狄浦斯情结的第二"时间"是以想象性父亲的介入为特征的。父亲通过拒绝母亲享有阳具性对象并禁止主体享有母亲而把法则强加在母亲的欲望之上。拉康通常将此种介入称作对母亲的"阉割",即便他也声称,严格地讲,这一运作并非阉割的运作,而是剥夺的运作。此种介入是由母亲的话语来作为中介的;换句话说,重要的不是让实在性父亲介入进来并强加法则,而是让这一法则在母亲的言行中被母亲自己遵守与尊重。主体现在便把父亲看作争夺母亲欲望的一个竞争者。

俄狄浦斯情结的第三"时间"是以实在性父亲的介入为标志的。通过展示他拥有阳具，既不交换也不给予阳具(S3, 319)，实在的父亲便在让孩子不可能继续坚持试图成为母亲的阳具的意义上阉割了孩子；与实在的父亲竞争是没有用的，因为父亲总是会赢(S4, 208-9, 227)。由于认识到父亲"拥有"(has)阳具，主体便从不得不"成为"(be)阳具的这项不可能且激起焦虑的任务中被解救了出来。这便使主体得以认同父亲。在此种继发性(象征性)认同中，主体便超越了原发性(想象性)认同中所固有的侵凌性。拉康遵循弗洛伊德的观点指出，超我就是由对于父亲的这一俄狄浦斯式认同而构成的(S4, 415)。

因为象征界是**法则**(LAW)的领域，也因为俄狄浦斯情结是象征秩序的胜利，所以该情结便具有一种规范性与正常化的功能："俄狄浦斯情结对于让人类能够进入实在界的人性化结构而言是本质性的。"(S3, 198)此种规范性的功能要同时参照各种临床结构与性欲的问题来理解。

·俄狄浦斯情结与临床结构　根据弗洛伊德把俄狄浦斯情结视作所有精神病理学之根源的观点，拉康将所有临床结构都联系于此一情结中的不同困境。因为俄狄浦斯情结是不可能完全解除的，所以也就不存在一种完全非病理性的位置。最接近这一位置的便是神经症的结构，神经症患者经历了俄狄浦斯情结的全部三个时间，倘若没有俄狄浦斯情结，也就根本没有神经症这样的事物。另一方面，精神病、性倒错与恐怖症则皆起因于"某种事物在俄狄浦斯情结中是基本不完全"的时候(S2, 201)。在精神病中，甚至在俄狄浦斯情结的第一时间之前，便已然存在着一种根本性的锁闭。在性倒错中，该情结被维持到了第三时间上，但主体不是认同父亲，而是相反认同母亲和/或想象的阳具，从而又折返回了想象性的前俄狄浦斯三角。恐怖症则因为实在的父亲未能介入而出现在主体无法从俄狄浦斯情结的第二时间过渡至第三时间的时候。于是，恐怖症便充当着替代实在性父亲的介入的功能，从而使主体得以过渡到俄狄浦斯情结的第三时间（尽管往往是以一种非典型性的方式）。

• **俄狄浦斯情结与性欲**　正是主体使自己通过俄狄浦斯情结的特殊方式，同时决定着他会采取怎样的性别位置以及他会选择怎样的性欲对象（有关对象选择的问题，见：S4，201）。

在其1969—1970年度的研讨班上，拉康重新考察了俄狄浦斯情结，并将俄狄浦斯的神话分析为弗洛伊德的一个梦境（S17，ch. 8）。在此期研讨班上（尽管不是第一次，见：S7），拉康将俄狄浦斯的神话对照于弗洛伊德的其他神话（即《图腾与禁忌》中的部落原父神话，以及谋杀摩西的神话；见：Freud，1912-13与1939a），并且指出《图腾与禁忌》的神话在结构上是与俄狄浦斯的神话相对立的。在俄狄浦斯的神话中，谋杀父亲使俄狄浦斯得以享乐与自己母亲的性关系，而在《图腾与禁忌》的神话里，谋杀父亲非但没有允许孩子们享有父亲的女人，反而只是强化了乱伦禁忌的法则（见：S7，176）。拉康认为，就此而言，《图腾与禁忌》的神话相比于俄狄浦斯的神话是更加精准的，前者表明对于母亲的享乐是不可能的，而后者则把对于母亲的享乐呈现为遭禁止的，而非不可能的。在俄狄浦斯情结中，对于"享乐"的禁止因而便服务于隐藏此种"享乐"的不可能性；主体于是便执着于神经症的幻想，即若非因为法则的禁止，"享乐"便会是可能的。

在其对众多四元模型的提及中，拉康对有关俄狄浦斯情结的所有三角模型皆做出了某种含蓄的批判。因而，尽管俄狄浦斯情结可以被视作从二元关系到三角结构的过渡，然而拉康指出该情结的更精确表现是从前俄狄浦斯三角（母亲—孩子—阳具）到俄狄浦斯**四元组**(QUATERNARY)(母亲—孩子—父亲—阳具)的过渡。另一种可能是把俄狄浦斯情结看作从前俄狄浦斯三角(母亲—孩子—阳具)到俄狄浦斯三角(母亲—孩子—父亲)的过渡。

光学模型

英:optical model;法:modèle optique

弗洛伊德在《释梦》中把精神比较于某种光学装置,诸如一台显微镜或者一架照相机(Freud, 1900a: SE V, 536)。拉康也同样在其著作中的几个地方使用到了光学装置:例如,他用照相机提供了一个"有关意识现象的唯物主义定义"(S2, ch. 4)。

拉康认为,光学之所以是着手探讨精神结构的一种有效方式,是因为形象在精神结构中扮演着一个重要的角色(S1, 76)。然而,如同弗洛伊德一样,拉康也告诫说这样的一种取径顶多只能提供一些粗糙的类比,因为光学的形象并不同于作为精神分析研究对象的那类形象。出于这一原因,拉康很快便以各种拓扑图形取代了这些光学形象,以便避免想象的捕获(见:**拓扑学**[TOPOLOGY])。不过,正如弗洛伊德曾经就他自己的光学模型所说的那样,"我们需要一些临时思想的协助"(Freud, 1900: 536)。

光学模型首度出现于1954年(即在图10中所复制的版本,取自S1, 124),尔后又在《关于丹尼尔·拉加什的报告的评论》(1958b)、关于转移的研讨班(1960—1961)以及其他的地方有所论及。该模型基本上是借助于一个平面镜和一个凹面镜而构成的一项光学实验。凹面镜产生了被箱子挡住而看不见的一个倒置花瓶的实像,然后这一实像被反射在平面镜中又产生了一个虚像。主体唯有置身在一个特殊的视域之中,这一虚像才是对其可见的。

拉康用此一模型阐明了很多不同的观点。其中最重要的两点便是象征秩序的结构化角色以及**自我理想**(EGO-IDEAL)的功能。

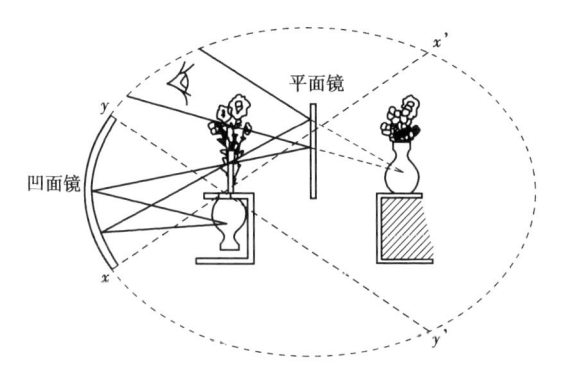

图 10　光学模型

来源：Jacques Lacan, *The Seminar. Book I. Freud's Papers on Technique*, trans. with notes by John Forrester, New York：Norton；Cambridge：Cambridge University Press, 1988.

（1）光学模型阐明了主体在象征秩序中的位置（由平面镜的角度所代表）何以会决定想象界被链接于实在界的方式。"只有就我们在想象界之外，即在象征层面的水平上找到一个向导而言……我在想象界中的位置才是可以构想的。"（S1, 141）光学模型因而阐明了象征秩序在结构化想象界方面的原初重要性。精神分析治疗的作用可以被比作平面镜的旋转，旋转平面镜即会改变主体在象征界中的位置。

（2）光学模型同样阐明了理想自我（ideal ego）的功能，它在图中被表现为实像，而自我理想则与之相反，是支配着镜子角度且因此支配着主体位置的象征性向导（S1, 141）。

秩序

英：order；法：ordre

虽然拉康从很早开始便在其著作中使用"实在""象征"与"想象"这些术语，但是直到1953年，他才开始把这些概念说成是三大

"秩序"或是三大"辖域"(registers)。从此时起,它们便渐渐变成了他的全部理论化皆围绕其运转的基础分类系统。

想象界(IMAGINARY)、**象征界**(SYMBOLIC)与**实在界**(REAL)因而便构成了一个基本分类系统,从而使我们得以在一些概念之间做出重要的区分,根据拉康的观点,这些概念在先前的精神分析理论中皆是有所混淆的。例如,拉康指出,大量的误解出现在精神分析理论之中,皆是由于未能区分想象的父亲、象征的父亲与实在的父亲。因而,拉康便宣称他的三重分类系统无可估量地阐明了弗洛伊德的著作:"倘若没有这三个系统的引导,我们便不可能对弗洛伊德的技术与经验做出任何理解。"(S1,73)

想象界、象征界与实在界具有极端的异质性,每一秩序皆指涉精神分析经验中截然不同的面向。因此,我们便很难看到它们的共同之处,然而,拉康将此三者皆称作"秩序"的这一事实却也暗示出它们有着某种共同属性。在1974—1975年的研讨班上,拉康便借由**博洛米结**(BORROMEAN KNOT)的拓扑学来探讨三大秩序的共同之处。它们并非像弗洛伊德结构模型中的三大机构(agencies)那样的心理力量。然而,它们皆主要关涉心理的运作,且三者共同涵盖了精神分析的整个领域。

尽管三大秩序有着极端的异质性,但是每一秩序必须通过参照于其他两个秩序来界定。博洛米结便阐明了三大秩序在结构上的相互依存,其中的三个圆环有任何一者断裂,皆会导致另外两个圆环也分离开来。

小他者/大他者
英:other/Other;法:autre/Autre[①]

"他者"或许是拉康著作中最复杂的术语。当拉康在1930年代首先开始使用这一术语的时候,它并不是非常突出,而且也仅仅指的是"他人"。虽然弗洛伊德也确实使用过"他者"一词,并用它来谈论"他人"(der Andere)与"他性"(das Andere),但是拉康似乎是从黑格尔那里借来这个术语的,拉康参加了亚历山大·科耶夫在1933—1939年举办于巴黎高等师范学校的一系列讲座,从而了解到了黑格尔的著作(见:Kojève, 1947)。

在1955年,拉康便在"小他者"(the little other)与"大他者"(the big Other)之间做出了区分(S2, ch. 19),这一区分始终都是贯穿在拉康其余著作中的核心所在。其后,在拉康的代数学中,大他者便以A来指称(大写字体,表示法文的Autre),小他者则以a来指称(小写斜体,表示法文的autre)。拉康宣称,对于这个区分的领悟对精神分析的实践而言是根本性的:分析家必须"彻底深谙"A与a之间的差异(E, 140),如此他才能够把自己定位于大他者的位置,而不是小他者的位置(Ec, 454)。

(1)小他者并非那种作为实际他人的他者,而是**自我**(EGO)的某种映射与投射(这就是符号a可以在L **图式**[SCHEMA L]中交替代表小他者与自我的原因所在)。他同时也是**相似者**

[①] 国内主流学界通常在西方哲学的语境下将拉康的这一概念译作"他者",霍大同教授则另辟蹊径将其译作"彼者",其根据在于"彼者"既可以指涉第二人称的"你"也可以指涉第三人称的"他/她"。然而需要指出的是,对拉康而言,第一人称的"我"本身也是一个他者,而一旦牵涉彼此的关系,即陷入拉康所谓的想象二元关系,例如法语中的"此"(ici)和"彼"(là)往往是可以互换的,且不说在拉康的理论话语中并不存在一个先行的"此者",因为无意识的主体恰恰是经由大他者的话语来建构的。因此,翻译成"他者"更能突出人的本质:"他者,人也",且"他"字中的"也"字本身也更能凸显出大他者中的缺失。

(COUNTERPART)与镜像(SPECULAR IMAGE)。小他者因而便完全被铭写在想象秩序之中。有关符号 a 在拉康著作中的发展的更详细讨论,见:**对象小 a**(OBJET PETIT A)。

(2)大他者则指代根本的相异性(alterity),此种他者性(otherness)之所以会超越想象界的虚假相异性,是因为它无法经由认同而得到同化。拉康将此种根本相异性等同于语言和法则,因此大他者便被铭写在象征界的秩序之中。实际上,大他者即象征界,因为它对每个主体而言都是特殊化的。因而,大他者既是就其根本的相异性与不可同化的独一性而言的另一主体,又在与其他主体之间关系的象征秩序中作为中介。

然而,严格地讲,"大他者之为另一主体"的意义相对于"大他者之为象征秩序"的意义而言是居于次要的,"大他者必须首先被看作一个位点,即言语在其中得以构成的位点"(S3,274)。因而,只有在次要的意义上,即在某一主体可能占据这一位置并为另一主体"化身为"大他者的意义上,我们才可能把大他者说成是一个主体(S8,202)。

通过指出言语并不源自自我,甚至也不源自主体,而是源自大他者,拉康便是在强调言语与语言皆超出了我们的有意识控制;它们皆来自意识之外的另一个地方,因此"无意识是大他者的话语"(Ec,16)。通过把大他者构想为一个位置,拉康影射的是弗洛伊德的精神位点(psychical locality)概念,而无意识在此概念下被描述为"另一场景"(见:**场景**[SCENE])。

母亲是第一个相对于孩子而占据大他者位置的人,因为正是她在接受孩子的那些原始的啼哭,并且回溯性地将它们认定为某种特殊的信息(见:**标点**[PUNCTUATION])。当孩子发现这个大他者是不完整的,即在大他者中存在着某种**缺失**(LACK)的时候,阉割情结便会形成。换句话说,在由大他者所构成的能指宝库之中,始终都存在着一个丢失的能指。那种神话性的完整的大他者(在拉康的代数学中写作 A)是不存在的。在 1957 年,拉康通过用一道杠(BAR)画穿符号 A 以产生 $\bar{A}$,从而图示化地阐明了这一不完整的大他者;因此,这一被阉割的、不完整的大他者的别名便是"被画杠的大他者"(the barred Other)。

大他者同样也是"他者性别/另一性别"(the Other sex)(S20,40)。对于男性主体与女性主体而言,他者性别始终是**女人**(WOMAN),"男人在这里充当着中继的作用,女人由此而变成对她自己而言的大他者,一如她是对他而言的大他者那样"(Ec,732)。

P

偏执狂[1]

英：paranoia；法：paranoïa；德：Paranoia

偏执狂是以**妄想**(DELUSIONS)为主要特征的一种**精神病**(PSYCHOSIS)的形式。弗洛伊德治疗偏执狂患者的经验有限,而他对此一主题最广泛的研究也不是对治疗过程的记录,而是对一例男性偏执狂患者(一位名叫丹尼尔·保罗·施瑞伯[Daniel Paul Schreber]的法官)的回忆录所做的分析(Freud, 1911c)。正是在这部著作中,弗洛伊德提出了他把偏执狂视作一种针对同性恋的防御的理论,并且指出偏执狂妄想的不同形式皆是以否定"我(一个男人)爱他"这一措辞的不同方式为基础的。

拉康对偏执狂的兴趣在时间上早于他对精神分析的兴趣,"偏执狂"是他的第一部主要著作,即他的博士论文的主题(Lacan, 1932)。在这部著作中,拉康讨论了一位女性精神病患者,他将其称为"爱美"(Aimée)[2],并将其诊断为患有"自罚型偏执狂"(英：self-punishment paranoia；法：paranoïa d'autopunition)——这是由拉康自己所提出的一种全新的临床范畴。在其1955—1956年度的研讨班上,拉康又返回了偏执狂的主题,他将此期研讨班专门用于对施瑞伯个案的持续评论。拉康觉得弗洛伊德有关偏执狂的同性恋根源的理论并不充分,并转而提出他自己的理论,把**排除**(FORECLOSURE)看作精神病的特定机制。

如同所有临床结构一样,偏执狂也以一种特别鲜明的方式揭示了精神的某些基本特征：自我具有一种偏执狂式的结构(E, 20),因为它是偏执狂异化的地点(E, 5)。"认识"(connaissance)

---

[1] 又译作"妄想狂"。
[2] "Aimée"这个名字在法语中是"被爱的女人"之意,这里将其译作"爱美"。

本身也是偏执狂式的(E, 2, 3, 17)。精神分析治疗的过程势必会在人类主体身上引入一种有控制的偏执狂(E, 15)。

部分对象
英:part-object；法:objet partiel；德:Partialobjekt

根据梅兰妮·克莱因的观点,婴儿的知觉能力发育尚不完全,而且他也只关心自己的即时满足,这便意味着主体起初只能与人的一部分而非其整体发生关系。根据克莱因的说法,原始的部分对象即母亲的乳房。随着婴儿视觉器官的发展,他把人们知觉为完整对象而非离散对象的聚集能力亦会有所发展(见:Hinshelwood, 1989: 378-80)。

虽然"部分对象"这一术语最初是由克莱因派精神分析引入的,但是此一概念的起源可以追溯至卡尔·亚伯拉罕[①]的著作并最终追溯至弗洛伊德。例如,当弗洛伊德声称部分冲动是导向诸如乳房或粪便这样的对象的时候,这些对象便明显都是部分对象。弗洛伊德也在其有关**阉割情结**(CASTRATION COMPLEX)的讨论(在阉割情结中,阴茎被想象为一个可分离的器官)及其有关恋物癖的讨论中暗示阴茎是一个部分对象(见:Laplanche and Pontalis, 1967: 301)。

从很早的时候开始,部分对象的概念便在拉康的著作中扮演着一个重要的角色。拉康发觉部分对象的概念在他对于对象关系理论的批评上是特别有用的,他抨击对象关系理论给对象赋予了一种虚假的完整感。相对于此种倾向,拉康指出,正如所有的**冲动**(DRIVES)都是部分冲动,因此所有的对象也都必然是部分对象。

[①] 卡尔·亚伯拉罕(Karl Abraham, 1877—1925),德国著名精神分析学家,被弗洛伊德誉为其"最杰出的弟子",可惜英年早逝,其著作被收录于《卡尔·亚伯拉罕选集》中。

拉康对于部分对象的关注，是克莱因思想在他著作中产生重要影响的明显证据。然而，克莱因之所以把这些对象定义为部分对象，是因为它们仅仅是一个完整对象的部分，但拉康则采取了一种不同的见解。他认为，这些对象之所以是部分的，"并非因为这些对象是一个整体对象即身体的部分，而是因为它们仅部分地代表着将它们产生出来的那一功能"（E, 315）。换句话说，在无意识中，只有这些对象的给予快乐的功能才会得到反映，而它们的生物学功能则是不被反映的。此外，拉康也指出，把身体的某些部分当作部分对象孤立出来的不是任何生物学的给定，而是语言的能指系统。

除了拉康之前的精神分析理论已然发现的那些部分对象（即乳房、粪便，作为想象性对象的**阳具**[PHALLUS]以及尿流[urinary flow]）之外，拉康（在1966年）又额外补充了几种：音素（phoneme）、**目光**（GAZE）、声音（voice）以及虚无（nothing）（E, 315）。这些对象全都具有一种共同的特征，即"它们没有镜像"（E, 315）。换句话说，它们恰恰都无法被吸收进主体自恋式的整体性幻象。

随着**对象小** *a*（OBJET PETIT *A*）作为欲望的原因的概念在1963—1964年左右被发展出来，拉康有关部分对象的概念化便遭到了修改。至此，每一种部分对象都由于主体把它当作欲望的对象，即对象小 *a*，而变成了单一的对象（S11, 104）。从此时起，在他的著作中，拉康便通常将其有关部分对象的讨论仅仅局限于四种对象：声音、目光、乳房以及粪便。

通过

英：pass；法：passe

在1967年，即在建立其精神分析**学派**（SCHOOL）（巴黎弗洛伊德学派[École Freudienne de Paris, EFP]）的三年之后，拉康又在他的学派中设立了一种新型的程序（Lacan, 1967）。这项程序被称作"通过"，从本质上说，它是被设计出来以便允许人们证实其分析结束的一种制度性框架。其背后的主要思想在于拉康的如下论点：**分析的结束**（END OF ANALYSIS）并非一种半神秘性的、无法言喻的经验，而必须（与精神分析的基本原则相一致）被链接或表达在语言之中。

此项程序如下：要寻求"通过"的人（即"过者"[les passants]）向此时必须处在分析中的两位证人（即"渡者"[les passeurs]）讲述他自己的分析与其分析的结束，继而再由这两位证人将这份证词（分别）转述给一个7人评审团（其中的一些人皆已成功地亲身经历了"通过"）。然后，再由评审团基于这两份证词来决定是否准许候选人通过。没有任何预先建立的标准来指导评审团，因为"通过"所基于的原则便在于每个人的分析都是独特的。如果候选人取得了成功，他便会被授予"学派分析家"（Analyste de l'École, A.E.）的头衔。至于那些未能取得成功的候选人，如果他们还希望再度寻求"通过"的话，也不会遭到阻止。

"通过"作为一种手段被设计出来，以便某人可以寻求学派对于其分析结束的承认。"通过"并非一种强制性的过程；至于一位分析家是否决定要寻求"通过"，则完全取决于他自己。"通过"也不是从事分析实践的一种资格认证，因为"一个分析家的授权只能来自他自己"（Lacan, 1967；见：**训练**[TRAINING]）。"通过"也不是学派对于成员作为分析家的身份的承认，这一承认是由拉康学派中的另一项完全独立的措施来授予的，并且对应着"学派分析家成员"（Analyste Membre de l'École, A.M.E.）的头衔。它唯一承认的是某人的分析已然抵达了其逻辑的终点，而且此人也能够从这一经验中萃取出一种表述清晰的"知识"（savoir）。"通过"因而涉及的不是一种临床的功能，而是一种教学的功能；它是要证明"过者"有能力对其自身的精神分析治疗经验加以理论化，因而有能力对精神分析的知识做出贡献。

雅克-阿兰·米勒评论说,重要的是要区分(1)作为一种制度程序的"通过"(如上所述)与(2)作为分析结束的个人经验的"通过",即从一位分析者变成一位分析家的过渡,这一过渡可以在该词的第一层意义上经由"通过"来加以证实(Miller, 1977)。

在1970年代,"通过"制度变成了巴黎弗洛伊德学派内部激烈争论的焦点。虽然有一些人支持拉康的见解,认为"通过"对于有关分析结束的知识可以产生一些重要的贡献,但是另一些人则批评它会导致分裂且难以实行。这些争论在巴黎弗洛伊德学派的最后几年里愈演愈烈,直至拉康在1980年解散了他的学派(见:Roudinesco, 1986)。在现今存在的各大拉康派组织中,有些组织已经抛弃了拉康的这项提议,而很多其他的组织则仍然把"通过"制度作为其结构的一个核心部分。

行动宣泄

英:passage to the act;法:passage à l'act[①]

"行动宣泄"这一措辞来自法国的临床精神病学,用来指称那些带有暴力或犯罪性质的冲动性行动,这些行动有的时候标志着一个急性精神病发作的开始。正如这一措辞本身所表明的那样,这些行动应该标记着主体根据某种暴力的观念或意图而发出相应的行动的时刻(见:Laplanche and Pontalis, 1967:5)。因为这些行动被归因于精神病的作用,所以法国的法律便免除了犯罪者对于它们的民事责任(Chemama, 1993:4)。

随着精神分析思想于20世纪上半叶在法国得到了更加广泛

---

① 该词在字面上是"转入行动"或"化作行动"的意思,这里转译为"行动宣泄"以表示其冲动性的爆发。

的传播,法国的分析家们使用"行动宣泄"一词来翻译弗洛伊德所使用的术语"Agieren"就变得司空见惯:作为**行动搬演**(ACTING OUT)的同义词。然而,在其1962—1963年度的研讨班上,拉康在这两个术语之间做了一个区分。虽然两者皆是对抗焦虑的最后手段,但是将某物行动搬演的主体仍然停留在**场景**(SCENE)之中,而行动宣泄则涉及完全退出到场景之外。行动搬演是发送给大他者的一则象征信息,而行动宣泄则是从大他者遁入实在界维度的一次逃逸或飞跃。因而,行动宣泄便是离开象征网络的出口,是社会联结的消解。虽然根据拉康的说法,行动宣泄并不必然隐含着一种潜在的精神病,但是它的确会引起某种主体的消解;主体在片刻间变成了一个纯粹的对象。

为了阐明他的意思,拉康提及弗洛伊德曾治疗过的同性恋少女的个案(Freud, 1920a)。弗洛伊德报告说,这位年轻女子与其所爱的女士正在街上散步的时候,她的父亲认出了她,并向她投来了一瞥愤怒的目光。随后她便立刻匆忙跑开,翻过一堵墙而纵身跃下,倒在了铁路轨道的边沿上。拉康指出,这一自杀企图是一个行动宣泄,它不是发送给任何人的某种信息,因为象征化对这位年轻女子而言已经变得不可能。面对着她父亲的欲望,她便被一种无法控制的焦虑吞没了,并且通过认同对象而以一种冲动性的方式来做出反应。于是,她便"跌落"(德语:niederkommt)了,如同对象小 a 那般,即意指的剩余(Lacan, 1962-3: 1963年1月16日的研讨班)。

父性隐喻

英:paternal metaphor;法:métaphore paternelle

在1956年,拉康首度开始详细讨论**隐喻**(METAPHOR)与换喻的修辞,当时他举了维克多·雨果的诗作《沉睡的布兹》(见:

Hugo，1859-83：97-9)的一行诗句为例,来说明隐喻的结构。这首诗重新讲述了路得(Ruth)与波阿斯(Boaz)的圣经故事,当路得睡在波阿斯脚边的时候,波阿斯便梦见了一棵树从自己的腹部生长出来,从而启示他将成为一个种族的开创者。在拉康所引用的这一行诗句中,即"他的麦穗既不吝啬也不怀恨"(His sheaf was neither miserly nor spiteful),"麦穗"对于"波阿斯"的隐喻性替代即产生了一种诗意的**意指**(SIGNIFICATION)效果(S3，218-25；见：S4，377-8；E，156-8；S8，158-9)。父性(paternity)因而既是这首诗作的主题(即其内容),同时又是隐喻结构本身中所固有的。凡是父性皆会涉及隐喻性的替代,反之亦然。

"父性隐喻"这一措辞是拉康在1957年引入的(S4，349)。在1958年,他又继续阐述这一隐喻的结构,这则隐喻涉及一个能指(父亲的名义)对另一能指(母亲的欲望)的替代(见：图11；E，200)。

父性隐喻因而指代了**俄狄浦斯情结**(OEDIPUS COMPLEX)本身的隐喻性(即替代性)特征。它是所有意指赖以建立的根本性隐喻:出于这个原因,所有的意指皆是阳具性的。如果父亲的名义遭到排除(即在精神病中),那么便不会有任何的父性隐喻,也因此不会有任何的阳具意指。

$$\frac{父亲的名义}{母亲的欲望} \cdot \frac{母亲的欲望}{对主体的所指} \rightarrow 父亲的名义\left(\frac{A}{阳具}\right)$$

图11 父性隐喻

来源：Jacques Lacan, *Écrits*, Paris：Seuil, 1966.

性倒错

英：perversion；法：perversion；德：Perversion

性倒错曾经被弗洛伊德定义为任何偏离异性恋生殖器性交规

范的性行为模式(Freud,1905d)。然而,这则定义因弗洛伊德自己的如下观点而问题化了,即凡是人类的性欲皆具有多形倒错性(polymorphous perversity),其特征即在于缺乏任何预先给定的自然秩序。

拉康把性倒错定义为一种临床**结构**(STRUCTURE)而非一种行为模式,从而克服了弗洛伊德理论当中的这一僵局。

> 什么是性倒错?它并不单纯是一种相对于社会标准的失常,一种不同于良好道德的异常,尽管也不乏这一层面;它也不是一种基于自然标准的非典型性,也就是说,它或多或少地背离了性交结合的繁殖结局。就其真正的结构而言,它是某种别的东西。
>
> (S1, 221)

性倒错行为与性倒错结构之间的此种区分即意味着:虽然某些性行为与性倒错结构存在着紧密的联系,但是那些非倒错的主体也有可能会参与此类行为,而一个性倒错主体同样有可能从未参与过此类行为。此种区分还意味着一种普遍主义的立场:虽然社会谴责与违背"良好道德"可以是决定一种特殊行为是否具有倒错性的标准,但是这并非性倒错结构的本质。一个性倒错的结构,即便当那些与之联系的行为得到社会赞许的时候,它也仍旧是倒错性的。因此,拉康把同性恋视作一种性倒错,纵使它在古希腊盛行时得到了广泛的容许(S8, 43)(这并非因为同性恋或者任何其他的性欲形式是自然倒错性的;相反,同性恋的倒错性本质完全在于它违反了俄狄浦斯情结的规范化要求[S4, 201]。因而,拉康便批评弗洛伊德有时遗忘了异性恋在俄狄浦斯情结中的重要性是一个有关规范而非自然的问题[Ec, 223]。分析家的中立[neutrality]禁止他偏袒于此类规范,分析家仅仅试图揭露此类规范在主体历史中拉康从两个主要方面来描述性倒错结构的特征。

・**阳具**（PHALLUS）与**拒认**（DISAVOWAL） 性倒错通过拒认的运作而区分于其他的临床结构。性倒错者拒认阉割，他发觉母亲缺乏阳具，但同时又拒绝接受此一创伤性知觉的现实。这一点在**恋物癖**（FETISHISM）（即"性倒错中的性倒错"；S4, 194) 中最明显可见, 其中物神是对于母亲欠缺的阳具的一种象征性替代。然而, 主体与阳具之间的这种悬而未决的关系, 并非恋物癖所独有, 而是延伸到了所有的性倒错(S4, 192-3)。"性倒错的全部问题便在于构想出孩子如何在其与母亲的关系中……认同于(母亲)欲望的想象性对象(即阳具)。"(E, 197-8)这就是前俄狄浦斯的想象三角形会在性倒错的结构中扮演如此重要角色的原因所在。在性倒错中, 阳具只能起到蒙上面纱(veiled)的作用(见: 拉康对于面纱[veil]在恋物癖、易装癖、同性恋乃至暴露狂中的角色的讨论; S4, 159-63)。

・**冲动**（DRIVE） 性倒错同样是主体相对于冲动而定位自身的一种特殊方式。在性倒错中, 主体把自身定位为冲动的对象, 即定位为他者"享乐"的手段(S11, 185)。如此便颠倒了**幻想**（FANTASY）的结构, 这就是为什么性倒错的公式会作为 $a \Diamond \$$, 即把幻想的数元进行颠倒, 而出现于《康德同萨德》中的第一图式(Ec, 774)。性倒错者采取的是"享乐意志"(英: will-to-enjoy; 法: volonté-de-jouissance)的对象—工具(object-instrument)的位置, 此种享乐意志并非他自己的意志, 而是大他者的意志。性倒错者从事其活动并非出于其自身的快乐, 而是为了大他者的享乐。恰恰是在此种工具化之中, 即在为大他者的享乐效劳的时候, 他才感觉到享乐, "主体在此把自己变成了大他者享乐的工具"(E, 320)。因而, 在窥淫癖(scopophilia, 也拼写为 scoptophilia)当中, 包括暴露

狂和偷窥狂,性倒错者便把自己定位为视界冲动(scopic drive)的对象。而在**施虐狂/受虐狂**(SADISM/MASOCHISM)当中,主体则把自己定位为祈灵冲动(invocatory drive)的对象(S11, 182-5)。性倒错者是冲动的结构在他身上得到最清楚揭示的人,也是携带着最大限度地超越快乐原则的企图的人,"他是可以沿着'享乐'的道路一直走下去的人"(E, 323)。

弗洛伊德曾说"神经症是对于性倒错的否定",他的这句评论有时候会被解释为这样的意思:性倒错只不过是在**神经症**(NEUROSIS)中遭到压抑的某种自然本能的直接表达而已(Freud, 1905d: SE VII, 165)。然而,拉康完全拒绝这种解释(S4, 113, 250)。首先,冲动不应被构想为某种能够以直接方式获得释放的自然本能,它不具有满足的零度(zero degree of satisfaction)。其次,正如上面的评论所清晰阐明的那样,性倒错者与冲动的关系也是同样复杂而精密的,与神经症患者并无二致。从发生发展的观点来看,性倒错与神经症处在同样的水平上,两者皆抵达了俄狄浦斯情结的第三"时间"(S4, 251)。性倒错因而"呈现出了(与神经症)同样的维度丰富性、同样的充盈性、同样的节奏、同样的阶段"(S4, 133)。因此便有必要换一种方式来解释弗洛伊德的这句评论:性倒错是以一种颠倒于神经症的方式而被结构的,但却是同等地被结构的(S4, 251)。

神经症是以一个问题为特征的,而性倒错则是以这一问题的缺失为特征的;性倒错者并不怀疑他的行动是在服务于大他者的享乐。因而,一个性倒错主体来要求分析便是极其罕见的,而且即便是在他来要求分析的这些罕见的情况下,也不是因为他试图改变自己的享乐模式。这或许就说明了为什么会有很多精神分析家声称精神分析治疗并不适用于性倒错主体,甚至有些拉康派分析家也采取了这样的路线,他们把性倒错者的确信比较于精神病患者的确信,从而指出性倒错者在"假设知道的主体"(subject supposed to know)面前无法占据"不知者"(one who does not know)的位置(Clavreul, 1967)。然而,大多数拉康派分析家并未采纳此种观点,因为这样的见解与拉康自己的立场并不一致。例如,在1956—1957年度的研讨班上,拉康便指出,弗洛伊德曾经治疗过的那位同性恋少女,她的梦就是转移在性倒错主体身上的一种明显表现(S4, 106-7;见:Freud, 1920a)。同样,在1960—1961年度的研讨班上,拉康有关转移基础的主要例子也是由被他明确视作性倒错者的阿尔喀比亚德(Alcibiades)来展示的(见:E, 323;"阿尔喀比亚德显然不是一位神经症患者")。因而,拉康认为,对性倒错主体可以在与神经症患者同样的水平上来进行治疗,尽管在治疗的方向上当然会存在一些不同的问题。就此而言,一个重要的蕴意便在于,对于性倒错主体的精神分析治疗,并不会把消除他的性倒错行为设定为其目标。

阳具

英:phallus;法:phallus;德:Phallus[①]

弗洛伊德的著作到处都提及阴茎。弗洛伊德认为,两性的孩子皆会给阴茎赋予重要的价值,而他们对于有些人没有阴茎的发现则会导致一些重要的精神后果(见:**阉割情结**[CASTRATION

[①] 国内主流学界通常将该词音译为"菲勒斯",霍大同教授则建议在中文语境下将其译为"石祖"。然而,这里必须指出的是,"石祖"及其相关的"阳元石"概念乃更多源于上古男性生殖器崇拜的思想残余,与之相应的还有女性生殖器崇拜的"阴元石",故而霍大同先生也在其理论构建中借由中国文化的阴阳逻辑提出了与"石祖"相应的"地母"概念。但是,在弗洛伊德和拉康的理论中,"阳具"作为性别差异的能指总是单一的,且不同于表示两性生殖器官的"阴茎""阴蒂"和"阴道"等,这一概念也与弗洛伊德的"只有男性的力比多"和拉康的"女人不存在"的思想有联系,也就是说,无意识中并不存在一个专门的能指来表征女性的性别,如果非要说有这样一个能指的话,那也是拉康所谓的"大他者中缺失的能指"。因此,我在这里主将"phallus"直译为"阳具",以强调其作为性别差异能指的独一性,所谓的"男人"和"女人"在象征层面上的性别位置皆是根据与阳具能指的关系并相对于阉割的功能来界定的,当然这样的"阳具中心主义"也势必会遭到女性主义基于性别政治的批判。

COMPLEX］）。然而，"阳具"这一术语鲜少出现在弗洛伊德的著作中，而且即便在它出现的时候，也是被用作"阴茎"的同义词。弗洛伊德的确更加频繁地使用到"阳具性"（phallic）这一形容词，诸如在"阳具阶段"（phallic phase）这样的措辞中，然而这并不意味着在"阳具"与"阴茎"这些术语之间有任何严格的区分，因为阳具阶段指的是孩子（无论男孩还是女孩）在此时期只知道一个生殖器官（即阴茎）的发展阶段。

一般而言，拉康更喜欢使用"阳具"这一术语，而不是"阴茎"，以便强调事实上精神分析理论所关心的并非在其生物学现实中的男性生殖器官，而是这一器官在幻想中所扮演的角色。因此，拉康便往往把"阴茎"这一术语应用于生物学器官，而用"阳具"这一术语来表示这一器官的想象性功能与象征性功能。

虽然这一术语学的区分并未出现在弗洛伊德的著作当中，但是它符合在弗洛伊德有关阴茎的那些阐述中所隐含的逻辑。例如，当弗洛伊德论及阴茎与孩子之间的象征性等式的时候，这一等式使女孩得以通过拥有一个孩子来缓和自己的阴茎嫉羡，显然他就不是在谈论实在的器官（Freud, 1917c）。于是，我们便可以认为，拉康的术语学革新仅仅是澄清了某些已然隐含在弗洛伊德著作当中的区分。

尽管该术语在拉康1950年代中期以前的著作中并不突出，然而它在拉康其后的话语中占据了一个愈加重要的位置。阳具在**俄狄浦斯情结**（OEDIPUS COMPLEX）与**性别差异**（SEXUAL DIFFERENCE）的理论中皆扮演着一个核心的角色。

• 阳具与俄狄浦斯情结　阳具是构成**前俄狄浦斯期**（PREOEDIPAL PHASE）的想象三角形中的三个元素之一。它是在其他两个元素（即母亲与孩子）之间循环的一个想象性对象（S3, 319）。母亲欲望着这个对象，而孩子则试图通过认同阳具或是认同阳具母亲来满足她的欲望。在俄狄浦斯情结中,作为第四项的父亲通过阉割孩子而介入这一想象三角形;也就是说,他使孩子不可能去认同想象的阳具。孩子于是便面临着接受其阉割(即接受自己无法成为母亲的阳具)还是拒绝其阉割的选择。

・**阳具与性别差异**　拉康认为,每个孩子都必须放弃成为母亲阳具的可能性,而在这个意义上,男孩与女孩就都必须承担起自己的阉割,这一"与阳具的关系……是在不顾及两性解剖学差异的情况下被建立起来的"(E,282)。两性放弃对于想象性阳具的认同,便为与象征性阳具的关系铺平了道路,此种关系对两性而言是不同的;男人拥有象征性阳具(或者,更确切地说,"他并非没有拥有它"[il n'est pas sans l'avoir]),但是女人则没有。这一点由于以下的事实而复杂化了,即男人只有在他承担自身阉割(放弃成为想象性阳具)的条件下,才有权获得象征性阳具;而女人的象征性阳具的缺失则同样是一种拥有(S4,153)。

至于阳具的地位是实在的、想象的还是象征的,拉康对于实在的阳具、想象的阳具以及象征的阳具皆有所论及:

・**实在的阳具**　如前所述,拉康通常使用"阴茎"这一术语来表示实在的生物学器官,并保留"阳具"这一术语来表示此一器官的想象性功能与象征性功能。然而,他并不总是坚持这一用法,偶尔他也会用"实在的阳具"这一术语来表示生物学器官,或是使用"象征的阳具"与"象征的阴茎"这些术语,就仿佛它们都是同义词一般(S4,153)。这种明显的混淆和语义的滑动,便招致一些评论者指出:事实上,阳具与阴茎之间的这一假定的区分是极其不稳定的,而且"阳具的概念是朝向生物学器官而退行的一个地方"(Macey,1988:191)。

虽然想象的阳具与象征的阳具相比于实在的阳具得到了拉康更加广泛的讨论,但是他也并未全然忽视后者。相反,实在的阴茎在小男孩的俄狄浦斯情结中扮演着一个重要的角色,因为恰恰是经由这一器官,他的性欲才得以在幼儿手淫中被感受到,实在界在想象的前俄狄浦斯三角中的此种侵入,便把这个三角形从某种令人快乐的东西转化成了某种激起焦虑的东西(S4, 225-6;S4, 341)。在俄狄浦斯情结中被提出的问题,便是实在的阳具被定位在什么地方的问题;而该情结的解除所需要的回答则是,它被定位在实在的父亲身上(S4, 281)。在拉康的代数学中,实在的阳具写作"Π"。

• 想象的阳具　在拉康首度引入阴茎与阳具之间区分的时候,阳具便指的是一个想象的对象(S4, 31)。此即"阴茎的形象"(E, 319),阴茎被想象为可经由阉割而与身体分离开来的一个部分对象(E, 315),也就是"阳具的形象"(E, 320)。想象的阳具在前俄狄浦斯期被孩子看作母亲欲望的对象,即她在孩子之外所欲望的东西,孩子因而便试图认同这一对象。俄狄浦斯情结与阉割情结皆涉及放弃这一成为想象性阳具的企图。在拉康的代数学中,想象的阳具写作"φ"(小写的phi),它也同样代表着阳具的意指(phallic signification),阉割则被写作"-φ"(小写的负phi)。

• 象征的阳具　在母亲与孩子之间循环的想象性阳具,有助于建立孩子生命中的第一个辩证法,尽管这是一种想象的辩证法,但已然为孩子走向象征界铺平了道路,因为这一想象的元素是像一个能指那样以同样的方式而循环的(阳具变成了一个"想象的能指")。因而,拉康在1956—1957年度的研讨班上对于想象性阳具所做的那些阐述,便伴随着"阳具同样是一个象征的对象"(S4, 152)以及"阳具是一个能指"(S4, 191)等说法。阳具是一个能指,这一思想在1957—1958年度的研讨班上又被重新提起并且得到了进一步的发展,从而变成了拉康其后的阳具理论中的主要元素;阳具被描述为"大他者的欲望的能指"(E, 290),以及享乐的能指

(E, 320)。

这些论点以其最确定的形式被陈述在拉康的《阳具的意指》(The Signification of the Phallus)这篇文章当中(Lacan, 1958c):

> 阳具不是一种幻想,倘若我们借此想说的是一种想象的效果;同样,它也不是这样的一种对象(部分的、内部的、好的、坏的,等等)。阳具更不是它所象征的器官,阴茎或阴蒂……阳具是一个能指……它是旨在从总体上来命名各种所指效果的那一能指。
>
> (E, 285)

虽然阉割情结与俄狄浦斯情结皆是围绕着想象的阳具而运转的,但是性别差异的问题则是围绕着象征的阳具而运转的。阳具没有任何与之相对应的女性能指,"阳具是没有任何对应物或者等价物的一个象征符。它涉及的是能指中的某种不对称性"(S3, 176)。男性与女性主体皆是经由象征性阳具而承担起自身的性别功能的。

与想象性阳具不同,象征性阳具是无法遭否定的,因为在象征的层面,缺位就像在场一样也是一种肯定的实体(E, 320)。因而,哪怕是在某种意义上缺乏象征性阳具的女人,也同样能够被说成是拥有它的,因为就象征界而言,没有它本身便是一种形式的拥有(S4, 153)。反过来,男人则只有在首先承担起自身阉割功能的基础上,才可能承担起象征性阳具的功能。

拉康继而在1961年声称,象征的阳具即出现在大他者中能指的缺失的位置上的东西(S8, 278-81)。它不是任何普通的能指,而是欲望本身的真实在场(S8, 290)。在1973年,他又声称象征的阳具是"没有所指的能指"(S20, 75)。

在拉康的代数学中,象征的阳具写作"Φ"。然而,拉康却告诫他的学生,如果他们简单地把"Φ"视同于象征的阳具,那么就有可能错失这一符号的复杂性(S8, 296)。这个符号应当更准确地被理解为指派了"阳具的功能"(phallic function)(S8, 298)。在1970年代初期,拉康把这个阳具功能的符号并入了他的性化公式。在运用谓词逻辑(predicate logic)来阐述性别差异问题的时候,拉康给男性位置设计了两个公式,也给女性位置设计了两个公式。所有这四个公式皆围绕着阳具的功能而运作,而阳具的功能在此则等同于阉割的功能。

· 针对拉康的批判 在拉康的所有思想中,他的阳具概念或许是引起最大争议的一个概念。针对拉康的这个概念的反对意见,主要分属于两大阵营。

首先,一些女性主义者指出,拉康给阳具赋予的特权位置即意味着他只是在重复弗洛伊德的那些父权姿态(例如:Grosz, 1990)。其他的女性主义者则捍卫拉康的观点,认为他在阴茎与阳具之间做出的区分,提供了一种无须还原到生物学的方式来说明性别差异(例如:Mitchell and Rose, 1982)。

其次,针对拉康阳具概念的主要反对意见是由雅克·德里达(Derrida, 1975)提出的,而且此种意见也得到了很多其他人的响应。德里达指出,尽管拉康曾多次声明自己是反超验论(anti-transcendentalism)的,然而阳具作为一个超验的元素而运作,对于意义充当着某种理想的担保。鉴于每一能指都只是通过它与其他能指之间的差异而得到定义的,德里达问道,那么又怎么会存在这样一个"特权化的能指"呢?换句话说,也就是阳具重新引入了德里达将其命名为"逻各斯中心主义"(logocentrism)的那种在场形而上学(metaphysics of presence),德里达因而得出结论:由于将此种逻各斯中心主义的在场形而上学链接于阳具中心主义(phallocentrism),拉康便创造出了一种阳具逻各斯中心主义(phallogocentric)的思想体系。

哲学
英：philosophy；法：philosophie

弗洛伊德曾把哲学看作同艺术与宗教并举的一种伟大文化建制——它是文明状态高度发展的标志。然而,他对哲学与精神分析之间关系的看法则有些暧昧不明。一方面,他颂扬某些哲学家(诸如恩培多克勒与尼采等人)仅仅凭借直觉便完全预见了精神分析家们只有通过刻苦的钻研才得以发现的事物(Freud, 1914d：SE XIV, 15-6)。另一方面,他又再三批评哲学家们把精神等同于意识且因而根据纯粹"先验"的理由排除了无意识(Freud, 1925e[1924]：SE XIX, 216-7),而且他也把哲学体系比作偏执狂的妄想(Freud, 1913-13：SE XIII, 73)。

在拉康的著作中,同样存在着精神分析与哲学之间的一种矛盾关系。一方面,拉康把精神分析对立于那些哲学体系的整体化解释(S1, 118-19；S11, 77),并把哲学联系于**主人**(MASTER)话语,即精神分析的反面(S20, 33)。另一方面,拉康的著作中又充满着各种哲学性的参照；实际上,这一点也往往被看作拉康区别于其他精神分析思想家的特征之一。拉康最常提到的哲学家有如下几位：

· 柏拉图　拉康经常把精神分析的方法比作苏格拉底式的对话(见：**辩证法**[DIALECTIC])。此外,他还特别提到了很多柏拉图的著作,尤其是《会饮篇》(*The Symposium*),他将自己 1960—1961 年度的研讨班中很大一部分篇幅专门用于讨论这则文本。

· 亚里士多德　拉康在 1964 年的研讨班上讨论了亚里士多德的因果关系类型(见：**偶然**[CHANCE]),又在 1970—1971 年度的研讨班上讨论了亚里士多德的逻辑。

·笛卡尔　拉康的著作中到处都提及笛卡尔的思想观点,因为他把**我思**(COGITO)哲学看作概括了现代人心理的真正核心(S2,6)。拉康的主体概念既是笛卡尔式的主体(在其从怀疑走向确信的追问之中),又是对于笛卡尔式主体的颠覆。

·康德　康德的道德哲学(即《实践理性批判》)是拉康最感兴趣的部分,而且在其有关伦理学的研讨班(1959—1960)及其有关《康德同萨德》(1962)的文章中,他皆对此进行了详尽的讨论。拉康用康德的绝对律令(categorical imperative)阐明了弗洛伊德的超我概念。

·黑格尔　拉康参加了亚历山大·科耶夫在1933—1939年举办于巴黎高等师范学校的一系列关于黑格尔的讲座(这些讲座后来由雷蒙·格诺①搜集并出版;见:Kojève,1947)。这些讲座对拉康著作的影响极大,尤其是其早期著作,但凡是拉康提到黑格尔的地方,他心中所想的都是科耶夫对于黑格尔的解读。从黑格尔那里,拉康(主要)接受了对于辩证思维模式的强调、**美的灵魂**(BEAUTIFUL SOUL)的概念、**主人**(MASTER)与奴隶的辩证法,以及动物欲望与人类欲望之间的区分。

·海德格尔　拉康与海德格尔的私交甚密,他曾拜访海德格尔,而且还翻译有海德格尔的一些作品。海德格尔对于拉康著作的影响,可见于拉康对**存在**(BEING)的形而上学讨论,也可见于他在充实**言语**(SPEECH)与空洞言语之间的区分。

这些还仅仅是拉康最常提到的一些哲学家,此外他还讨论了很多其他哲学家的著作,诸如圣奥古斯丁、斯宾诺莎与萨特等。

拉康的著作同很多哲学流派与追问领域皆有交集。在其早期

---

① 雷蒙·格诺(Raymond Queneau,1903—1976),法国当代小说家、诗人兼文学批评家,著名的潜在文学工场"乌力波"(Ouvroir de littérature potentielle,Oulipo)的发起人之一,代表作有小说《麻烦事》、诗歌《橡树与狗》及评论《民主道德论》等。

著作中，他便显示出了一种朝向现象学的偏好，甚至在1936年提出了一种"关于精神分析经验的现象学描述"(Ec, 82-5)，但是他在后来变得相当反对现象学，而且在1964年针对梅洛-庞蒂的《知觉现象学》提出了一则批评(S11, 71-6)。就精神分析触及本体论的问题而言，拉康把精神分析匹配于**唯物主义**(MATERIALISM)，而反对一切形式的唯心主义。拉康同样有触及认识论与**科学**(SCIENCE)哲学，他在此的取径始终都是理性主义而非经验主义的。

有关拉康与哲学之间关系的进一步资料，可参见：朱朗维尔(Juranville, 1984)、梅西(Macey, 1988: ch. 4)、拉格朗德-苏利文(Ragland-Sullivan, 1986)以及萨缪尔(Samuels, 1993)。

恐怖症

英：phobia；法：phobie

在精神病学上，恐怖症通常被定义为对于某一特殊对象(诸如某种动物)或是某一特殊情境(诸如离家)的极端恐惧。那些患有恐怖症的人倘若遭遇到恐怖症的对象或是置身于所恐惧的情境，他们便会体验到**焦虑**(ANXIETY)，而且会发展出一些"避免策略"(avoidance strategies)以防止这样的事情发生。这些避免策略可能会变得如此煞费苦心，以至于主体的生活会受到严重的限制。

弗洛伊德对于恐怖症研究的最重要贡献，便涉及一个被他昵称为"小汉斯"的小男孩。在小汉斯的五岁生日之前不久，他产生了一种对马的强烈恐惧，而且变得不愿出门，以免在街上遇到一匹马。在弗洛伊德有关小汉斯的个案研究中，他曾区分了焦虑的初始发作(不依附于任何对象)与特别聚焦于马的继发恐惧，唯有后者才构成了严格意义上的恐怖症。弗洛伊德指出，焦虑是由小汉斯与其母亲的关系在他身上生产的性兴奋的转化，而马则代表着小汉斯所恐惧的会惩罚他的父亲(Freud, 1909b)。

在其1956—1957年度的研讨班上,拉康针对小汉斯的个案提供了一份详细的解读,从而提出了他自己有关恐怖症的见解。遵循弗洛伊德的观点,他也强调恐怖症与焦虑之间的差异:焦虑首先出现,而恐怖症则是通过聚焦于一个特定对象而把焦虑转化为恐惧的一种防御性构成(S4, 207, 400)。然而,拉康并未像弗洛伊德所做的那样把恐怖症的对象视同对于父亲的代表,相反他认为,恐怖症对象的基本特征即在于它并非只代表着某一个人而是轮流代表着不同的人(S4, 283-8)。拉康指出,小汉斯在其恐怖症的不同时刻上描述怕马的方式是极其不同的,例如,在某一时刻上,小汉斯害怕马会咬他;而在另一时刻上,又害怕马会倒下(S4, 305-6)。拉康宣称,在这些不同的时刻上,马代表着小汉斯生活中的不同的人(S4, 307)。因而,马便并非作为一个单独所指的等价物,而是作为一个能指而运作的,这一能指没有任何单一确指的意义,而是被轮流移置到不同的所指之上(S4, 288)。

拉康认为,小汉斯之所以会发展出怕马恐怖症,便是因为他的实在的父亲未能作为阉割的动因介入进来,而作为阉割的动因则是实在的父亲在**俄狄浦斯情结**(OEDIPUS COMPLEX)中应有的角色(S4, 212)。当小汉斯开始在幼儿手淫中感受到其性欲的时候,前俄狄浦斯三角(母亲—孩子—想象的阳具)便从作为其享乐的源泉转变成了某种在他身上激起焦虑的东西。实在的父亲的干预性介入本应通过向他施加象征性阉割而把小汉斯从此种焦虑中解救出来,但是由于此种干预性介入的缺位,小汉斯便被迫要在恐怖症中寻找某种替代。恐怖症的作用即在于利用一个想象的对象(马)来重新组织小汉斯的象征性世界,从而帮助他从想象秩序过渡到象征秩序(S4, 230, 245-6, 284)。因而,恐怖症便远非一种纯粹消极的现象,相反,经由引入一个象征性的维度,恐怖症便使这一创伤性情境变成了可以思考乃至可以经受的东西,即便它只是一种暂时性的解决(S4, 82)。

因而，恐怖症的对象是一个想象的元素，它被用来代表主体世界中的任何可能元素，从而便能够起到一个能指的作用。对小汉斯而言，马便在不同的时刻上代表着他的父亲、他的母亲、他的朋友乃至他自己，以及除此之外的很多其他事物（S4, 307）。在围绕着"其恐怖症的能指化结晶"而发展出所有可能排列的过程中，小汉斯便能够穷尽所有那些阻碍他从想象界过渡到象征界的不可能性，因而通过诉诸一个能指性方程而找出了应对此种不可能性的解决办法（E, 168）。换句话说，恐怖症恰恰扮演着克劳德·列维-斯特劳斯指派给神话的同样的角色，只不过是在个体的层面上而非在社会的层面上。列维-斯特劳斯指出，对于神话而言，重要的不是构成神话的那些孤立元素的任何"自然的"或"原型的"意义，而是这些元素被组合并重组的这样一种方式，即虽然这些元素的位置发生了改变，但是这些位置之间的关系是不变的（Lévi-Strauss, 1955）。上述元素的此种反复重组，便通过依次链接于其不可能性的所有不同形式，而使人们敢于面对那一不可能的情境（S4, 330）。

在对患有恐怖症的主体的治疗方面，拉康理论的实践结果是怎样的呢？它既不是简单地给主体脱敏（例如：在行为主义疗法中），也不是简单地就恐怖症的对象提供某种解释（例如："马是你的父亲"），其治疗的目标应当是帮助主体来修通所有那些涉及恐怖症能指的不同排列。通过帮助主体发展出与其自身法则相一致的个人神话，治疗便能够使他最终得以穷尽这些能指元素的所有可能的组合，从而消除恐怖症（S4, 402）（应当谨记的是，拉康有关小汉斯个案的讨论只是明确处理了童年恐怖症的问题，而这些评判是否同样适用于成人恐怖症则仍然是留待解决的问题）。

正如弗洛伊德自己在他有关小汉斯的个案研究中所注意到的那样，恐怖症先前并未在精神病学的病情学中被指派以任何明确的位置。虽然弗洛伊德曾试图修补围绕着恐怖症归类的此种不确定性，但是他所提出的解答也带有某种歧义性。一方面，因为在神经症患者与精神病主体身上皆可以发现那些恐怖症的症状，弗洛伊德便声称恐怖症无法被看作一种"独立的病理性过程"（Freud, 1909b: SE X, 115）。另一方面，在同一本著作中，弗洛伊德又的确孤立出了一种特殊形式的神经症，而其核心的症状即恐怖症。弗洛伊德将此种全新的诊断范畴称作"焦虑型癔症"（anxiety hysteria），以便将它与"转换型癔症"（conversion hysteria）区分开来（弗洛伊德在先前都只是简单地将后者指称为"癔症"）。弗洛伊德的这些评论因而是带有歧义性的，它们意味着恐怖症既可能是一种症状，同时又可能是一种潜在的临床实体。同样的歧义性也被重复在拉康的著作当中，这一问题在拉康那里被重新改述为：恐怖症究竟是一种"**症状**"（symptom）还是一种"**结构**"（STRUCTURE）。通常，拉康都只是区分两种神经症结构（即癔症与强迫型神经症），而将恐怖症描述为一种症状而非一种结构（S4, 285）。然而，在拉康的著作中同样有一些地方，他将恐怖症列为除癔症与强迫型神经症之外的第三种神经症形式，从而暗示存在着一个恐怖症的结构（例如：E, 321），例如，在1961年，拉康就把恐怖症描述为"神经症的最根本形式"（S8, 425）。直到1968—1969年度的研讨班上，这一问题才得到了解决，拉康在那里陈述道：

> 我们无法在其[恐怖症]中看到一个临床的实体，而毋宁说它是一个中转的枢纽（plaque tournante），某种必须在它与其往往所趋向的东西——神经症的两种主要秩序：癔症与强迫症——的关系中来加以阐明的事物，此外它也同性倒错实现了某种交叉。
>
> （Lacan, 1968-9，摘自：Chemama, 1993: 210）

因而，根据拉康的观点，恐怖症便不是同癔症与强迫型神经症处在同一水平上的一种临床结构，而是能够通往其中任何一者的一道关口，而且也与性倒错的结构具有某些关联。此种与性倒错的联系可见于物神与恐怖症对象之间的相似之处，两者皆是对于一个丢失的元素的象征性替代，而且两者也皆服务于结构化周围的世界。此外，恐怖症与性倒错也皆起因于从想象的前俄狄浦斯三角过渡至象征的俄狄浦斯四元组的困难。

快乐原则

英：pleasure principle；法：principe de plaisir；德：Lustprinzip

即便当拉康单独使用"快乐"一词的时候，他也都总是在指涉快乐"原则"，而从来不是在指涉快乐的感觉。

快乐原则是弗洛伊德在其元心理学著作中提出的"心理运作的两大原则"之一（另一项原则即**现实原则**[REALITY PRINCIPLE]）。快乐原则的唯一目的便是获得快乐并避免不快乐。

拉康有关快乐原则的首度延伸讨论出现在1954—1955年度的研讨班上。在此期研讨班上，拉康把快乐原则比作一种内稳装置（homeostatic device），其目的在于把兴奋维持在最低的功能水平上（S2, 79-80）。这符合弗洛伊德"把不快乐联系于兴奋量的增加，而把快乐联系于兴奋量的减少"的论点。拉康把快乐原则（他将其称作"复原倾向"[restitutive tendency]）对立于死亡冲动（即"重复倾向"[repetitive tendency]），而这也与弗洛伊德有关死亡冲动是"超越快乐原则"的观点相一致（S2, 79-80）。

在1960年，拉康发展出了在快乐与**享乐**（JOUISSANCE）之间存在某种对立的思想，而这一思想很快便在他的著作中变成一个重要的概念。"享乐"现在被定义为快乐原则所试图阻止的一种过剩的兴奋量。快乐原则因而被看作一种象征性的法则，这一律令可以被表述为"尽可能少地享乐"（这就是弗洛伊德最初将其称作不快乐原则［unpleasure principle］的原因所在；见：Freud, 1900a: SE V, 574）。快乐是对一种内稳（homeostasis）且恒定（constancy）状态的保护，而"享乐"则不断威胁要对其进行破坏并使其受到创伤。

> 实际上，快乐原则的功能便在于引导主体在能指间切换，通过尽可能多地生成所需要的能指，而把调节精神装置整个运作的那一张力维持在一个尽可能低的水平上。
>
> （S7, 119）

换句话说，快乐原则即对乱伦的禁止，"它调节着主体与原物（das Ding）之间的距离"（S7, 69；见：**原物**［THING］）。倘若主体违反了这一禁令，跟原物离得太近，那么他便会感到痛苦。因为允许主体违反快乐原则的是那些冲动，因此每一个冲动都是一个**死亡冲动**（DEATH DRIVE）。

因为快乐原则联系着禁止、法则与规制，所以它明显处在象征界的一边，而享乐则处在实在界的一边。因而，快乐原则"无非是能指的支配性"（S7, 134）。这便使拉康陷入了一则悖论，因为象征界也是强制性**重复**（REPETITION）的领域，而用弗洛伊德的话说，强制性重复恰恰就是"超越"快乐原则的东西。实际上，拉康有关快乐原则的有些描述，使它听起来就几乎等同于强制性重复："快乐原则的功能即在于让人始终去寻找那个他必须再度找到，却永远无法得到的东西。"（S7, 68）

结扣点

法:point de capiton[①]

法文术语"point de capiton"在拉康著作的英文版本中被不同地译作"缝合点"(quilting point)或者"锚定点"(anchoring point)。为了避免此种翻译的多样性所导致的混淆,该术语在此便被保留为其法语原文的形式。在字面上,该词指的是一种家具衬垫装饰扣,这里的类比在于,正如家具衬垫装饰扣是"床垫制造者为了防止大量不成形的填塞物过于自由地移动而多缝几针"的地方(Bowie,1991:74),所以"结扣点"也是"所指与能指被扭结在一起的"地点(S3,268)。拉康在其1955—1956年度有关精神病的研讨班上引入了这一术语,以说明这样一个事实,即尽管所指在能指之下连续滑动(见:**滑动**[SLIP]),然而就正常的(神经症的)主体而言,在所指与能指之间也还是存在着一些基本的"附着点"(attachment points),从而暂时性地停止了此种滑动。这些点在数量上的最小限值"对于把一个人称作正常人而言是必不可少的",而且"当它们没有建立的时候,或是当它们坍塌的时候"(S3,268-9),其结果便会导致**精神病**(PSYCHOSIS)。这一点有助于解释何以在精神病的经验中"能指与所指会以一种完全割裂的形式呈现出来"(S3,268)。

因而,"结扣点"便是在能指链条上使"能指停止原本永无止境的意指运动"并产生某固定意义的必要幻象的点。因为能指链条同时具有一个历时性的维度与一个共时性的维度,所以"结扣点"

[①] 拉康的"point de capiton"(PDC)在字面上是"填塞垫料的针脚"之意,该词在英文中通常被译为"缝合点"(quilting point)和"锚定点"(anchoring point),而拉康的英文译者布鲁斯·芬克则另辟蹊径将其译为"纽扣结"(button tie)。我曾将其译为"填料点",这里则改译为"结扣点"。

亦是如此：

（1）"结扣点"的历时性维度即在于这样一个事实：交流始终是**标点**（PUNCTUATION）的一种回溯性效果。只有当一个句子是完整的时候，前面的词的意义才会被回溯性地决定下来。这一功能是在**欲望图解**（GRAPH OF DESIRE）的基本单位中被加以阐明的，其中"结扣点"即矢量 S—S' 与矢量 △—$ 之间的最左边的交点。

（2）共时性的面向即能指借以穿越杠而进入所指的**隐喻**（METAPHOR）。"［结扣点的］共时性的结构是更加隐蔽的，而且正是这一结构将我们带向了源头。它便是隐喻。"（E, 303）

前俄狄浦斯期

英：preoedipal phase；法：stade préœdipien

前俄狄浦斯期是先于**俄狄浦斯情结**（OEDIPUS COMPLEX）形成的心理性欲发展阶段。该术语在很晚的时候才在弗洛伊德的著作中出现于他对女性性欲进行讨论的语境之下（Freud, 1931b）。

在拉康之前，前俄狄浦斯期通常都被表现为母亲与孩子之间的**二元关系**（DUAL RELATION），此种二元关系先于任何可能在其中作为中介的第三项而存在。然而，拉康则指出，这样的一种取径具有使此一概念在精神分析理论中变得无法设想的缺点。精神分析仅仅处理的是结构，而结构则要求有至少三个项，因而被表现为一种纯粹二元关系的前俄狄浦斯期，便"无法从分析的角度来构想"（E, 197）。孩子从来都不是完全与母亲单独在一起的，因为始终存在着一个第三项（S4, 240-1）。

因此，当拉康谈到前俄狄浦斯期的时候，他便不是将其呈现为一种二元关系，而是呈现为一种三角结构（S4, 81）。在前俄狄浦斯三角中，在母亲与孩子之间的二元关系里作为中介的第三个元素,便是**阳具**(PHALLUS),即在一系列交换中循环于母亲与孩子之间的一个想象的对象。在1957—1958年度的研讨班上,拉康没有把这个想象三角形说成前俄狄浦斯期,而是将其称作俄狄浦斯情结的第一"时间"。

无论被描述为前俄狄浦斯期,还是被描述为俄狄浦斯情结本身中的一个时刻,母亲、孩子与阳具的想象三角形都出现在幼儿察觉到母亲身上有某种缺失的时候。幼儿认识到母亲并不完全满足于跟自己单独在一起,而是欲望着某种别的东西(即阳具)。于是,孩子便会试图成为母亲的阳具,这就使他卷入了一场充满引诱的诱惑性游戏,在其中孩子"从来都不真正存在于他所在之处,也从来都不完全缺席于他所不在之处"(S4, 193;亦见:S4, 223-4)。在1956—1957年度的研讨班上,拉康分析了小汉斯的个案(Freud, 1909b),他说明了这场游戏何以会让小汉斯感到暂时性的满足,并且指出其中没有任何固有的东西可以终止这一前俄狄浦斯式的天堂(S4, 226)。然而,在某一时刻上,某种别的东西介入了进来,从而将一个焦虑的不和谐音符引入了这场游戏。这种"别的东西"便是在幼儿手淫中表现出来的冲动的第一次搅动(S4, 225-6)。实在的器官以这样的方式介入进来,便把想象三角形转变成了一场致命的游戏,这是一项不可能的任务,孩子在其中完全是全能的饕餮母亲(devouring mother)的独断欲望的牺牲品(S4, 69, 195)。只有通过父亲作为第四项的干预性介入,只有通过父亲基于象征性法则正当地宣布自己对于阳具的占用,孩子才能够从这场致命的游戏中被解救出来。

拉康对于前俄狄浦斯期的兴趣,不仅在于它给俄狄浦斯情结铺路的作用,而且在于所有性倒错皆起源于此一时期的事实(S4, 193)。**性倒错**(PERVERSION)始终都涉及在前俄狄浦斯三角中对于另一项的某种认同,无论认同的是母亲,还是想象的阳具(或者两者皆是,譬如在恋物癖中)。

剥夺

英：privation；法：privation

在其1956—1957年度的研讨班上，拉康区分了"对象缺失"的三种类型，即剥夺、挫折与阉割（见：**缺失**[LACK]）。每一种类型的缺失皆被定位于一个不同的秩序，它们皆由不同的动因所导致，且皆涉及不同的对象。剥夺被定义为一个象征性对象（象征性阳具）在实在界中的缺失，导致此种缺失的动因是想象的父亲。

剥夺是拉康针对弗洛伊德有关女性阉割与阴茎嫉羡的概念做出的更严格的理论化尝试。根据弗洛伊德的说法，当孩子认识到有些人（女人们）没有阴茎的时候，这一创伤性的时刻便会在男孩与女孩身上产生不同的效果（见：**阉割情结**[CASTRATION COMPLEX]）。男孩会发展出害怕自己的阴茎被割掉的恐惧，而女孩则羡慕男孩对于阴茎的占有，她将阴茎看作一个极其值得欲望的器官。女孩会责备母亲剥夺了她的阴茎，而且会将自己的情感转向父亲，以期待父亲会给她提供一个孩子，作为她所缺失的阴茎的象征性替代（Freud, 1924d）。

于是，剥夺便指涉的是女性阴茎的缺失，而这显然是一种处在实在界中的缺失。然而，根据定义，"实在界是完满的"（the real is full），就其本身而言，实在界是从不缺失的，因而"剥夺的概念……便隐含着对于实在界中的对象的象征化"（S4, 218）。换句话说，当孩子觉察到阴茎（作为一个实在的器官）是"缺位"（absent）的时候，这便仅仅是因为他拥有某种观念，相信阴茎无论如何都应该在那里，而这便把象征界引入了实在界。因而，缺失的便不是实在的器官，因为从生物学上讲，阴道并非没有阴茎就不完整；缺失的是一个象征的对象，即象征的阳具。它在女孩的无意识中能够由一个孩子来替代，这一事实便证实了其象征性的本质。弗洛伊德指出,通过欲望一个孩子来缓和自己的阴茎嫉羡,女孩便会"沿着一条象征性等式的路线——我们可以说——从阴茎滑向孩子"(Freud, 1924d: SE XIX, 178-9)。

弗洛伊德认为小女孩会责备她的母亲剥夺了自己的阴茎。然而,拉康则指出是想象的父亲被当作剥夺的动因。不过,这两种说法未必是不可兼容的。虽然女孩起初可能会怨恨母亲剥夺了自己的阴茎,并且转向父亲以期望他会给自己提供某种象征性替代物,但是当父亲后来未能给她提供她所欲望的孩子的时候,她又会将自己的怨恨转向父亲。

弗洛伊德声称,阴茎嫉羡会一直持续至成年期,它既表现于女人想要在性交中享乐阴茎的欲望,又表现于女性想要拥有一个孩子的欲望(因为父亲未能给她提供一个孩子,女人便转向另一个男人作为替代)。拉康则指出,即便女人拥有一个孩子,这也并不等于其剥夺感的终结。无论她拥有多少个孩子,她对阳具的欲望始终都是得不到满足的。从很早的时候开始,孩子便会觉察到母亲的此种基本不满足(S4, 194);他会认识到母亲的欲望指向了超越母亲与自己关系之外的某种东西——想象的阳具。于是,孩子便会试图通过认同想象的阳具来满足她的欲望。因此,对于母亲的剥夺便是把欲望辩证法第一次引入孩子的生活之中的原因。

进展

英:progress;法:progrès

拉康宣称,进展的概念,如同其他人文主义概念一样,皆是相异于他的教学的:"我丝毫没有在任何事情中表达过进展的概念,这是在该术语可能隐含有某种幸福的解决之道的意义上来说的。"(S17, 122)就此而言,拉康基本上是一位悲观主义的思想家,而且他也在弗洛伊德的那些比较阴沉的著作中找到了对于此种悲观主义的支撑,诸如《文明及其不满》(Freud, 1930a)等。这些文本使拉康得以声称"弗洛伊德绝非一位进步论者"(S7, 183)。

拉康之所以拒绝进展的概念,是因为其基础在于一种线性单向的**时间**(TIME)概念,也是因为它隐含了综合的可能性(见:**辩证法**[DIALECTIC])。连同进展的概念一起,拉康也拒绝了其他的相关概念,诸如心理性欲**发展**(DEVELOPMENT)的各个阶段是一种单线次序的概念。

然而,在某种意义上,拉康确实又谈到了进展:精神分析**治疗**(TREATMENT)中的进展。就治疗是一种有其开端与结束的过程而言,当这一治疗是运动的而非"被卡住"的时候,我们便可以谈及进展。只要有新的材料呈现出来,治疗便是在进展的。实际上,精神分析治疗可以被描述为"一种朝向真理的进展"(E, 253)。

投射

英:projection;法:projection;德:Projektion

投射是将某种内部的欲望/想法/感受移置并定位在主体之外的另一主体身上的一种防御机制。例如,一个曾经(或是感到)对其伴侣不忠的人,便可能会通过谴责伴侣的不忠来防御自己的罪疚感。

虽然弗洛伊德与很多其他的精神分析家皆用"投射"这一术语来描述一种(在不同的程度上)同时存在于精神病与神经症的机制,但是拉康则将"投射"理解为一种纯粹的神经症机制,并且将它清楚地区分于在精神病中出现的那些明显类似的现象(拉康将其称作**排除**[FORECLOSURE])。投射根植于自我与相似者之间的想象二元关系(S3, 145),而排除则超越了想象界,涉及的是一个没有被兼并在象征界之中的能指。

拉康同样拒绝把**内摄**(INTROJECTION)看作投射的反转,他认为这两个过程被定位在完全不同的层面上。投射是一种想象性机制,而内摄则是一种象征性过程(Ec, 655)。

精神分析

英:psychoanalysis;法:psychanalyse;德:Psychoanalyse

精神分析是由西格蒙德·弗洛伊德基于无意识的发现而开创的理论与实践。弗洛伊德把精神分析区分为(1)一种研究无意识心理过程的方法;(2)一种治疗神经症性障碍的方法;以及(3)由精神分析的研究方法与治疗方法所揭示出来的一套有关心理过程的理论(Freud, 1923a: SE XVIII, 235)。因此,"精神分析"一词就其本身而言便是带有歧义性的,因为它既可以指涉作为一种实践的精神分析,又可以指涉作为一种理论的精神分析,抑或两者皆可。在这部辞典中,当有必要避免此种歧义性的时候,"精神分析治疗"这一术语便被用来指涉作为一种实践的精神分析,而"精神分析理论"这一术语则被用来指涉作为一组思想的精神分析。

拉康起初接受的是精神科医生的训练,同时转向精神分析以辅助他的精神病学研究。于是,这便使拉康在1930年代亲自接受了精神分析家的训练。从此时起,一直到1981年他逝世为止,拉康都在致力于作为分析家的实践与发展精神分析的理论。在这一过程中,拉康建构出了一种极其独创的方式来讨论精神分析,这同时体现并决定了一种极其独创的方式来操作治疗。因而,在此种意义上,我们便能够言及一种带有"拉康派"特色的精神分析治疗形式。然而,拉康从不承认自己创造了一种带有"拉康派"特色的精神分析形式。相反,当他描述自己从事精神分析的取径之时,他都仅仅是讲"精神分析",从而便暗示自己的取径是精神分析的唯一真正的形式,是唯一真正依循了弗洛伊德式方法的形式。因而,在拉康看来,三种主要的非拉康派的精神分析理论学派(即**克莱因派**

精神分析［KLEINIAN PSYCHOANALYSIS］、**自我心理学**［EGO-PSYCHOLOGY］以及**对象关系理论**［OBJECT-RELATIONS THEORY］）便统统背离了真正的精神分析，而他自己回到弗洛伊德便是旨在纠正这些学派的错误（见：**回到弗洛伊德**［FREUD, RETURN TO］）。

从一开始，拉康便认为精神分析理论是一种科学性而非宗教性的话语模式（见：**科学**［SCIENCE］），而且有着明确的对象。那些旨在把从精神分析中发展出来的概念应用于其他对象的做法，皆无法宣称自己是在进行"应用精神分析"（applied psychoanalysis），因为精神分析理论并非一种关涉普遍性的主人话语，而是关于一种特定情境的理论（Ec, 747）。精神分析是一门自主的学科，虽然它可能从很多其他的学科借取了一些概念，但是这并不意味着它依赖于其中的任何学科，因为它会以一种独特的方式来重新修改这些概念。因而，精神分析便既非隶属于**心理学**（PSYCHOLOGY）的分支（S20, 77），也非隶属于医学的分支，亦非隶属于**哲学**（PHILOSOPHY）的分支（S20, 42），更非隶属于**语言学**（LINGUISTICS）的分支（S20, 20）。当然，精神分析也不是一种心理治疗的形式（Ec, 324），因为它的目标并不是"治愈"，而是道出真理。

心理学

英：psychology；法：psychologie

在其1950年以前的作品中，拉康把精神分析与心理学看作可以相互间交叉渗透的平行学科。尽管他对联想主义心理学的概念性不充分持极具批判性的态度，然而拉康还是认为通过给心理学提供一些真正科学性的概念，诸如**意象**（IMAGO）与**情结**（COMPLEX）等，精神分析能够帮助建立一种摆脱了此类错误的"真正的心理学"(authentic psychology)(Lacan,1936)。

然而,从1950年开始,在拉康的著作中渐渐而持续地产生了一种使精神分析脱离于心理学的倾向。拉康首先指出心理学被局限于一种动物心理学(即动物行为学)的理解:"如果我们试图尽可能牢固地把握心理学的话,那么它便是动物行为学的,即生物性个体相对于其自然环境的行为整体。"(S3,7)这并不是说心理学不适用于人类,因为人类也是动物,而是说它无法处理人之为人的独特性(尽管拉康在某处也确实声称,自我与自恋的理论"扩展了"现代动物行为学的研究;Ec,472)。因而,心理学便被还原成了适用于所有动物的普遍行为法则,包括人类在内。拉康还拒绝"动物心理与人类心理之间具有某种断续性的学说",他认为这样的学说"是远离我们的思想的"(Ec,484)。然而,拉康强有力地拒绝了行为主义的理论,根据这种理论,上述的那些普遍行为法则便足以解释所有的人类精神现象。只有揭示出人类主体性的语言基础的精神分析,才足以解释那些为人类所特有的精神现象。

在1960年代,精神分析与心理学之间的距离在拉康的著作中得到了进一步的强调。拉康认为,心理学在本质上是一种"技术统治性剥削"(technocratic exploitation)的工具(Ec,851;见:Ec,832),而且它也受制于那些有关整体与综合、**自然**(NATURE)与本能、自主性与自我意识的幻象(Ec,832)。另一方面,精神分析则颠覆了心理学所怀抱的这些幻象,在此种意义上说,"弗洛伊德的宣言便是与心理学丝毫无关的"(S17,44)。例如,心理学最珍视的幻象便是"主体的统一性"(E,294),而精神分析则通过证明主体是无可挽回地被分裂或"被画杠"的而颠覆了此种观念。

精神病

英:psychosis；法:psychose；德:Psychose

"精神病"这一术语作为一种通常命名心理疾病的方式在19世纪出现于精神病学。弗洛伊德在世期间，精神病与**神经症**（NEUROSIS）之间的一个基本区分便渐渐得到了人们的普遍接受，根据此种区分，精神病指代那些极端形式的心理疾病，而神经症则表示那些较不严重的心理紊乱（或心理障碍）。弗洛伊德自己就曾在多篇文章里吸收并发展了神经症与精神病之间的这一基本区分（例如：Freud, 1924b 与 1924e）。

拉康对于精神病的兴趣在时间上先于他对精神分析的兴趣。实际上，拉康的博士论文研究便涉及他将其称作"爱美"（Aimée）的一位女性精神病患者，正是这项研究最初把拉康带向了精神分析的理论（Lacan, 1932）。经常有人评论说，拉康对于这位病人的债务会令人联想到弗洛伊德对于自己最早那批神经症患者（她们也是女性）的"债务"。换句话说，弗洛伊德最初研究无意识的取径是通过神经症，而拉康最初的研究取径则是经由精神病。此外，拉康的那种扭曲缠结且有时几乎令人费解的写作与言说风格，也经常被人拿来比作精神病患者的话语。无论是谁做出了这样的比较，拉康对于精神病的探讨都显然是其著作中最具重要性且最具独创性的方面。

拉康有关精神病的最详尽讨论，出现在其1955—1956年度被简单冠以"精神病"这一标题的研讨班上。正是他在这期研讨班上详细阐述的内容，变成了日后拉康派研究**疯癫**（MADNESS）取径的主要宗旨。精神病被定义为三大临床**结构**（STRUCTURES）之一，这一结构是由**排除**（FORECLOSURE）的运作来界定的。在此种运作中，**父亲的名义**（NAME-OF-THE-FATHER）并未被整合进精神病人的象征世界(这一能指遭到了"排除"),其结果便是在象征秩序中留下了一个空洞。谈及象征秩序中的一个空洞,并不是说精神病患者不具有无意识;恰恰相反,在精神病中"无意识是呈现的而非运作的"(S3, 208)。因而,精神病的结构便起因于俄狄浦斯情结中的某种故障,即父性功能中的某种缺失,更确切地讲,在精神病中,父亲的功能被化约为父亲的形象(即象征界被化约为想象界)。

在拉康派精神分析中,在作为临床结构的精神病与诸如**妄想**(DELUSIONS)和**幻觉**(HALLUCINATIONS)之类的精神病现象之间做出区分是十分重要的。这些精神病现象的出现需要具备两个条件:其一是主体必须具有一个精神病的结构,其二是父亲的名义必须"被召回至与主体的象征性对抗之中"(E, 217)。当缺乏第一种条件的时候,与父性能指的对抗便永远也不会导致精神病的现象,一位神经症患者永远也不会"变成精神病患者"(见:S3, 15)。当缺乏第二种条件的时候,精神病的结构便始终是潜在的。因而,我们便可以设想一个主体可能具有一个精神病的结构,却从未发展出妄想或是体验过幻觉。当这两个条件都满足的时候,精神病便会被"触发",潜在的精神病即会表现出明显的幻觉和/或妄想。

拉康把自己的论点建立在对于施瑞伯个案(Freud, 1911c)的详细阅读的基础之上。丹尼尔·保罗·施瑞伯(Daniel Paul Schreber)是德累斯顿(Dresden,德国东部萨克森州首府)的一名上诉法院的法官,他曾把自己的那些偏执狂妄想以书写的方式记录下来,有关这些记录的分析,构成了弗洛伊德对于精神病研究的最重要贡献。拉康指出,施瑞伯的精神病之所以会被触发,一则是因为他无法生育孩子;二则是因为他在司法部谋得了一个重要的职位,这两方面的经验皆使他在实在界中面对着父性的问题,并因而把父亲的名义召回到了与主体的象征性对抗之中。

在1970年代,拉康围绕着**博洛米结**(BORROMEAN KNOT)的概念重新阐述了他研究精神病的取径。博洛米结中的三个圆环代表着三大秩序：实在界、象征界与想象界。在神经症中，这三个圆环是以一种特殊的方式被联系起来的，但在精神病中，它们被拆解开来。然而，某种症状形成（symptomatic formation）有的时候可以充当把其他三个圆环嵌套起来的第四个圆环，从而避免这一精神病性的解离（见：**圣状**［SINTHOME］）。

拉康遵循弗洛伊德的观点声称，尽管精神病引起了精神分析理论研究者的极大兴趣，然而它超出了经典精神分析治疗方法的领域之外，因为此种方法只适用于神经症："在［弗洛伊德］建立的技术所适用的经验［即神经症］之外来使用这项技术，就如同当船尚在沙滩上时便费力地划桨那般愚蠢。"（E，221）经典精神分析的治疗方法非但不适用于精神病主体，它甚至还会作为禁忌疗法而导致治疗的失当。例如，拉康指出，精神分析的技术涉及使用躺椅与自由联想，可能会轻易地触发潜在的精神病（S3，15）。这就是为什么拉康派分析家们往往都会遵循弗洛伊德的建议，以一系列面对面的会谈来开始对于新病人的治疗（Freud，1913c；SE XII，123-4）。只有当分析家有理由确定病人不是精神病患者的时候，他才会要求病人到躺椅上躺下来并进行自由联想。

这并非意味着拉康派分析家们就不与精神病患者工作。恰恰相反，精神病治疗方面的大量工作一直都是由拉康派分析家们来完成的。然而，此时的治疗方法与被用来治疗神经症患者和性倒错者的方法有着实质上的差别。拉康自己就曾与很多精神病患者在一起工作，但是关于他所使用的技术，拉康只留下了很少的说明，相比于展示与精神病患者一起工作的技术性程序，拉康更愿意把自己限定在讨论任何此类工作的先决问题之上（Lacan，1957-8b）。

拉康拒绝将精神病的分析局限于想象秩序的那些人的取径，"在想象界的层面上来探究精神病的方法是丝毫没有指望的，因为想象的机制恰恰给精神病的异化赋予了形式，而非动力学"（S3，146）。只有通过聚焦于象征秩序，拉康才能够指出精神病的基本决定性元素,即由排除而导致的象征秩序之中的空洞,以及随之发生的精神病主体在想象界之中的"囚禁"。同样也是此种对于象征秩序的强调,使拉康首先重视的是精神病中的语言现象:"把重要性赋予精神病中的语言现象,对我们而言是最有收获的一堂课。"(S3,144)

在精神病中最值得注意的语言现象,即语言的"紊乱"(disorders),同时拉康指出,此种紊乱的存在对于精神病的诊断而言是一个必要的条件(S3,92)。在精神病的众多语言紊乱之中,引起拉康关注的是表句词(holophrase:能单独表达一整句意思的词)以及新词(neologism:可能完全是由精神病患者创造的新词,或者是由精神病患者重新定义的已然存在的语词)的广泛使用(Ec,167)。在1956年,拉康将这些语言紊乱归因于精神病患者缺乏足够数量的**结扣点**(POINT DE CAPITON)。缺乏足够的"结扣点"即意味着,精神病患者的经验是以所指在能指下面的持续滑动为特征的,这是对于意指而言的一场灾难,"能指的再造有如瀑布般不断倾泻,从而在想象界中产生越来越多的灾难,直至抵达某种水平,能指与所指才在妄想隐喻(delusional metaphor)中得以稳定下来"(E,217)。另一种对此进行描述的方式是"主体与能指(在其最形式化的维度上,即在其作为纯粹能指的维度上)的关系"(S3,250)。主体与能指在其纯粹形式化面向的此种关系,便构成了"精神病的核心"(S3,250)。"如果说神经症患者是居住于语言之中的话,那么精神病患者则是由语言所居住、所占有的。"(S3,250)

在精神病的所有不同形式当中,拉康最感兴趣的是**偏执狂**(PARANOIA),而对精神分裂症(schizophrenia)与躁狂-抑郁型精神病(manic-depressive psychosis)则鲜有讨论(见:S3,3-4)。拉康遵循弗洛伊德的观点声称,在偏执狂与精神分裂症之间有一个结构性的区分。

标点

英：punctuation；法：punctuation

给一个**能指链条**（SIGNIFYING CHAIN）打上标点，便会产生意义。在标点之前，有的只不过是一个话语链条而已，正是倾听者/接收者标点了这一话语，从而回溯性地裁定了所说话语的特殊意义。对于能指链条的标点，会创造出某种固定意义的幻象："标点一旦插入，便会把意义固定下来。"（E, 99；见：**结扣点**［POINT DE CAPITON］）这在**交流**（COMMUNICATION）的结构中是本质性的，其中"发送者从接收者那里收到他自己的信息"，这一点也在**欲望图解**（GRAPH OF DESIRE）的"基本单位"（elementary cell）中得到了阐明。

标点的运作可以通过参照对精神分析而言具有根本重要性的两种情境来予以说明，即母亲与孩子的关系，以及分析者与分析家之间的关系。在第一种情境下，尚未获得言语的婴儿只能以一种非常原始的**要求**（DEMAND），即通过啼哭，来表达自己的需要。我们无法确切地知道啼哭是在表达饥饿、疼痛、疲倦、恐惧还是别的东西，不过母亲会以一种特殊的方式来对其加以解释，从而回溯性地决定了它的意义。

标点是分析家在干预时所可能采取的形式之一，通过以某种出乎意料的方式来标点分析者的话语，分析家便能够回溯性更改分析者言语的预定意义："改变标点即更新或者打乱了"由分析者归于其自身言语的固定意义（E, 99）。此种标点是"向主体表明他说出的意思比他自己想到的还要多"的一种方式（S1, 54）。分析家可以仅仅通过把分析者言语的一部分给他重复回去来标点分析者的话语（也许是用一种不同的语调或者是以一种不同的语境）。例如，如果分析者说出"tu es ma mère"（"你是我的母亲"），分析家便可以用"tuer ma mère"("杀死我的母亲")来重复此语,以这样一种方式带出这一措辞的同音异义表达(E, 269)。作为一种选择,分析家也可以通过一个沉默的时刻,或是通过打断分析者,或是通过在一个恰当的时刻上结束会谈来标点分析者的言语(见:E, 44)。

纵观拉康派精神分析的整个历史,这最后一种形式的标点自始至终都是一个争论的来源,因为它违背了国际精神分析协会在传统上有关固定时长会谈的实践。拉康的弹性时间会谈(法:séances scandées;英:sessions of variable duration;或译为"可变时长会谈"——被他的批评者们错误地冠以"短时会谈"[shot sessions]之名)在1960年代早期法国精神分析学会为获得国际精神分析协会的承认而进行谈判的时候,便成了国际精神分析协会所给出的开除拉康的主要原因之一。如今,标点的技术,尤其是在弹性时间会谈中表现出来的做法,仍然是拉康派精神分析的一项区分性特征。

Q

四元组

英：quaternary；法：quaternaire

一个四元组即由四个元素所组成的一个结构。拉康倾向于强调象征界的三角结构而拒绝各种二元图式，尽管这涉及了三元图式在其著作中占有的支配性地位(见：**二元关系**[DUAL REALTION])，但是拉康也同样注重四元图式的重要性："因为无意识的引入，所以在主体秩序化的建构中便始终需要有一种四分结构。"(Ec, 774)

在1950年代初期，有关四元组的强调首次出现在拉康的著作当中，这或许是由于克劳德·列维－斯特劳斯的影响，因为列维－斯特劳斯有关舅权制结构的著作表明了亲属关系的基本单元总是至少涉及四个项(Lévi-Strauss, 1945)。因而，在1953年的一篇处理神经症患者"个人神话"(individual myth)的文章里(这也是对于列维－斯特劳斯的另一处参照)，拉康便评论说"在神经症患者的内部存在着一种四重奏的情境"(Lacan, 1953b: 231)，他还补充说相比于俄狄浦斯情结在传统上的三角主题化，这种四重奏能够更加严格地示范每例神经症个案的特殊性(Lacan, 1953b: 235)。他就此得出结论："整个俄狄浦斯图式都需要被重新审视。"(Lacan, 1953b: 235)因而，除了俄狄浦斯情结的三个元素(母亲、孩子、父亲)之外，拉康还常常会讲到第四个元素，他有时声称这第四个元素是**死亡**(DEATH)(Lacan, 1953b: 237; S4, 431)，而有时又指出它是**阳具**(PHALLUS)(S3, 319)。

在1955年，拉康继而把精神分析治疗比作桥牌，即"一种适合四个玩家的游戏"(E, 139；见：E, 229-30)。同年，他又把四元组描述为由一个三元结构加上在此三元素中间循环的第四元素(即**字符**[LETTER])而构成的(Lacan, 1955a)。

在拉康著作中出现的其他重要的四元结构有 L **图式**(SCHEMA L;带有四个结点),四种部分冲动和与之相应的四种不同对象,以及四大话语(每一话语皆有四个符号被指派给四个位置)。此外,拉康还列举出了四个"精神分析的基本概念"(Lacan,1964a),并且讲到"圣状"是避免**博洛米结**(BORROMEAN KNOT)中的其他三个圆环(即实在界、象征界与想象界的三大秩序)分离开来的第四个圆环。

R

实在界

英:real;法:réel

拉康把"实在界"这一术语作为一个名词来使用,可以追溯至他早在1936年发表的一篇论文。该术语在当时的某些哲学家中间颇为流行,并且是埃米尔·梅耶松①的一部著作的焦点(拉康在1936年的文章中提到了梅耶松的这部著作;见:Ec,86)。梅耶松把"实在"定义为"一种本体论上的绝对,一种真正的自在存在(being-in-itself)"(Meyerson,1925:79;引自:Roustang,1986:61)。因而,在讲到"实在"的时候,拉康便遵循的是20世纪早期哲学的某一思脉中的共同实践。然而,虽然这可能是拉康的出发点,但是纵观拉康的著作,该术语也经历了很多意义与用法上的转变。

起初,实在界仅仅是与形象的领域相对立而言的,而这就似乎是把它定位在了超越那些显象(appearances)之外的存在(being)的领域(Ec,85)。然而,即便在此早期时刻上,拉康也在"实在"与"真实"(the true)之间做出了区分,这一事实即表明实在界已然遭到了某种歧义性的侵蚀(Ec,75)。

在出现于1936年之后,这一术语便从拉康的著作中消失了,直至1950年代早期才再度出现,当时拉康援引了黑格尔的观点:"凡是实在的事物皆是合乎理性的(反之亦然)。"(Ec,226)直至1953年,拉康才把实在界抬升至精神分析理论的一个基本范畴的地位;自此以后,实在界便是所有精神分析现象皆可据此而得到描述的**三大秩序**(ORDERS)之一,另外两个秩序是象征秩序与想象秩序。因而,实在界便不再只是与想象界相对立,而且还被定位在超越象

---

① 埃米尔·梅耶松(Emile Meyerson,1859—1933),波兰裔法国哲学家,在科学哲学的认识论方面颇有建树,主要著作有《同一与现实》《相对论的演绎》《量子物理学中的实在与决定论》等。

征界之外。象征界是根据诸如在场与缺位之间的此类对立而建立的,与此不同的是,"实在界中没有任何缺位"(S2, 313)。在场与缺位之间的象征性对立即隐含了某种事物可能从象征秩序中丢失的永久可能性,而实在界则"总是在其位置上:它将其粘在自己的脚后跟上而携带着,无视可能将其放逐出那里的东西"(Ec, 25;见:S11, 49)。

尽管象征界是一系列被称为能指的业已分化的离散元素的集合,然而实在界,就其本身而言,是未经分化的,"实在界是绝对没有裂隙的"(S2, 97)。正是象征界在意指过程中引入了"实在界中的一道切口":"正是词语的世界创造了事物的世界——这些事物在形成(coming-into-being)过程中的此时此地(hic et nunc)原本全是混乱不堪的。"(E, 65)

在1953—1955年的这些阐述中,实在界皆是作为外在于语言且无法同化于象征化的事物而出现的。它是"绝对抵制象征化的东西"(S1, 66),又或者说,实在界是"存留于象征化之外的事物的领域"(Ec, 388)。这一主题在拉康的其余著作中始终保持恒定,并且导致拉康把实在界联系于不可能性的概念。实在界是"不可能的"(S11, 167),因为它既不可能被想象,也不可能被整合进象征秩序,且不可能以任何方式抵达。正是此种不可能性与抵制象征化的特性,给实在界赋予了其本质上的创伤性特质。因而,在1956—1957年度的研讨班上对于小汉斯个案(Freud, 1909b)的解读中,拉康便发现有两个实在的元素闯入并扰乱了孩子想象性的前俄狄浦斯式和谐,即在幼儿手淫中开始被孩子感受到的实在的阴茎,以及新生的妹妹(S4, 308-9)。

此外,实在界同样具有一些物质的意涵,它隐含着潜藏在想象界与象征界之下的一种物质性基底(见:**唯物主义**[MATERIALISM])。这些物质的意涵也把实在界的概念同**生物学**(BIOLOGY)的领域与身体的非人肉体性(相对于身体的想象功能和象征功能)联系了起来。例如,实在的父亲即生物学上的父亲,而实在的阳具也是与这一器官的象征功能和想象功能相对立而言的身体上的阴茎。

纵观拉康的著作,他使用实在界的概念阐明了诸多临床现象:

·**焦虑**(ANXIETY)**与创伤** 实在界是焦虑的对象,它缺乏任何可能的中介,因而是"一种不再是对象的本质性对象,但是这一对象面临着一切话语的终止与一切范畴的失败,它是绝佳的焦虑的对象"(S2, 164)。以创伤的形式呈现出来的,正是与这一实在对象的错失的相遇(S11, 55)。它是处在"[象征性的]自发(automaton)之外"的机遇(tyche)(S11, 53)(见:**偶然**[CHANCE])。

·**幻觉**(HALLUCINATIONS) 当某种事物无法被整合进象征秩序,如同在精神病中那样,它便可能会以某种幻觉的形式重新返回实在界之中(S3, 321)。

上述的这些评论只是描绘了拉康应用实在界范畴的一些主要用法,但远远没有覆盖这一术语的所有复杂性。相比于其他两种秩序,拉康较少谈论实在界,而且他还把实在界变成了一种根本不确定性的位点,事实上,通过这些做法,他都是在煞费苦心地确保实在界在三大秩序中始终是最难以捉摸且最神秘莫测的。因而,至于实在界到底是外在的还是内在的,抑或它究竟是不可知的还是经得起理性检验的,便从来都不是完全清晰的。

·**外在/内在** 一方面,"实在界"这一术语似乎隐含着一种有关客观外部现实的过分简单化观念,即独立于任何观察者而自在存在的一种物质性基底。另一方面,有关实在界的这样一种"天真"的看法却又遭到了以下事实的颠覆,即实在界同样囊括了诸如幻觉与创伤性的梦境之类的事物。因而,实在界既是内在的又是外在的(S7, 118;见:**外心性**[EXTIMACY])(extimié)。此种歧义性亦反映了弗洛伊德自己使用两个德文术语（Wirklichkeit 与 Realitat）来表示现实（reality）的做法中所固有的那种歧义性，以及弗洛伊德在物质现实（material reality）与精神现实（psychical reality）之间所做出的区分。

· 不可知性/合乎理性　一方面，实在界是无法知道的，因为它既超越了想象界又超越了象征界，如同康德的自在之物（thing-in-itself）那样，它是一个不可知的 x。另一方面，拉康又引用了黑格尔的说法，凡是实在的皆是合乎理性的，凡是合乎理性的皆是实在的，从而暗示它也是经得起运算与逻辑检验的。

从1970年代初期开始，通过参照实在界与"现实"之间的区分（譬如，拉康当时把现实定义为"实在界的鬼脸"[the grimace of the real]，见：Lacan, 1973a：17；亦见：S17, 148），我们便可以在拉康的著作中识别出一种旨在解决此一不确定性的企图。在这组对立中，实在界被坚定地置于不可知与不可同化的一边，而"现实"则表示象征界与想象界相链接而产生出来的那些主观性表象（即弗洛伊德的"精神现实"）。然而，在引入此种对立之后，拉康并未以带有一致性与系统化的方式来维持这一对立，而是在两种时刻之间摇摆不定，他时而会明确维持这一对立，时而又会重返自己先前交替使用"实在"与"现实"这些术语的习惯上去。

现实原则

英：reality principle；法：principe de réalité；德：Realitätsprinzip

根据弗洛伊德的观点，精神起初完全是由**快乐原则**（PLEASURE PRINCIPLE）所规制的，它试图经由对先前满足的记忆进行某种幻觉式的贯注来体验满足。然而，主体很快便发现此种幻觉化的体验并不能减少自己的需要，因而他便被迫"要形成一种有关外部世界中的真实环境的观念"(Freud,1911b：SE XII,219)。于是,一种新的"心智运作原则"(即"现实原则")便被引入,它对快乐原则进行修改并迫使主体采取更加迂回的路径来获得满足。然而,因为现实原则的终极目的仍旧是冲动的满足,所以我们便可以说"现实原则对于快乐原则的取代并不意味着对于快乐原则的废止,而仅仅意味着对于它的安全防护"(Freud,1911b：SE XII,223)。

从很早开始,拉康便反对他所谓的"关于现实原则的天真观念"(1951b：11)。也就是说,他拒绝任何基于那种毫无问题的"现实"观念而对人类发展做出的说明,即把现实看作一种客观且自明的给定。他强调弗洛伊德的立场,认为现实原则最终仍然是为快乐原则服务的,"现实原则是快乐原则的一种延迟作用"(S2,60)。拉康因而挑战了这样一种思想,即主体能够利用一种绝对可靠的手段而在现实与**幻想**(FANTASY)之间做出区分。"现实并非就摆在那里,以便我们迎头撞上快乐原则的运作带领我们所依循的那些错误路径。事实上,我们是用快乐来制造现实的。"(S7,225)

回忆

英：recollection；法：remémoration

回忆(remémoration)与铭记(mémoration)皆是象征的过程,拉康将其对照于回想(réminiscence),后者是想象的现象。铭记是某一事件或能指借以第一次登记在象征性**记忆**(MEMORY)中的行动,而回忆则是这样的一种事件或能指借以被召回的行动。

回想则涉及重新体验过去的经验并再度感受与那一经验相联系的情绪。拉康强调说,分析的过程并非旨在回想,而是旨在回忆。在此种意义上，它便不同于约瑟夫·布洛伊尔[①]所发明的"宣泄法"（cathartic method），这种方法强调的是经由重新体验某些创伤性的事件来卸载那些病理性的情感。尽管在精神分析治疗中确实可能唤起强烈的记忆，并伴随着情绪的释放，然而这并非分析过程的基础。回想同样被拉康联系于柏拉图有关知识的理论。

治疗中的回忆涉及病人追溯其生活中的主人能指，或者换句话说，是"主体在其与未来的关系中对于自身历史领域的实现"（E, 88）。凭借回忆，治疗便旨在"对于主体历史的完全重构"（S1, 12）以及"主体对于自身历史的承担"（E, 48）。重要的不是以任何直觉性或经验性的方式来"重新体验"过去的构成性事件（这充其量只是回想，或者——甚至更糟——是**行动搬演**[ACTING OUT]）。相反，重要的是分析者对其过去的重构（S1, 13），这里的关键词是"重构"。"与其说问题是在于铭记，不如说是在于重写历史。"（S1, 14）

退行

英：regression；法：régression；德：Regression

弗洛伊德为了说明梦境的视觉化特征而在《释梦》中引入了退行的概念。弗洛伊德根据一种地形学模型把精神在其中构想为一系列差异系统，他由此指出，在睡眠期间，运动活动的进行性通路遭到阻滞，因而便迫使思维经由这些系统而退行性地朝向知觉系统行进（Freud, 1900a：SE V, 538-55）。后来，他又给这一节文章增加了一段话，在此种地形学的退行与他所谓的时间上的退行（主体返回至先前的发展阶段）以及形式上的退行（在表达方式的运用上不如其他退行那么复杂）之间做出了区分（Freud, 1900a：SE V,

---

[①] 约瑟夫·布洛伊尔（Joseph Breuer, 1842—1925），奥地利医生、神经生理学家，早期精神分析历史上的重要人物，与弗洛伊德合著《癔症研究》，他对其癔症患者安娜·欧的"谈话治疗"为弗洛伊德开创精神分析的理论与实践奠定了基础。

548[1914年增段])。

拉康认为,退行的概念向来都是在精神分析理论中遭到最多误解的概念之一。特别是,他批评那种"魔法式"的退行观,根据此种观点,退行被看作一种真实的现象,成年人在其中会"实际退行且返回至小孩子的状态,并开始啼哭"。就该术语的此种意义而言,"退行并不存在"(S2,103)。为了替代此种错误观念,拉康指出,退行必须首先从地形学的意义上来理解,也就是按照弗洛伊德在1900年引入该术语时对其理解的方式,而非从时间性的意义上来理解(见:**时间**[TIME])。换句话说,"退行存在于意指的层面而非现实的层面"(S2,103)。因而,退行应当"既非在本能的意义上,也非在某种先前事物的再现的意义上",而是要在"象征界被化约至想象界"的意义上来理解(S4,335)。

就退行可以被说成是具有某种时间性的意义而言,它并不涉及"在时间上倒退"的主体,而是涉及对于某些**要求**(DEMANDS)的重新链接:"退行所展现的无非是在那些有其规定的要求中所使用的能指回到了现在。"(E,255)例如,向口腔阶段的退行,便要根据各种口腔要求的链接来理解(那种被喂养的要求,便明显存在于要分析家提供解释的要求之中)。拉康在此种意义上来理解退行的时候,又重申了退行在精神分析治疗中的重要性;例如,他指出,向肛门阶段的退行是如此重要,以至于未遭遇此种退行的分析便不能被称作完整的分析(S8,242)。

宗教
英:religion;法:religion

弗洛伊德曾宣布放弃了其父母的犹太教信仰(尽管并非他的犹太人身份),并且把自己看作一位无神论者。虽然他把各种一神论形式的宗教皆看作文明状态高度发展的标志,然而他认为所有的宗教皆是文化进步的障碍，并因而指出应当放弃宗教而支持**科学**（SCIENCE）。弗洛伊德认为，宗教都是试图通过"对现实的一种妄想性改造"而保护自身免遭苦难，他因而总结说它们"必须被归入人类的集体妄想的等级"（Freud, 1930a：SE XXI, 81）。他把上帝的观念看作对于一位保护性父亲的幼儿式渴望的表达（Freud, 1927c：SE XXI, 22-4），并且把宗教描述为"一种普遍的强迫型神经症"（Freud, 1907b：SE IX, 126-7）。

拉康也把自己视作一位无神论者，他同样宣布放弃了其父母的天主教信仰（然而，拉康的弟弟作为一名本笃会修道士而度过了自己生命中的大部分时间）。同弗洛伊德一样，他也把宗教对立于科学，并且把精神分析结盟于后者（S11, 265）。拉康根据宗教、巫术、科学和精神分析与作为原因的真理之间的不同关系而把它们区分开来，他由此提出，宗教否认作为主体之原因的真理（Ec, 872），并且指出祭祀仪式的作用乃在于诱惑上帝，即唤起他的欲望（S11, 113）。他宣称无神论的真正公式并非"上帝已死"而是"上帝即无意识"（S11, 59），同时他还响应了弗洛伊德的评论，强调在那些宗教性实践与强迫型神经症之间存在诸多相似之处（S7, 130）。

除了有关宗教概念的这些评论之外，拉康的话语中也充斥着各种借鉴自基督教神学的隐喻。最明显的例子当然就是**父亲的名义**（NAME-OF-THE-FATHER）这一措辞，拉康采纳它来表示一个基本能指，将其排除即会导致精神病。然而，这远远不是唯一的例子。因而，那些由象征界所造成的改变便是根据创世论而非根据进化论来描述的，尽管拉康又悖论性地指出，这种创世论实际上是"允许我们得以瞥见把上帝根本消灭的可能性"的唯一视角（S7, 213）。在1972—1973年度的研讨班上，他把"上帝"这一术语用作对于大他者的隐喻，并且把女性的"享乐"比作像阿维拉的圣特蕾莎（St. Teresa of Avila）修女这样的基督教神秘主义者们所体验到的那种出神①(S20,70-1)。

重复

英:repetition;法:répétition

弗洛伊德有关强制性重复(英:repetition compulsion;德:Wiederholungszwang)的最重要讨论出现在《超越快乐原则》(1920g)中,他在该文中将其联系于**死亡冲动**(DEATH DRIVE)的概念。弗洛伊德提出了某种基本的强制性重复(compulsion to repeat)的存在,以便说明某些临床资料,也就是,主体倾向于一而再、再而三地将自己暴露于那些令人痛苦的情境之下。精神分析的一项基本原则即在于,只有当某人遗忘了强迫性冲动的起源的时候,他才注定会去重复某件事情,而精神分析治疗因此便可以通过帮助病人进行回忆来打破这一重复的循环(见:**行动搬演**[ACTING OUT])。

在拉康1950年代以前的著作中,重复的概念联系着**情结**(COMPLEX)的概念——情结是主体重复性并强迫性地反复上演的一种内化的社会结构。此时,拉康通常把弗洛伊德的"强制性重复"(Wiederholungswang)翻译为"重复的自动性"(automatisme de répétition),这是从法国精神病学家(皮埃尔·让内②、加埃唐·盖廷·德·克莱朗博)那里借来的一个术语。

虽然拉康从未完全放弃"重复的自动性"这一术语,但是在1950年代越来越多地使用"坚持"(英:insistence;法:instance)一词

---

① "出神"(ecstasy)一词在基督教灵修的语境下具有"灵魂出窍"的意味,而在较宽泛的语境下则表示"狂喜"或"昏厥"等无法控制的情绪状态。
② 皮埃尔·让内(Pierre Janet,1859—1947),法国著名心理学家、精神病学家,受沙柯影响极大,对癔症患者的解离现象和创伤记忆颇有研究,主要著作有《癔症的心理状态》《癔症的主要症状》。

来指涉强制性重复。因而,重复现在便被定义为能指的坚持,或是能指链条的坚持,或是字符的坚持(l'instance de la lettre),"重复在根本上即言语的坚持"(S3, 242)。某些能指会坚持返回主体的生活之中,而不管那些阻挡它们的阻抗。在 **L 图式**(SCHEMA L)中,重复/坚持由 A—S 轴所代表,而 a—a' 轴则代表与重复相对立的阻抗(或"惰性")。

在 1960 年代,重复被重新定义为"享乐"的回归,即某种享乐的过剩,它一而再、再而三地返回,以违反**快乐原则**(PLEASURE PRINCIPLE)的界限并寻求死亡(S17, 51)。

在分析治疗中,强制性重复会在**转移**(TRANSFERENCE)中表现出来,借由转移,分析者会在自己与分析家的关系中重复某些态度,而这些态度恰恰带有分析者早年与父母和他人的关系的特征。拉康特别重视转移的这一象征性面向,并将它区分于转移的想象性维度(爱与恨的情感)(S8, 204)。然而,拉康指出,虽然强制性重复或许最为清晰地表现在转移之中,但是其本身并不局限于转移,就其本质而言,"重复的概念丝毫无关转移的概念"(S11, 33)。重复是能指链条的一般性特征,是无意识在每个主体身上的显现;而转移则仅仅是重复的一种非常特殊的形式(即它是"处在精神分析治疗中"的重复),不能简单地等同于强制性重复本身。

压抑

英:repression;法:refoulement;德:Verdrängung

压抑的概念是精神分析理论中最基本的概念之一,它指的是某些思维或记忆借以被驱逐出意识之外并被禁闭于无意识之中的过程。弗洛伊德通过研究癔症病人的失忆症,首先假设了压抑的过程。后来,他又在原初压抑(primal repression;即对于从未意识到其开端的事物的一种"神话性"遗忘,这是最初无意识借以被构成的一种原始"精神作用")与次级压抑(secondary repression;即曾一度意识到的某种表象或知觉借以被驱逐出意识之外的具体的压抑作用)之间进行了区分。因为压抑并未摧毁作为其标靶的那些表象或记忆,而仅仅是把它们限定在无意识之中,所以受压抑的材料便总是倾向于以某种经过扭曲的形式而返回症状、梦境、口误,等等(即压抑物的返回)。

对拉康而言,压抑是把神经症与其他临床结构区分开来的基本运作。精神病患者进行排除(foreclose),而性倒错者进行拒认(disavow),唯有神经症患者才进行压抑(repress)。

究竟是什么遭到了压抑呢?拉康曾一度把所指说成是压抑的对象(E,55),但是他很快便放弃了此种观点,并改而声称遭到压抑的永远是一个能指,而从不是一个所指(S11,218)。后一种见解似乎更接近于弗洛伊德的观点,即被压抑的不是"情感"(情感只能受到移置或转化),而是冲动的"表象代表"(ideational representative)。

此外,拉康也采纳了弗洛伊德在原初压抑与次级压抑之间的区分:

(1)原初压抑(德:Urverdrängung)是当需要被链接于要求时的欲望的异化(E,286)。它也是无意识的能指链条(E,314)。原初压抑是对第一个能指的压抑。"从他言说的那一时刻开始,从那一确切的时刻而非之前开始,我便理解到有压抑的存在。"(S20,53)拉康并未把原初压抑看作在时间上可定位的一种特定精神作用,而是将其视作语言本身的一种结构性特征——其必然的不完整性,说出"有关真理之真理"的不可能性(Ec,868)。

(2)次级压抑(德:Verdrängung)则是一个能指借以从能指链条中被删节掉的一种特定精神作用。次级压抑是像一则隐喻那样被结构的,而且总是涉及"压抑物的返回",被压抑的能指从而假借各种无意识的构形(即症状、梦境、过失行为、诙谐等)而重新出现。

在次级压抑中,压抑与压抑物的返回"是同一回事"。

166 阻抗①

英:resistance;法:résistance;德:Widerstand

弗洛伊德最初使用"阻抗"这一术语,以指代不情愿把那些被压抑的记忆恢复到意识状态。由于精神分析治疗恰好涉及此种回忆,该术语很快就开始表示在治疗期间出现并打断治疗进展的所有那些障碍:"凡是干扰到工作进展的东西皆是某种阻抗。"(Freud,1900a:SE V,517)阻抗表现在主体打破了"说出一切他想到的"这项"基本规则"的所有方式之中。

虽然阻抗的概念从一开始便出现在弗洛伊德的著作当中,但是由于分析治疗在1910—1920年这10年间的效力日益减少,它开始在精神分析理论中扮演一个日渐重要的角色(见:**解释**[INTERPRETATION])。如此导致的一个结果,便是自我心理学越来越重视克服病人的阻抗。拉康对于此种强调上的转变持极具批判性的态度,并声称这会轻易地导致把阻抗看作基于病人"基本敌意"(S1,30)的一种"审问式"风格的精神分析。拉康认为这忽视了阻抗的结构性本质,并且把分析化约为一种想象的二元关系(见:E,78;Ec,333ff)。虽然拉康确实同意精神分析的治疗会涉及"阻抗的分析",但是这也只是在该措辞在"知道回答应该被定位在什么层面"的意义上得到正确理解的情况下而言的。换句话说,关键的事情在于,分析家应当能够在那些主要朝向想象界来定位的干预与那些朝向象征界来定位的干预之间做出区分,并且知道在治疗的每一时刻上何种干预是恰当的。

---

① 鉴于"resistance"同时具有"抵抗"和"阻力"的意思,故而我在此选择将其译作"阻抗",而将该词相应的动词形式"resist"译作"抵抗"或"抵制"。

在拉康看来,阻抗的问题并不在于分析者的敌意,阻抗是结构性的,而且是分析的过程所固有的。归根结底,这是由于一种在结构上的"欲望与言语之间的不相容"(E,275)。因此,阻抗便存在着永远无法被"克服"的某种不可缩减的水平,"在种种阻抗得到缩减之后,仍然存在着某种可能是本质性的剩余"(S2,321)。阻抗的这一不可缩减的"剩余"之所以是"本质性"的,因为正是对于此种剩余的重视,把精神分析与**暗示**(SUGGESTION)区分开来。精神分析尊重病人抵制暗示的权利,而实际上也重视那样的阻抗,"当主体的阻抗是反对暗示的时候,它仅仅是一种想要维持主体欲望的欲望。就此而言,它便必须被放置在正性转移的等级上"(E,271)。

然而,拉康指出,虽然分析家无法,也不应当试图去克服所有的阻抗(S2,228),但是可以把它缩减至最小,或至少避免使它加剧。他可以通过在分析者的阻抗中认出他自己的部分来做到这一点,因为"对于分析的阻抗无非是分析家自己的阻抗"(E,225)。这要从两个方面来理解:

(1)只有当分析者的阻抗响应并/或激起分析家一方的某种阻抗的时候,即当分析家陷入阻抗的引诱的时候(例如:弗洛伊德就曾经陷入了杜拉阻抗的引诱),它才会在阻碍治疗的方面取得成功。"病人的阻抗永远都是你自己的,而当一个阻抗取得成功的时候,恰恰是因为你[分析家]深陷其中,因为你理解。"(S3,48)因而,分析家必须遵循中立的规则,而不被卷入病人为他所设下的那些引诱之中。

(2)正是分析家通过推动分析者而激起了阻抗,"在主体一方是没有任何阻抗的"(S2,228)。"阻抗是一种主体解释的现在状态。它是主体解释自己此时已谈到重点的方式……这仅仅意味着他[病人]无法再走得更快。"(S2,228)精神分析治疗工作的原则即在于通过不去逼迫病人而把阻抗缩减至其不可缩减的最小值。

因而,分析家必须避免所有形式的暗示。

阻抗的来源存在于自我之中:"在严格的意义上,主体的阻抗联系着自我的辖域,它是自我的一个效果。"(S2, 127)因而,阻抗便属于想象秩序,而不属于主体的层面,"在被压抑的那一面,在事物无意识的那一面,是不存在任何阻抗的,有的只是一种重复的倾向"(S2, 321)。这一点在 L 图式(SCHEMA L)中得到了阐明,阻抗即阻断了大他者坚持的言说(即 A—S 轴)的想象轴 $a—a'$。自我的阻抗皆是想象的引诱,分析家必须警惕被其所蒙骗(E, 168)。因而,分析的目标永远都不能旨在"强化自我",如同自我心理学所主张的,因为这样只会增加阻抗。

拉康同样批评自我心理学混淆了阻抗的概念与**防御**(DEFENCE)的概念。然而,拉康在这两个概念之间做出的区分,截然不同于它们在英美精神分析中被加以区分的方式。拉康指出,防御处在主体的一边,而阻抗则处在对象的一边。也就是说,防御是主体性的相对稳定的象征性结构,而阻抗则是阻止对象被吸入能指链条的更具暂时性的力量。

S

施虐狂/受虐狂

英:sadism/masochism；法:sadisme/masochisme

"施虐狂"与"受虐狂"是由克拉夫特-埃宾(Krafft-Ebing)在1893年参照萨德侯爵(Marquis de Sade)与萨赫·冯·马索克男爵(Baron Sacher von Masoch)而创造的术语①。克拉夫特-埃宾在一种非常特定的意义上使用这些术语，以指涉一组**性倒错**(PERVERSION)，性满足在其中取决于给他人施加痛苦(施虐狂)或者是让自己体验痛苦(受虐狂)。弗洛伊德在其《性欲三论》一书中使用这些术语的时候，他与克拉夫特-埃宾表达的意义是一样的(Freud, 1905d)。遵循克拉夫特-埃宾的观点，弗洛伊德建立了施虐狂与受虐狂之间的某种内在联系，并且指出它们都只是一种单一性倒错的主动性面向与被动性面向。

拉康也认为，施虐狂与受虐狂是密切相关的，两者皆联系于祈灵冲动(拉康也将其称作"施虐—受虐冲动"[sado-masochistic drive];S11,183)。受虐者与施虐者皆把自己定位为祈灵冲动的对象，即定位在声音的位置上。然而，虽然弗洛伊德声称施虐狂是原发性的，但是拉康则指出受虐狂是原发性的，而且施虐狂是从受虐狂中衍生出来的："施虐狂只不过是对于受虐狂的拒认。"(S11, 186)因而，受虐者更偏爱在自己的身体上来体验存在(existence)的痛苦，而施虐者则拒绝此种痛苦并迫使大他者去承受它(Ec, 778)。

受虐狂在各种性倒错中间占据着一个特殊的位置，正如祈灵冲动在各种部分冲动中间占据着一个特权化的位置一样，它是旨

---

① 然而，"施虐狂"一词有着更长的历史。早在1834年(即萨德侯爵逝世20年后)，该词便以"萨德主义"的形式被首度收录于法文辞典。

在超越快乐原则的"极限体验"(limit-experience)[1]。

场景

英:scene;法:scène

弗洛伊德从费希纳[2]那里借来"另一场景"(eine andere Schauplatz)这一措辞,并且将其使用在《释梦》一书中,声称"梦中行动的场景并不同于清醒观念生活的场景"(Freud, 1900a: SE V, 535-6)。这导致弗洛伊德构想出了"精神位点"(psychical locality)的概念。然而,弗洛伊德曾经强调这个位点的概念不应当混淆于身体的位点或解剖学的位点,拉康则将此当作他自己使用**拓扑学**(TOPOLOGY)的正当理由(见:E, 285)。拉康在其著作中反复提及费希纳的这一措辞(例如:E, 193),用拉康的措辞来说,这个"另一场景"即大他者。

拉康也会用"场景"这一术语来指代想象性与象征性的剧场,这个剧场建立在实在界大厦(世界)的基础之上,主体在其中上演自己的**幻想**(FANTASY)。幻想的场景是一个具有框架的虚拟空间,正如一幕戏剧的场景是以剧场中的舞台拱门为框架的,而世界则是位于框架之外的一个实在空间(Lacan, 1962-3:1962年12月19日的研讨班)。场景的概念被拉康用来区分**行动搬演**(ACTING OUT)与**行动宣泄**(PASSAGE TO THE ACT)。前者仍然保持在场景内部,因为它仍旧被铭刻在象征秩序当中。然而,行动宣泄则是一个退出场景的出口,是从象征界到实在界的某种跨越,存在着

---

[1] 尽管受虐联系着身体上或精神上的痛苦体验,然而在受虐与享乐之间还存在一点儿重要的差异:就受虐而言,痛苦是获得快乐的手段,快乐即蕴含在痛苦本身之中,所以很难把两者区分开来;但就享乐而言,痛苦与快乐是截然分离的,想要获得快乐就必须付出痛苦的代价,因而享乐是一桩交易。

[2] 费希纳(G. T. Fechner, 1801—1887),德国哲学家、心理学家,提出著名的"费希纳定律",心理物理学的奠基者,代表作有《心理物理学纲要》。

一种对于对象(对象小 a)的完全认同,且因此存在着对于主体的某种废除(Lacan, 1962-3:1963 年 1 月 16 日的研讨班)。幻想的场景也是**性倒错**(PERVERSION)中的一个重要的面向。性倒错者通常根据某种高度风格化的场景,并按照一个刻板的剧本上演自己的享乐。

L 图式

英:schema L;法:schéma L

在 1950 年代开始出现于拉康著作中的各种"图式"(schemata),皆是旨在借助图解而对精神分析理论的某些方面加以形式化的企图。这些图式统是由被若干矢量联系起来的若干位点所组成的。图式中的每一位点都由拉康**代数学**(ALGEBRA)中的一个符号所命名,而那些矢量则表示这些符号之间的结构性关系。这些图式可以被看作拉康思想在**拓扑学**(TOPOLOGY)领域中的首度入侵。

在拉康著作中出现的第一个图式也是他使用最多的图式。这个图式被命名为"L",因为它很像大写的希腊字母"Λ",即 lambda(见:图 12,取自 Ec, 53)。拉康最初在 1955 年引入了这一图式(S2, 243),而在接下来的几年里它也一直在他的著作中占据着一个核心的地位。

两年后,拉康又以一种较新的"简化"形式取代了该图式的这一版本(图 13,取自 Ec, 548;见:E, 193)。

尽管 L 图式允许有很多可能的解读,但是这一图式的主旨还是在于证明(大他者与主体之间的)象征性关系总是会在某种程度上受到(自我与**镜像**[SPECULAR IMAGE]之间的)想象轴的阻碍。因为它不得不穿过想象性的"语言之墙",所以大他者的话语便会以一种中断且颠倒的形式抵达主体(见:**交流**[COMMUNI-

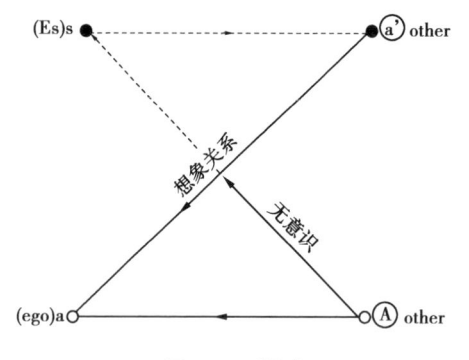

图 12 L 图式

来源：Jacques Lacan, *Écrits*, Paris：Seuil, 1966.

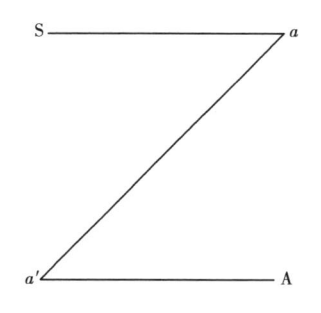

图 13 L 图式（简化形式）

来源：Jacques Lacan, *Écrits*, Paris：Seuil, 1966.

CATION]）。因而，这个图式便阐明了在拉康的精神分析概念中如此根本的想象界与象征界之间的对立。这一点在治疗上具有实践的重要性，因为分析家通常都必须在象征辖域而非想象界中来进行干预。因而，这个图式也可以说明分析家在治疗中的位置：

> 如果我们想要把分析家放置进有关主体言语的这一图式当中，那么我们便可以说他处在 A 处的某个地方。至少，他应当在那里。如果他进入了阻抗的偶联，这恰恰是他被教导不要去做的事情，那么他便会从 *a'* 处言说，而且他也将在主体身

上看到他自己。

(S3, 161-2)

通过把不同的元素放置在这一图式中的四个空位(empty loci)上,L图式便可以被用来分析在精神分析治疗中所遇到的各种关系的布景。例如,拉康就用它分析过杜拉与她故事中的其他人物之间的关系(S4, 142-3;见:Freud, 1905e),也用它分析过同性恋少女个案中的不同人物之间的关系(S4, 124-33;见:Freud, 1920a)。

除了提供一份有关主体间关系的示意图之外,L图式还反映了主体内的结构(就某人可以被区分于小他者而言)。因而,它便以图解阐明了主体的离心,因为主体不应当只是被定位在标记有S的那个位点上,而必须被定位在整个图式之上,"他被延展在这个图式的四个角落之上"(E, 194)。

除了L图式以外,还有几个其他的图式也出现在拉康的著作当中(R图式,见:E, 197;I图式,见:E, 212;两个萨德图式,见:Ec, 774与Ec, 778)。所有这些图式皆是对于L图式的基本四元组的转化,它们皆被建立在L图式的基础之上。然而,不像L图式在1954—1957年一直充当着对于拉康而言的一个持续的参照点,这些图式中的每一个仅仅在拉康的著作中出现过一次。到这些图式中的最后两个(即萨德图式)在1962年出现的时候,这些图式已经不在拉康话语中扮演重要的角色,尽管我们可以认为,它们为拉康在1970年代更严格的拓扑学工作奠定了基础。

学派

英：school；法：école

当拉康从法国精神分析学会（Société Française de Psychanalyse，SFP）辞职之后，他在1964年又创建了巴黎弗洛伊德学派（École Freudienne de Paris，EFP），出于一些明确的理由，他选择将其称为"学派"。这不但是一个精神分析组织首度被称作"学派"而非"协会"（association）或"学会"（society），而且"学派"一词也凸显了这样一个事实，即巴黎弗洛伊德学派更多是以一家学说为中心的一种精神分析训练手段，而非以一群重要人物为中心的一种制度性秩序。因而，在巴黎弗洛伊德学派的名称中有"学派"一词的使用，便恰好表明了它是旨在建立与以往建立的那些类型截然不同的一种精神分析制度的尝试。拉康竭力想要避免他在**国际精神分析协会**（INTERNATIONAL PSYCHO-ANALYTICAL ASSOCIATION，IPA）中看到的那些以等级制度来管理机构的危险，他也因此指责那些渐渐统治国际精神分析协会的理论性误解，他声称，国际精神分析协会变成了一种教会（S11, 4）。然而，同样需要注意的是，拉康对国际精神分析协会的这些批评并非针对精神分析体制本身，虽然他对围困所有精神分析体制的那些危险持极具批判性的态度，但是他亲自创建了一个组织的事实，也证明了他认为某种制度性的框架对于精神分析家们是必不可少的。因而，拉康虽然像那些拒绝所有体制的分析家们一样持有怀疑的态度，不过他也同样属于那些把体制变成某种教会的人。

倘若不了解巴黎弗洛伊德学派的历史（1964—1980），那么拉康的很多思想便是无法理解的，尤其是拉康有关分析家的**训练**（TRAINING）的那些思想。在此一语境下需要注意的是，巴黎弗洛伊德学派并不纯粹是一个训练性的机构，而且它的会员资格也并不局限于分析家/受训者,而是向着任何对精神分析有兴趣的人开放的。所有会员均具有同等的投票权,而这意味着巴黎弗洛伊德学派是历史上首个真正民主的精神分析组织。

在巴黎弗洛伊德学派中存在着四种范畴的成员:M.E.（Membre de l'École:学派会员或简单会员）、A.P.（Analyste Practiquant:执业分析家）、A.M.E.（Analyste Membre de l'École:学派分析家会员）以及 A.E.（Analyste de l'École:学派分析家）。会员们能够且通常都会同时拥有几个不同的头衔。那些申请学派会员资格的人在被承认为 M.E.之前,需要接受一个名叫"铰链"（cardo:该词意指开门所需的折页）的委员会的面试。

只有 A.M.E.与 A.E.才被学派承认为分析家,不过其他会员也不会被禁止去操作分析,而且可以授予自己 A.P.的头衔以表明他们是执业分析家。那些被授予 A.M.E.头衔的学派会员需要满足一个由资深会员所组成的评审委员会的要求,即他们以一种令人满意的方式对两位病人进行了分析,就此意义而言,A.M.E.的范畴便类似于其他精神分析学会中的名誉会员。A.E.的头衔则是基于拉康称之为"**通过**"（PASS）的一种非常不同的程序来授予的。"通过"在 1967 年被拉康确立为一种检验分析结束的手段,而且构成了巴黎弗洛伊德学派最具独创性的特征。巴黎弗洛伊德学派的另一独创性特征便是提倡在一种名叫**卡特尔**（CARTELS）的学习小组中进行研究。

巴黎弗洛伊德学派的最后几年充斥着有关通过与其他问题的激烈论战（见:Roudinesco, 1986）。在 1980 年,拉康解散了巴黎弗洛伊德学派,而在 1981 年他又创建了一个新的机构以取而代之,即弗洛伊德事业学派（École de la Cause Freudienne, ECF）。某些原来属于巴黎弗洛伊德学派的成员追随拉康加入了弗洛伊德事业学派,而其他人则留下来成立了各种其他团体。其中的一些团体至今仍然存在,如同弗洛伊德事业学派一样。

科学

英：science；法：science；德：Wissenschaft

弗洛伊德与拉康两人皆以单数形式来使用"科学"这一术语，因而便暗示存在着一种可以被称作"科学性"（scientific）的特别带有统一性与同质性的话语。根据拉康的说法，此种话语开始于17世纪（Ec, 857），伴随着现代物理学的发端而出现。

弗洛伊德把科学（德：Wissenschaft；该词在德语中带有一种明显不同的意涵）看作文明化的最高成就之一，并将其对立于**宗教**（RELIGION）的反对力量。拉康对于科学的态度是更加暧昧不明的。一方面，他批评现代科学忽视了人类存在（human existence）的象征性维度，且因而怂恿现代人"遗忘了自己的主体性"（E, 70）。此外，他还把现代科学比作一种"充分实现的偏执狂"，因为从某种意义上说，其整体化的建构便类似于一种妄想的架构（Ec, 874）。

另一方面，这些批评却并非针对科学本身，而是针对科学的实证主义模型。拉康暗示说，实证主义实际上是对"真正科学"的一种背离，而他自己的科学模型则更多归功于柯瓦雷①、巴什拉②与康吉莱姆③的理性主义，而非经验主义。换句话说，对拉康而言，把一种话语标记为科学话语的是一种高度的数学形式化。这就是拉康

---

① 亚历山大·柯瓦雷（Alexandre Koyré, 1892—1964），俄裔法国哲学家，其主要学术贡献在于对西方科学哲学史的研究，著有《从封闭世界到无限宇宙》《天文学革命：哥白尼、开普勒、博雷利》《形而上学与测量》《伽利略研究》《牛顿研究》等。
② 加斯东·巴什拉（Gaston Bachelard, 1884—1962），法国哲学家、科学家兼诗人，主要研究涵盖诗学领域与科学哲学，特别是在科学哲学的范围内引入了"认识论障碍"（obstacle épistémologique）与"认识论断裂"（rupture épistémologique）的概念，影响了包括萨特、福柯、阿尔都塞、德里达、布迪厄在内的一众法国思想家，代表作有《新科学精神》《火的精神分析》《空间诗学》等。
③ 乔治·康吉莱姆（Georges Canguilhem, 1904—1995），法国哲学家，以科学哲学的认识论研究闻名，主要著作有《生命的认识》《正常与病态》《科学哲学史研究》等。

试图根据各种数学公式来形式化精神分析理论的背后原因之所在（见：**数学**［MATHEMATICS］、**代数学**［ALGEBRA］）。这些公式同样压缩了科学话语的更深一层特征（在拉康看来或许是最根本的特征），也就是说它应当具有可传递性（Lacan，1973a：60）。

拉康指出，科学是以与**真理**（TRUTH）的一种特殊关系为特征的。一方面，它企图（拉康认为是不合法的）将真理垄断为自己的独有财产（Ec，79）；而另一方面（正如拉康后来所指出的那样），事实上科学的基础在于对作为原因的真理概念的排除（Ec，874）。

科学同样是以与**知识**（KNOWLEDGE，即 savoir）的一种特殊关系为特征的，因为科学的基础即在于它排除了任何通过诉诸直觉而抵达知识的通路并因而迫使所有对于知识的探寻都仅仅遵循理性的途径（Ec，831）。现代主体即"科学的主体"，因为从某种意义上说，唯一通往知识的这条理性的道路现在已然是一项共同的前提。拉康声称精神分析只能作用于科学的主体（Ec，858），他同时指出精神分析的基础并不在于诉诸任何不可言说的经验或直觉的闪现，而是在于一种合乎理性的对话过程，即便是当理性在疯癫中面对其界限的时候也依然如此。

一方面，尽管人文科学（human sciences）与自然科学（natural sciences）之间的区分在19世纪末时便已然得到了稳固的确立（由于狄尔泰的著作），但是它并未出现在弗洛伊德的著作当中。另一方面，拉康则极其重视这一区分。然而，拉康不喜欢讲"人文科学"（这是拉康强烈反感的一个术语——见：Ec，859）与"自然科学"，反而更喜欢讲"推测科学"（conjectural sciences）（抑或主体性的科学）与"精确科学"（exact sciences）。精确科学即涉及没有人在其中使用能指的那些现象的领域（S3，186），而推测科学则是根本不同的，因为它们涉及的是那些居住于象征秩序的存在（beings）。然而，在1965年，拉康又使推测科学与精确科学之间的这一区分变得问题化了：

> 自从推测容易受到精确计算（或然率）的影响，以及精确性仅仅立基于将符号集合的公理与法则分离开来的形式体系的那一时刻以来，精确科学与推测科学之间的对立便不再能够得到维系了。
>
> (Ec, 863)

虽然物理学在19世纪给精确科学提供了一种精确性的范式，从而使推测科学在相比之下显得有些粗制滥造，但是结构语言学的登场给推测科学提供了一种同样精确的范式，从而重新调整了此种不平衡。当弗洛伊德借用来自其他科学的术语的时候，他都总是借鉴自然科学（主要是**生物学**［BIOLOGY］、医学与热力学），因为在弗洛伊德的时代，只有这些科学提供了严密的调查与思维的模型。拉康不同于弗洛伊德的地方即在于他主要是从"主体性的科学"（主要是**语言学**［LINGUISTICS］）中输入概念，并且让精神分析理论与这些科学而非自然科学结盟。拉康指出，此种范式的转变，事实上便隐含在弗洛伊德自己对于他从自然科学中借用的那些概念的重新阐释之中。换句话说，每当弗洛伊德从生物学中借取概念的时候，他都会如此彻底地重新阐释那些概念，以至于他创造出了相当异化于其生物学来源的一种全新的范式。因而，根据拉康的说法，弗洛伊德便预见了索绪尔等现代语言学家的发现，而且他的著作也可以根据这些语言学概念而得到更好的理解。

精神分析是一门科学吗？弗洛伊德相当明确地肯定了精神分析的科学性地位，他在1924年写道："虽然它原本只是一种特殊治疗方法的名称，但是它现在也变成了一门科学的名称——有关无意识心理过程的科学。"(Freud,1925a:SE XX,70)然而,他也同样坚持强调精神分析的独特性特征,因为正是这一独特性特征使它有别于其他的科学,"每种科学皆建立在经由我们的精神装置的中介而抵达的那些观察与经验的基础之上。但是因为我们的科学把那一装置本身当作它的主体,这个类比便在此终结了"(Freud,1940a:SE XXII,159)。至于精神分析的地位及其与其他学科之间的关系,也同样是拉康投入极大关注的一个问题。在他二战前的作品中,精神分析便是被毫无保留地根据科学来看待的(例如:Lacan,1936)。然而,在1950年以后,拉康对于这一问题的态度变得更加复杂了。

在1953年,他宣称在科学与**艺术**(ART)的对立中,精神分析可以被定位在艺术的一边,只要"艺术"一词在中世纪使用的意义上来理解,当时的"博艺学科"(liberal arts)包括算术、几何、音乐与文法(Lacan,1953b:224)。然而,在科学与宗教的对立中,拉康遵循弗洛伊德的观点认为,精神分析与科学话语而非宗教话语有着更多的共同之处:"精神分析不是一门宗教,它发端自与科学本身同样的地位。"(S11,265)

如果正如拉康所指出的那样,一门科学就其本身而言都仅仅是通过孤立并界定其特殊研究对象而建立的(见:Lacan,1946;他在那里指出,通过给心理学提供一种适当的研究对象——意象[见:Ec,188]——精神分析实际上便给心理学奠定了一个科学的立足点),那么,当他在1965年把对象小 a 孤立出来作为精神分析的对象的时候,他实际上便是在宣称精神分析所具有的科学性地位(Ec,863)。

然而,从此刻起,拉康越来越质疑这种把精神分析视作一门科学的见解。同年,他又声称精神分析不是一门科学,而是一门带有"科学禀性"(scientific vocation)的"实践"(pratique)(Ec,863),尽管他同年也还在讲"精神分析的科学"(Ec,876)。到了1977年,他更加直截了当地说道：

> 精神分析不是一门科学。它不具有任何科学性的地位——它只是在等候并期望这一地位而已。精神分析是一种妄想——期待产生一门科学的妄想……它是一种科学的妄想，然而这并不意味着分析的实践将会产生一门科学。
> (Lacan, 1976-7;1977年1月11日的研讨班; *Ornicar ?*, 14: 4)

然而，即便当拉康做出此番陈述的时候，他也从未放弃根据语言学和数学来形式化精神分析理论的计划。实际上，**数元/数学型**（MATHEME）的科学形式化与呀呀儿语（lalangue）的语义丰富性之间的张力，便构成了拉康晚年著作中最为有趣的特征之一。

假相

英：semblance；法：semblant

显象是欺骗性的这种思想自始至终都贯穿在拉康的著作当中，这种思想紧密联系着显象与本质之间的经典哲学对立（见：S11, 103ff）。想象界与象征界之间的区分恰好隐含着显象与本质之间的这一对立。想象界即那些充当着引诱的可观察到的现象的领域，而象征界则是那些无法观察到而必须推导出来的潜在结构的领域。

此种对立充斥在所有的科学研究之中，因为科学探索的一个基本前提便在于科学家必须试图穿透假象（false appearance）而进入隐匿的真实。同样，在精神分析中，如同在科学中一样，"唯有跳脱出假象的人才能够抵达真理"（S7, 310）。然而，精神分析中的假象不同于自然科学中的假象。对于自然科学家而言，假象（例如：当一根笔直的棍子一半没入水中时便会看似弯曲）缺乏故意欺骗的维度,这就是为什么拉康声称自然科学的公理是信仰一个真实可靠的、非欺骗性的上帝(S3,64)。然而,在推测科学与精神分析之中,始终存在着显象的虚假性可能是由于欺骗的问题。

拉康使用了两个术语来指涉这些假象。"显象"(apparence)这一术语在哲学中被用来讨论本质与显象之间的区分。"假相"(semblant)这一术语虽然较少具有技术性,但是多年来在拉康的著作中日渐获得了重要性。早在1957年的时候它便出现了(例如:Ec,435;S4,207),而且也有几次被用于1964年度的研讨班上(S11,107),但是直到1970年代早期,该术语才在拉康的理论词汇中渐渐占据了一个重要的位置。起初,拉康用该术语来指涉诸如女性性欲这样的问题,因为女性性欲的特征便在于一个乔装(masquerade)的维度(见:Rivière,1929)。其后,拉康又用该术语来刻画象征秩序的一般特征,以及它与想象界和实在界的关系。因而,拉康便在1970—1971年度的研讨班上专门讨论"一种可能不属于假相的话语",他在这期研讨班上指出**真理**(TRUTH)并不完全是显象的对立面,而其实是与之相连的。真理与显象就如同莫比乌斯带的两面,事实上只是一面。在1972—1973年度的研讨班上,拉康继而声称:对象小 *a* 是一种"存在的假相"(semblance of being)(S20,84),爱针对的是一种假相(S20,85),而且"享乐"也只是在某种假相的基础上被唤起或制作出来的(S20,85)。

研讨班

英:seminar;法:séminaire

在1951年,拉康开始在西尔维娅·巴塔耶位于里尔大街3号的公寓里举办私人讲座。这些讲座当时有一小批受训精神分析家来参加,并且是以阅读弗洛伊德的一些个案研究为基础的:杜拉、鼠人以及狼人。在1953年,讲座的地点迁到了圣安娜医院

(Hôpital Sainte-Anne），因为那里可以容纳更多的听众。尽管拉康有时候会把1951—1952年与1952—1953年的私人讲座称作他前两年的"研讨班"，但是该术语现在则通常被保留给1953年开始的公开讲座。从那时起，一直到拉康在1981年逝世，他在每一学年都会采用一个不同的主题并就其发表一系列的演讲。这27年的系列讲座往往以单数的形式被共同地称作"研讨班"。

在圣安娜医院举办十年之后，研讨班在1964年迁至高等师范学校（École Normale Supérieure），而在1973年又搬到法学院（Faculté de Droit）。这些地点的变更是出于种种原因，而不仅仅是因为研讨班在20世纪五六十年代的巴黎知识分子复苏中渐渐变成了一个焦点而出现的容纳不断增加的听众的需要。

鉴于拉康坚持强调言语是精神分析的唯一媒介(E, 40)，适合让拉康发展并阐释其思想的原始手段或许就应当是口头语言。实际上，诚如一位评论家所评论的那样："我们必须记得，拉康的《著作集》(Écrits)原本几乎全部都是口头的发言，而且这种开放式的研讨班在很多方面也是他首选的工作环境。"（Macey, 1995: 77）

随着拉康的研讨班变得越来越受欢迎，把研讨班转录为书面文本的需求也在与日俱增。然而，除了他在研讨班期间所举办的讲座的基础上写的几篇短文之外，拉康从未出版过他自己研讨班的任何记录。在1956—1959年，拉康曾授权让-伯特兰·彭塔力斯[1]发表这几年研讨班讲座中个别章节的摘要，但是这并不能满足人们日渐增加的对于拉康教学的书面记录的需求。因此，有关拉康研讨班的一些未经授权的文字记录便渐渐开始以一种几乎秘密

---

[1] 让-伯特兰·彭塔力斯(Jean-Bertrand Pontalis, 1924—2013)，法国著名精神分析学家，早年曾是萨特的学生，后来转投拉康门下，与拉康分道扬镳后创建"法国精神分析协会"（Association Psychanalytique de France），其与让·拉普朗什(Jean Laplanche, 1923—2012)合著的《精神分析词汇》(1967)已然是弗洛伊德研究领域的经典著作，另著有《窗》《穿越阴影》《梦境与痛苦之间》与《最初的爱》等。

的方式在拉康的追随者中间流传开来。在1973年,拉康允许他的女婿雅克-阿兰·米勒编辑并出版1964年所举办讲座的文字记录,即第11期研讨班。从那时起,米勒便继续出版了其他几年研讨班的编辑版本,尽管出版的数量仍旧不到一半。米勒在编辑并出版研讨班讲稿方面的角色,曾经导致了一些非常激烈的争论,因为反对者们宣称他歪曲了拉康的原作。然而,正如米勒自己所指出的,从口头到书面媒介的过渡,以及此种过渡所需要的编辑,皆意味着这些研讨班讲稿被发表出来的版本永远不可能只是拉康讲座的简单文字记录(见:Miller,1985)。迄今为止,只有9个年度的研讨班讲稿以书籍的形式得到了出版,而其他年份的研讨班讲稿的授权摘录则出现在《奥尼卡?》(*Ornicar ?*)期刊中。那些无出版年份的研讨班的未经授权的文字记录,目前仍然继续在法国本土与海外流传。

每一年(或每一"卷")研讨班的标题皆被列在表3中。原文的法语标题和出版细节则被列在这部辞典最后的参考文献当中。

表3 每一年研讨班的标题

卷次	年份	标题
I	1953—1954	【法】Les écrits techniques de Freud
		【英】Freud's papers on technique
		【中】弗洛伊德的技术性著作
II	1954—1955	【法】Le moi dans la théorie de Freud et dans la technique de la psychanalyse
		【英】The ego in Freud's theory and in the technique of psychoanalysis
		【中】弗洛伊德理论与精神分析技术中的自我
III	1955—1956	【法】Les psychoses
		【英】The psychoses
		【中】精神病
IV	1956—1957	【法】La relation d'objet
		【英】Object relations
		【中】对象关系

续表

卷次	年份	标题
V	1957—1958	【法】Les formations de l'inconscient 【英】The formations of the unconscious 【中】无意识的构形
VI	1958—1959	【法】Le désir et son interprétation 【英】Desire and its interpretation 【中】欲望及其解释
VII	1959—1960	【法】L'éthique de la psychanalyse 【英】The ethics of psychoanalysis 【中】精神分析的伦理学
VIII	1960—1961	【法】Le transfert 【英】Transference 【中】转移
IX	1961—1962	【法】L'identification 【英】Identification 【中】认同
X	1962—1963	【法】L'angoisse 【英】Anxiety 【中】焦虑
XI	1964	【法】Les quatres concepts fondamentaux de la psychanalyse 【英】The four fundamental concepts of psychoanalysis 【中】精神分析的四个基本概念
XII	1964—1965	【法】Problèmes cruciaux pour la psychanalyse 【英】Crucial problems for psychoanalysis 【中】精神分析的关键问题
XIII	1965—1966	【法】L'objet de la psychanalyse 【英】The object of psychoanalysis 【中】精神分析的对象
XIV	1966—1967	【法】La logique du fantasme 【英】The logic of fantasy 【中】幻想的逻辑
XV	1967—1968	【法】L'acte psychanalytique 【英】The psychoanalytic act 【中】精神分析的行动
XVI	1968—1969	【法】D'un autre à l'Autre 【英】From one other to the Other 【中】从一个小他者到大他者

续表

卷次	年份	标题
XVII	1969—1970	【法】L'envers de la psychanalyse 【英】The reverse of psychoanalysis 【中】精神分析的反面
XVIII	1970—1971	【法】D'un discours qui ne serait pas du semblant 【英】On a discourse that would not be semblance 【中】论一种可能并非属于假相的话语
XIX	1971—1972	【法】...Ou pirc 【英】...Or worse 【中】……或者更糟
XX	1972—1973	【法】*Encore* 【英】*Encore* 【中】再来一次
XXI	1973—1974	【法】Les non-dupes errent/Les noms du père 【英】The non-duped err/The names of the father 【中】那些不上当受骗者犯了错/诸父之名①
XXII	1974—1975	【法】RSI 【英】RSI 【中】实在界、象征界与想象界
XXIII	1975—1976	【法】Le *sinthome* 【英】The *sinthome* 【中】圣状
XXIV	1976—1977	【法】L'insu que sait de l'une-bévue s'aile à mourre 【英】One knew that it was a mistaken moon on the wings of love 【中】无意识的失败就是爱/人们知道那是在爱的羽翼上被误认的月亮②
XXV	1977—1978	【法】Le moment de conclure 【英】The moment of concluding 【中】结论的时刻

---

① 该期研讨班的法文标题"Les non-dupes errent"（那些不上当受骗者犯了错）与10年前拉康因被国际精神分析协会开除而中断的研讨班的标题"Les Noms-du-Père"（诸父之名）同音。

② 该期研讨班的法文标题"L'insu que sait de l'une-bévue s'aile à mourre"充满了文字游戏故而很难翻译，其在字面上可直译为"由一则失算而知道的不知道在猜拳中插上了翅膀"，但由于其中的"l'insu que sait"（知道的不知道）与"l'insuccès"（不成功或失败）同音，"l'une"（一则）与"lune"（月亮）同音，而"une-bévue"（一则失算、差错、谬误）又与德文中的"Unbewusste"（无意识）同音，"s'aile à mourre"（在猜拳中插上了翅膀）与"c'est l'amour"（这就是爱）同音，因而这句话亦可翻译为"无意识的失败就是爱"（l'insuccès de l'Unbewusste, c'est l'amour），这里的英文标题显得相当有诗意——那是被误认的月亮插上了爱的翅膀。

续表

卷次	年份	标题
XXVI	1978—1979	【法】La topologie et le temps
		【英】Topology and time
		【中】拓扑学与时间
XXVII	1980	【法】Dissociation
		【英】Dissolution
		【中】解散

178 性别差异

英：sexual difference

"性别差异"这一词语虽然在精神分析与女性主义之间的争论中非常突出,却并不属于弗洛伊德或是拉康的理论词汇。弗洛伊德仅仅讲到两性之间的解剖学区分(distinction)及其精神后果(Freud,1925d);拉康则讲到性别位置(position)与性别关系(relationship),偶尔也讲到两性分化(differentiation)。然而,弗洛伊德与拉康两人都有处理性别差异的问题,而将这个术语收入词条,既是因为它集合了拉康著作中的一系列重要的相关主题,也是因为它构成了女性主义研究拉康著作之取径的一个重要的焦点(见:Brennan,1989;Gallop,1982;Grosz,1990;Mitchell and Rose,1982)。

潜藏在弗洛伊德著作中的基本假设之一,即正如男人与女人之间存在某些身体上的差异,两者之间同样存在一些精神上的差异。换句话说,存在一些可以被称作"男性"(masculine)的精神特征,以及另一些可以被称作"女性"(feminine)的精神特征。弗洛伊德并未试图对这些术语做出任何正式的定义(这是一项不可能的任务——Freud,1920a:SE XVIII,171),而是相反限制自己只描述一个人类主体如何渐渐获得这些男性或女性的精神特征。这并非一种本能的或自然的过程,而是解剖学差异与社会性和精神性的因素在其中相互作用的一个复杂的过程。整个过程皆围绕着**阉割情结**(CASTRATION COMPLEX)循环往复,其中男孩恐惧他的阴茎被剥夺,而女孩则假定她的阴茎已经被剥夺,从而发展出阴茎嫉羡。

遵循弗洛伊德的观点,拉康也着手处理了人类婴儿如何变成一个性化主体的问题。对拉康而言,男性特质(masculinity)与女性特质(femininity)并非生物性的本质,而是象征性的位置,而且采取这两种位置的其中一种,对于主体性的建构来说也是根本性的,主体在本质上是一个性化的主体。"男人"与"女人"即代表着这两种主体性位置的能指(S20, 34)。

无论在弗洛伊德还是在拉康看来,孩子起初都不知道性别差异,因此也无法采取某种性别位置。只有当孩子在阉割情结中发现性别差异的时候,他才能够开始占据某种性别位置。虽然弗洛伊德与拉康两人皆认为这一占据性别位置的过程与**俄狄浦斯情结**(OEDIPUS COMPLEX)有着密切的联系,但是他们在此种联系的确切本质上持有不同的意见。对弗洛伊德而言,主体的性别位置是由主体在俄狄浦斯情结中所认同的父母一方的性别来决定的(如果主体认同父亲,那么他便会占据一个男性的位置;而认同母亲则需要采纳一个女性的位置)。然而,在拉康看来,俄狄浦斯情结始终涉及对于父亲的象征性认同,因此俄狄浦斯式的认同并不能决定性别位置。因而,根据拉康的观点,决定性别位置的便不是认同,而是主体与**阳具**(PHALLUS)的关系。

此种关系可能是一种"拥有"(having)的关系,也可能是一种"没有"(not having)的关系;男人们拥有象征性的阳具,而女人们则没有(或者,更确切地说,男人们"并非没有拥有它"[ils ne sont pas sans l'avoir])。采取某种性别位置在根本上是一种象征性的行动,而两性之间的差异也只能在象征性的层面上来设想(S4, 153):

> 正是就男人与女人的功能是受到象征化的而言,正是就此种功能实际上是被根除于想象界的领域而被定位在象征界的领域而言,任何正常的、完全的性别位置才得以实现。
>
> (S3, 177)

然而,根本就没有任何性别差异的能指,其本身可以让主体得以充分地象征化男人与女人的功能,因此便不可能抵达一种充分"正常的、完全的性别位置"。因而,主体的性别同一性(sexual identity)便总是一个相当不稳定的事情,也是不断自我质询(self-questionning)的一个根源之所在。有关自身性别的询问("我是一个男人还是一个女人?")恰恰是界定**癔症**(HYSTERIA)的问题。无论是对于男人还是女人而言,神秘的"他者性别/另一性别"(other sex)都总是女人,因此癔症患者的问题("什么是一个女人?")对于男性与女性癔症患者来说也都是一样的(S3, 178)。

尽管主体的解剖学/**生物学**(BIOLOGY)在主体将会采取何种性别位置的问题上扮演着某种角色,然而解剖学并不决定性别位置是精神分析理论中的一项基本公理。在性别差异的生物学面向(例如在染色体的层面上)与无意识之间存在着一种断裂,前者被联系于性欲的繁殖功能;而在后者中,此种繁殖功能却是不被表征的。鉴于性欲的繁殖功能在无意识中的非表征化(non-representation),"在精神中便没有任何东西可以使主体借以将自身定位为一个男性或女性的存在"(S11, 204)。在象征秩序中不存在任何性别差异的能指。唯一的性别能指便是阳具,而且这个能指也没有任何"女性"的等价物:"严格地讲,就其本身而言,女人的性别是不存在任何象征化的……阳具是一个没有任何对应物,没有任何等价物的象征符。这里的问题在于能指中的某种不对称性。"(S3, 176)因此,阳具是"经由阉割情结而在两性身上完成其性别询问的枢轴"(E, 198)。

正是能指中这一基本不对称性,导致了俄狄浦斯情结在男人与女人之间的不对称性。男性主体欲望异性的父母而认同同性的父母,女性主体则欲望同性的父母而"需要将异性的形象当作其认同的基础"(S3, 176)。"对一个女人而言,她对于自身性别的认识并非在俄狄浦斯情结中通过一种对称于男人的方式而实现,并非通过认同母亲,而是相反通过认同父性的对象,这便给她指派了一种额外的迂回。"(S3, 173)"这一能指的不对称性决定了俄狄浦斯情结所要通过的两条道路,这两条道路都要通过同一条小径——阉割的小径。"(S3, 176)

因而,如果就其本身而言根本不存在任何象征符来表示男性—女性的对立,那么唯一理解性别差异的方式便是根据主动性—被动性的对立(S11, 192)。这一两极性是男性—女性的对立得以在精神中得到表征的唯一方式,因为性欲的生物学功能(繁殖)是不被表征的(S11, 204)。这就是为什么一个人要怎样做才显得是一个男人或者一个女人的问题,是一场完全处在大他者领域中的戏剧(S11, 204),这也就是说,主体只能在象征层面上来实现其自身的性欲(S3, 170)。

在1970—1971年度的研讨班上,拉康试图借助于一些衍生自符号逻辑的公式来对他的性别差异理论加以形式化。这些公式又再度出现于他在1972—1973年度的研讨班上提出的性别差异图中(图14,取自S20, 73)。这个图分成两边,左边是男性的一边,右边是女性的一边。性化公式出现在这个图的顶端。因而,男性一边的公式是 $\exists x \overline{\Phi x}$ (=至少存在着一个并不服从于阳具功能的x)与 $\forall x \Phi x$ (=对于所有的x来说,阳具功能皆是有效的)。女性一边的公式是 $\overline{\exists x} \, \overline{\Phi x}$ (=并不存在一个不服从于阳具功能的x)和 $\overline{\forall x} \Phi x$ (=并非对于所有的x来说,阳具功能皆是有效的)。最后一则公式阐明了**女人**（WOMAN）与"并非全部"（not-all）的逻辑之间的关系。最引人注目的是,在这张图每一边的两个命题似乎都是相互矛盾的:"每一边皆是由对于阳具功能的肯定与否定,皆是由对于绝对（非阳具性）享乐的包含与排除所定义的。"（Copjec,1994:27）然而,在两边之间没有任何的对称性（没有性别关系）,每一边都反映了**性别关系**（SEXUAL RELATIONSHIP）可能失败的一种根本不同的方式（S20,53-4）。

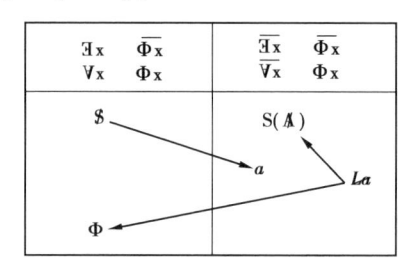

图 14 性别差异图

来源:Jacques Lacan, *Le Séminaire. Livre XX. Encore*, ed. Jacques-Alain Miller, Paris:Seuil, 1975.

性别关系

英:sexual relationship；法:rapport sexuel

拉康在1970年首度提出了他的著名格言——"没有性关系"（il n'y a pas de rapport sexuel）（见:Lacan,1969-70:134）,并在1972—1973年度的研讨班上再度论及了这一格言。这句格言在英文中通常被翻译为"根本没有性关系这样的事情"（there is no such thing as a sexual relationship）,这是误导性的,因为拉康当然不是在否认人们发生性关系！这句格言可以被更好地译作"两性之间没有任何关系",从而便强调出拉康所指涉的主要不是性交行动,而是男性的性别位置与女性的性别位置之间的关系问题。① 这句格言因而便凝缩了拉康在**性别差异**(SEXUAL DIFFERENCE)问题上着手探讨的几个要点。

(1)在男性与女性的性别位置之间并没有任何直接的、未经中介的关系,因为语言的大他者会作为一个第三方而伫立在它们之间(S20, 64)。"在男性与女性的人类存在之间,根本没有本能关系这样的事情",因为所有性欲皆是由能指所标记的(Lacan, 1975b)。如此产生的一个结果,便是不可能通过参照一种假设是自然形式的性别关系(正如弗洛伊德所做的那样)来定义性倒错。因而,异性恋不是合乎自然的,而是合乎规范的(Ec, 223)。

(2)在男性与女性的性别位置之间也没有任何互易性或者对称性,因为象征秩序在根本上是非对称性的,没有任何相应的能指,能够同样以男性性别得以象征化的方式来代表女人。只有一个能指,即**阳具**(PHALLUS),规定着两性之间的关系(E, 289)。因而,没有任何象征符可以表示一种对称的性别关系:"性别关系是无法被书写的。"(S20, 35)

(3)男人与女人之间的那些关系也是永远不可能和谐的,"男人与女人之间的那种最赤裸的敌对性是永恒的"(S2, 263)。爱情无非是一种幻象,旨在填补两性之间和谐关系的缺位(无论是根据神话学来表述,例如在柏拉图的《会饮篇》中,还是根据精神分析来表述,例如在巴林特的**生殖**[GENITAL]爱恋的概念中)。

(4)那些性欲冲动并非导向一个"整体的人"(whole person),而是导向各种**部分对象**(PART-OBJECTS)。因此,性关系这样的事情便根本不存在于两个主体之间,而仅仅存在于一个主体与一个(部分)对象之间。对男人而言,对象 *a* 占据了错失的伴侣的位

---

① 正如埃文斯在这里指出的,拉康的"rapport sexuel"不应在"性关系"(relation sexuelle)的意义上来理解,而应被更好地翻译为"性别相配",即两性之间并不存在一种对称性或互补性的"相配"(rapport)。

置,从而产生了幻想的数元($\lozenge a$);换句话说,对男人来说,女人并不作为一个实在的主体而存在,而是仅仅作为一个幻想的对象,作为男人欲望的原因而存在(S20,58)。

(5)女人无法作为女人而只能作为母亲在性方面起作用,"女人仅仅是作为母亲才开始在性别关系中起作用的"(S20,36)。

(6)作为某种根植于实在界中的事物,性别与意义相对立;而且"根据定义,性别在其自身对立于意义的同时,也同样对立于关系,对立于交流"(Copjec,1994:21)。

转换词

英:shifter

"转换词"这个术语由奥托·叶斯伯森[①]在1923年引入语言学,以指称在语言中倘若不参照信息便无法界定其普遍意义的那些元素。例如,代词"我"和"你",还有像"这里"和"现在"这样的词,以及时态等,便只能通过参照它们被说出的语境来理解。罗曼·雅各布森在一篇发表于1957年的文章中发展了这个概念。在这篇文章之前,"人们往往认为人称代词与其他转换词的特性即在于缺乏某种单一的、恒定的、普遍的意义"(Jakobson,1957:132)。根据皮尔斯的**符号**(SIGNS)类型学,转换词被当作纯粹的指示符(见**指示符**[INDEX])。然而,雅各布森遵循皮尔斯的论点(Peirce,1932:156-73)指出,转换词的确具有某种单一的普遍意义;例如,人称代词"我"便总是意味着"说出'我'的那个人"。这

[①] 奥托·叶斯伯森(Otto Jespersen,1860—1943)是享誉国际的丹麦语言学家,一生著述颇丰,研究涵盖普通语言学、语法学、语音学、语言史、符号系统、语言哲学、外语教学、国际辅助语等多个领域,对普通语言学和语法学的贡献尤为显著,影响了包括布鲁姆菲尔德(L.Bloomfield)、乔姆斯基(N. Chomsky)、韩礼德(M. Halliday)等语言学泰斗在内的大批学者。代表作有《语言论:语言的本质、发展和起源》。

就使转换词变成了一个"象征符"。雅各布森的结论是,转换词同时结合了象征性与指示性的功能,且"因此属于**指示性象征符**(INDEXICAL SYMBOLS)的等级"(Jakobson,1957:132)。如此一来,雅各布森便质疑了一种无关语境(context-free)的语法的可能性,因为**能述**(ENUNCIATION)被编码在所述(statement)本身之中。同样,因为语法被蕴涵在言语(parole)之中,所以语言(langue)/言语(parole)的区分便也遭到了质疑(见:Caton,1987:234-7)。

拉康遵循雅各布森(以英语来)使用"转换词"这一术语,抑或是他所谓的"指示项"(index-term)(E,186),以表明"我"(Je)的悬而未决性与不可判定性的本质。然而,虽然雅各布森(遵循皮尔斯)把转换词定义为一种指示性象征符,但是拉康则将其定义为一种指示性能指(indexical signifier)。这便问题化了能述与所述之间的区分。一方面,作为一个能指,转换词明显是所述的一部分。另一方面,作为一个指示符,它则明显是能述的一部分。"我"的此种割裂不仅阐明了主体的分裂;而且它就是那一分裂。"实际上,能述的'我'并不等同于所述的'我',也就是说,在所述中指派给他的那个转换词。"(S11,139)拉康同样把法语赘词"ne"也鉴别为一种转换词(E,298)。

符号

英:sign;法:signe

拉康将符号定义为"为某人代表某物"的东西,而**能指**(SIGNIFIER)则与之相对,是"为另一能指代表主体"的东西(S11,207)。经由着手符号的概念,拉康便把他的著作安置在与符号学(semiotics)的密切关系之中,后者是在20世纪迅速发展起来的一门学科。在符号学内部可以区分出两条主要的发展路线:联系于费尔迪南·

德·索绪尔的欧洲路线(索绪尔本人便是以"符号学"的名称将其命名的),以及联系于查尔斯·桑德斯·皮尔斯的北美路线。

(1)根据索绪尔的观点,符号是**语言**(LANGUAGE, langue)的基本单位。符号由两个元素构成:一个概念元素(索绪尔将其称作"所指")以及一个语音元素(被称作"能指")。这两个元素经由一种任意但牢不可破的联结而被联系起来。索绪尔借由一个图解来表示符号(图15;见:Saussure, 1916: 114)。

图15 索绪尔式符号

来源:Ferdinand de Saussure, *Cours de linguistique générale*, 1916.

在此图解中,箭头代表着意指中所固有的相互蕴涵,而所指与能指之间的线条则代表着结合①。

在1950年代,拉康在其精神分析学的"语言学转向"(linguistic turn)中接纳了索绪尔的符号概念,但对其进行了若干修改。首先,索绪尔假设能指与所指之间是相互蕴涵的关系(它们就像一张纸的两面是相互依存的),而拉康则认为能指与所指之间的关系是极其不稳定的(见:**滑动**[SLIP])。其次,拉康宣称一种"纯粹能指"秩序的存在,这些能指在那里是先于所指而存在的,这一纯粹逻辑结构的秩序即无意识。这相当于是对索绪尔符号概念的一种摧毁,在拉康看来,语言不是由符号而是由能指所组成的。

为了阐明他自己的见解与索绪尔的观点之间的差异,拉康以

---

① 索绪尔把所指(概念元素)与能指(声像元素)放在一个椭圆里,以表示符号是一个结构性整体。

一则算法(图16)取代了索绪尔的符号图解。拉康指出,这则算法应当被归于索绪尔(因而它现在有时候被称为"索绪尔式算法"——见:E,149)。

$$\frac{S}{s}$$

图16 索绪尔式算法

来源:Jacques Lancan, *Écrits*, Paris: Seuil, 1966.

在图16中,S代表能指,而 s 则代表所指;所指与能指的位置因而颠倒了过来,从而表明了能指的优先性(能指以大写字母来书写,而所指则被降格为仅仅是小写字母的斜体字)。箭头与圆圈遭到废除,从而表明在能指与所指之间缺乏一种稳定或固定的关系。能指与所指之间的那道**杠**(BAR)不再表示结合,而是表示意指中所固有的阻抗。在拉康看来,这则算法定义了"无意识的地形学"(E,163)。

(2)根据皮尔斯的观点,对某一解释者来说,符号是代表一个对象的东西(对皮尔斯而言,"对象"一词可能意味着一个物体、一则事件、一种观念或是另一符号)。皮尔斯把符号划分为三种类型:"象征符"(symbols)、"指示符"(indices)以及"肖似符"(icons),它们皆以不同的方式联系着对象。象征符与它所指涉的对象虽然没有任何"自然"的或必然的关系,却经由一种纯粹约定俗成的规则而联系于对象。**指示符**(INDEX)与它所代表的对象具有一种"存在判断关系"(即指示符总是在空间上或在时间上临近于对象)。肖似符则通过相似性展示其形式来表现一个对象。皮尔斯在肖似符、指示符与象征符之间做出的这些区分皆是分析性的,而非意在相互排斥。因此,一个符号便几乎总是会以各种模式而运作,例如,人称代词便既是象征性又是指示性运作的符号(见:Peirce, 1932: 156-73;Burks, 1949)。

拉康接纳了皮尔斯的指示符概念,以便在精神分析与医学的症状概念之间做出区分,并且在(动物的)编码与(人类的)语言之间做出区分。拉康同样还沿着罗曼·雅各布森布下的线索,用**转换词**(SHIFTER)的概念发展了指示符的概念,从而在所述的主体(subject of the statement)与能述的主体(subject of the enunciation)之间做出区分。

意指

英:signification;法:signification①

在拉康1950年以前的作品中,一般说来,"意指"这一术语都被用来同时表示意义性(meaningfulness)与重要性(importance)的意思(例如:Ec,81)。例如,在1946年,拉康就批评唯器质论精神病学(organicist psychiatry)忽视了"疯癫的意指"(Ec,167;见:Ec,153-4)。在1953—1957年,该术语同意义和语言的领域保持着这些模糊的联系,并因而被定位于象征秩序(S4,121)。

但是从1957年开始,拉康对于该术语的使用呈现出了一种对索绪尔概念的直接参照,并且从象征秩序转换到了想象秩序。索绪尔将"意指"这一术语保留给**能指**(SIGNIFIER)与**所指**(SIGNFIED)之间的关系,每个声像(sound-image)都被说成是"意指"着一个概念(Saussure,1916:114-17)。对索绪尔而言,意指是一种牢不可破的联结,能指与所指如同一张纸的两面是不可分割的。

拉康则以为,能指与所指之间的关系较不稳定,他把索绪尔式算法(见:图16)中能指与所指之间的那道**杠**(BAR)看作并非在表现一种联结,而是在表现一种断裂,一种针对意指的"阻抗"(E,164)。首先,能指在逻辑上是优先于所指的,所指仅仅是能指游戏

---

① 该术语通常也被译作"意义""意谓""意味""意涵"或"表意作用"等,索绪尔用它来表示"能指"与"所指"之间的关系,这里为了避免译名的混淆,故而译作"意指",以凸显该术语与"能指"和"所指"的关联,以及其与"意义"(法文的sens或英文的meaning)之间的区别。

的一种效果而已。其次，即便当所指被产生出来的时候，它们也是在能指的下面不断**滑动**（SLIP）与滑行的；唯一能够暂时阻滞这一运动，同时让能指瞬间依附于所指并且创造出一种稳定意义之幻象的事物，即**结扣点**（POINTS DE CAPITON）。在拉康的著作中，意指并非能指与所指之间的一种稳定的联结，而是一种过程——凭借此种过程，能指游戏便经由换喻和隐喻这两种修辞而产生了所指的幻象。

意指之所以是换喻性的，是因为"意指总是指涉另一意指"（S3，33）。换句话说，意义并不处在任何一个能指之中，而是处在沿着能指链条的众多能指之间的运作之中，因此它是不稳定的，"正是在能指链条中，意义坚持着，但是在其诸多元素中没有任何一个存在于它此刻可将其容纳的意指之中"（E，153）。

意指之所以是隐喻性的，是因为它涉及对杠的穿越，即"能指进入所指的通道"（E，164）。一切意指赖以产生的基本隐喻即父性隐喻，一切意指也因此都是阳具化的。

在拉康的代数学中，意指是由符号 s 所表示的（譬如在标记着欲望图解中的几个主要结点之一的符号 s(A) 之中）。表示所指的符号同样是 s，而这就意味着对拉康而言，"意指"（意义的效果借以产生的过程）与"所指"（意义的效果本身）这两个术语往往都是倾向于重叠的。

在1950年代后期，拉康在意指与意义（法：sens；英：meaning）之间建立了某种对立[①]。这些术语此前被翻译成英文时，其译法的多样性，给拉康著作的英文读者带来了一些困难。本辞典所遵循的译法是以英文的"signification"（意指）一词来翻译法文的 signification，而保留英文单词"meaning"（意义）来翻译法文的 sens 一词。

意指是想象的，并且隶属于空洞**言语**（SPEECH）的辖域；意

[①] 值得注意的是，拉康从德国哲学家弗雷格那里借来了"意指"与"意义"之间的这一区分。

是象征的,并且隶属于充实言语的辖域(后来,在1970年代,拉康并未把意义定位于象征秩序,而是定位于象征界与想象界的交界;见:图1)。精神分析的解释是反对意指并瞄准意义及其相关的无意义(法:non-sens;英:non-meaning)的。尽管意指与意义是相对立的,但是它们两者都联系着"享乐"(jouissance)的产生。拉康创造了两个新词来指明这一与享乐的联系:"意爽"或译为"享乐的意指"(signifiance,根据"意指"[signification]与"享乐"[jouissance]两词而来),以及"爽义"或译为"意义的享乐"(jouis-sens,根据"享乐"[jouissance]与"意义"[sens]两词而来[1])。

所指

英:signified;法:signifié

根据索绪尔的观点,所指是**符号**(SIGN)的概念元素。它不是由一个符号所表示的真实对象(指涉物),而是相对于这样一种对象的心理实体(Saussure, 1916:66-7)。

对索绪尔而言,所指具有与**能指**(SIGNIFIER)相同的地位,两者共同构成了符号中相等的两面。而拉康则宣称能指的至上性,并指出所指仅仅是能指游戏的一种效果而已,即经由隐喻而产生的意指过程的一种效果。换句话说,所指不是给定的,而是生成的。

拉康的见解因而便对立于一种表现主义的语言观,根据此种观点,概念先是存在于某种前语言的状态,而后才在语言的物质媒介中获得表达。相对于这样一种看法,拉康主张语言的物质元素的优先性(逻辑上而非时序上的优先)。

---

[1] 在法语中,"享乐"(jouissance)与"爽义"(jouis-sens)的发音完全相同。

能指

英：signifier；法：signifiant

拉康从瑞士语言学家费尔迪南·德·索绪尔的著作中借取了"能指"这一术语。弗洛伊德并未使用过这个术语，他当时并不知道索绪尔的著作。根据索绪尔的观点，能指即是**符号**（SIGN）的语言元素，它并非实际的声音本身，而是这样一种声音的心像（mental image）。用索绪尔的话说，能指是表示一个**所指**（SIGNIFIED）的"声像"（acoustic image）（Saussure, 1916: 66-7）。

虽然索绪尔认为能指与所指是相互依存的，但是拉康则声称能指是第一位的并且产生了所指。能指首先是在一个封闭的差异系统中的一个无意义的物质元素，这一"没有所指的能指"被拉康称作"纯粹的能指"，尽管这涉及的是一种逻辑上的而非时序上的优先。"每个真正的能指，就其本身而言，都是一个什么也不指代的能指。能指越是什么也不指代，它就越是不可摧毁。"（S3, 185）正是这些无意义的不可摧毁的能指决定着主体，能指作用在主体上的那些效果即构成了无意识，也因此构成了精神分析的整个领域。

因而，对拉康而言，语言并非一种符号系统（如同对索绪尔来说的那样），而是一种能指系统。这些能指是语言的基本单位，它们皆"服从于一个双重条件，其一是可化约为一些最终差异性元素，其二是可根据一个封闭秩序的法则来加以组合"（E, 152）。

借由"可化约为一些最终差异性元素"这一措辞，拉康是在遵循索绪尔宣称的能指的根本差异性特征。索绪尔声称在语言中没有任何肯定的词项，有的只是差异（Saussure, 1916: 120）。

借由"可根据一个封闭秩序的法则来加以组合"这一措辞，拉康宣称能指是根据那些换喻的法则而在能指链条中被组合起来的。

能指是象征秩序的构成性单位,因为它在整体上被联系于**结构**(STRUCTURE)的概念,"结构与能指的概念似乎是不可分割的"(S3,184)。能指的领域即大他者的领域,后者被拉康称作"能指的宝库"(the battery of signifiers)。

拉康将一个能指定义为"为另一能指代表一个主体的东西",符号则与之相对是"为某人代表某物"的东西(S11,207)。更准确地说,一个能指(叫作主人能指,并且写作 S_1)为所有其他能指(写作 S_2)代表主体。然而,没有任何能指可以指代(signify)主体。

尽管"能指"这一术语并未出现于弗洛伊德的著作,然而拉康对于该术语的使用集中关注了弗洛伊德作品中一个反复出现的主题。弗洛伊德有关精神分析解释的很多例子,便不断地聚焦在那些纯粹形式的语言特征之上。例如,他就曾经把自己无法回忆起来的"Signorelli"这个名字划分为几个形式片段,并遵循每一片段的联想性关联来分析自己对于这个名字的遗忘(Freud,1901:ch.1)。因而,拉康坚持认为分析家应当在分析者的言语中听取能指的观点,其实便不是一种技术上的创新,而是旨在以更严格的术语来理论化弗洛伊德自己方法的一种尝试。

虽然当拉康谈论能指的时候,他通常指涉的其实就是别人可能简单地称之为"词"的事物,但是这两个术语并不等同。不但那些比词更小(词素和音素)或者比词更大(短语和句子)的语言单位皆可作为能指而运作,而且一些非语言的事物也皆可如此,诸如对象、关系以及症状行为等(S4,288)。对拉康而言,把某种事物刻化为一个能指的唯一条件,即在于它被铭刻进了一个系统之中,而在此系统中,它纯粹是凭借自己与该系统内其他元素之间的差异来呈现其自身价值的。能指的这一差异性特征,恰恰意味着它永远都无法具有某种单一或固定的意义(S4,289);相反,能指的意义是根据它在结构中所占据的位置而改变的。

能指链条

英：signifying chain；法：chaîne signifiante, chaîne du signifiant

从1950年代中期开始，"链条"这一术语便越来越多地被拉康使用，而且也总是指涉象征秩序。起初，在1956年，他讲的不是能指链条而是象征链条（symbolic chain），借此来表示每个主体甚至在其诞生之前且在其死亡之后皆被铭写于其中，并无意识地影响其命运的一连串世系传衍（Ec, 468）。同年，他还谈到了"话语链条"（the chain of discourse）（S3, 261）。

拉康是在1957年引入"能指链条"这一术语的，以指称一系列**能指**（SIGNIFIERS）被联系在一起的能指序列。一个能指链条从来都不可能是完整的，因为总是有可能给它添加上另一能指，永无止境（ad infinitum），这在某种程度上也表达了欲望的永恒本质，出于这个原因，欲望是换喻性的。此种链条在意义的生产上也同样是换喻性的，意指并不呈现于链条上的任何一点，毋宁说，意义"坚持"（insist）从一个能指到另一个能指的运动之中（见：E, 153）。

拉康有时会用线性（linearity）的隐喻来谈论能指链条，而有时则用环形（circularity）的隐喻：

·线性 "线性被索绪尔认为是话语链条的构成性要素，只有在它被定位于时间的方向上，这种线性才适用于话语链条。"（E, 154）

·环形 能指链条被比喻为"一条项链上的圆环，而这条项链则是由圆环组成的另一条项链上的一环"（E, 153）。

一方面，线性的概念意味着能指链条是言语的流动，能指在其中是按照语法规则被组合起来的（索绪尔将其称作"句段"[syntagmatic]关系,而拉康则遵循雅各布森的观点,将其定位在语言的换喻轴上)。另一方面,环形的概念则意味着能指链条是一系列能指通过自由联想而被联系起来的能指序列,只是一条经由能指网络的路径,这个能指网络构成了主体的象征世界(索绪尔将其命名为"联想"[associative]关系,而拉康则遵循雅各布森的观点,将其定位在语言的隐喻轴上)。事实上,能指链条同时包括了这两个方面。在其历时性的维度上,它是线性的、句段的、换喻的;在其共时性的维度上,它是环形的、联想的、隐喻的。此两者纵横交错:"实际上,没有任何能指链条[历时链](diachronic chain),不与相关语境[共时链](synchronic chain)发生整体上的链接,这就好似前者依附于对其每个单位的标点,而后者则可以说是被'垂直地'悬挂于那一点的。"(E, 154)因而,拉康便在一个概念里结合了两种类型的关系("句段"与"联想"),虽然索绪尔认为它们存在于符号之间,但是对拉康而言,此种关系则是介于能指之间,而非介于符号之间。

圣状

法:sinthome[①]

正如拉康所指出的那样,"圣状"这一术语是一种古老的写法,该词在近来更多地被拼写为"症状"(symptôme)。拉康在1975年引入了这一术语,作为1975—1976年度研讨班的标题,该期研讨班既是对于其拓扑学的继续阐发,延伸了上期研讨班对于**博洛米结**(BORROMEAN KNOT)的聚焦,同时又是对詹姆斯·乔伊斯作品的一种探索。经由这种"对立统一"(coincidentia opposito-

---

① "圣状"(sinthome)一词同时联系着"症状"(symptôme)、"圣人"(saint-homme)、"圣托马斯"(Saint Thomas)以及"合成人"(synth-homme)等诸多意涵。

rum)——集合了数学理论与乔伊斯文本的缠结交织——拉康便根据其晚年的主体拓扑学而重新定义了精神分析的症状。

(1)在"圣状"出现之前,拉康思想中的一些发散趋势便导致了**症状**(SYMPTOM)概念的不同变形。早在1957年,症状即被说成是"铭写于一种书写过程"(Ec, 445),这便已然暗示出了一种不同于把症状看作一则加密信息的观点。在1963年,拉康继而声称症状与行动搬演不同,它并不要求解释,就其本身而言,它并非对于大他者的一种呼唤,而是不指向任何人的一种纯粹的"享乐"(Lacan, 1962-3:1963年1月24日的研讨班;见:Miller, 1987:11)。这些评论皆预示了拉康思想的根本性转变,即他从症状的语言学定义——症状作为一个能指——转向在1974—1975年度的研讨班上声称:"就无意识决定着主体而言,症状只能被定义为每个主体借以享乐(jouit)其无意识的方式。"(Lacan, 1974-5:1975年2月18日的研讨班)

从把症状构想为可以通过参照"像一种语言那样结构的"无意识来解码的某种信息,到把它看作主体享乐的特殊形态的痕迹,这一转变在引入"圣状"这一术语时达到了巅峰。"圣状"因而指的是一种超越分析的能指性表述(signifying formulation),它是免于象征界效力的一个享乐的内核。"圣状"非但不要求某种分析性的"消解"(dissolution),它反而是通过提供一种独特的"享乐"组织而"允许我们得以活着"的东西。因而,在拉康对分析结束的一则最终定义之中,分析的任务就变成了认同"圣状"。

(2)从语言学到标志着拉康后期著作的拓扑学,这一理论的转变即构成了"圣状"其不可分析的真正地位,而且也相当于是超出拉康常见的晦涩修辞的一个注释学难题。1975—1976年度的研讨班把"圣状"作为第四环加诸实在界、象征界与想象界的三元组,通过把一个不断威胁要解开的扭结拴系在一起,从而拓展了在上一期研讨班中作为主体的基本结构而被提出的博洛米结的理论。这个扭结不是作为一种模型,而是作为对"想象力会在其面前失败"的拓扑学的一种严格的非隐喻性的描述而被提供的(Lacan, 1975-6:1975年12月9日的研讨班)。因为意义(sens)已然在此一扭结中被标示在了象征界与想象界的交界(见:图1),由此可知"圣状"的功能——介入进来以便把实在界、象征界与想象界扭结在一起——便不可避免地是超越意义的。

(3)自其青年时代开始,拉康便一直是乔伊斯的忠实读者(见:Ec, 25与S20, 37两处对于乔伊斯的提及)。在1975—1976年度的研讨班上,乔伊斯的作品被解读为一种延伸的"圣状",它作为加诸RSI的博洛米结的第四项而允许了主体的凝聚。由于在其童年期面对着父亲的名义的根本缺乏/不起作用(carence),乔伊斯便设法通过把他的艺术作为"增补"(suppléance)来展开——作为主体扭结中的一条增补性的纽带——而避免精神病。拉康把乔伊斯青年时的"灵瞬"①(epiphany,即当时在那些谜一般的、碎片化的文本中所记录的那种几乎带有幻觉强度的经验)作为"根本性排除"的实例来加以关注,在其中"实在界排除了意义"(1976年3月16日的研讨班)。乔伊斯的文本——从灵光乍现到《芬尼根的守灵夜》(*Finnegans Wake*)——便蕴含着与语言之间的一种特殊关系,即把语言化作"圣状"的一种"毁灭性"再造,主体的隐秘享乐对于象征秩序的入侵。"合成人"(synth-homme)作为拉康的双关语之一便隐含了此种"人为的"自我创造。

拉康坚持强调,他对乔伊斯作品的着手并不蕴含着某种"应用精神分析"(applied psychoanalysis)。拓扑学理论并非被构想为仅仅是另一种表征性的说明,而是被构想为一种书写的形式,也就是说,是一种旨在描绘出是什么逃离了想象界的实践。就此意义而

---

① 又译为"灵光乍现"。

言,乔伊斯便不是一个理论的对象或者"案例",而是变成了一位"圣人"(saint homme)的典范,他因为拒绝任何想象性的解决办法而能够发明出一种全新的方式来用语言去组织享乐。

(本词条作者:卢克·瑟斯顿[①])

滑动

英:slip;法:glisser[动词],glissement[名词]

拉康使用动词"滑动"(slip)(及其相应的名词"滑移"[slippage])来描述能指与所指之间的不稳定关系。该术语因而便强调了索绪尔与拉康构想**意指**(SIGNIFICATION)的不同方式:对索绪尔而言,意指是能指与所指之间的一种稳定联结,但在拉康看来,它则是一种不稳定的、流动的关系。在能指与所指之间不可能建立一种稳定的一对一联系,拉康通过在索绪尔式算法中把一道杠铭写在能指与所指之间,从而象征化了此种一对一联系的不可能(见:图16)。所指在索绪尔式算法中的那道杠的下面滑动并滑行,处于一种连续的运动当中(E, 154),而此种运动只能经由一些**结扣点**(POINTS DE CAPITON)而被暂时性地阻滞。当没有足够的"结扣点"时,就像在**精神病**(PSYCHOSIS)中的情况那样,意指的滑移运动便会永无止境,而且稳定的意义也会完全解离。

镜像

英:specular image;法:image spéculaire

当拉康谈及"镜像"的时候,他指涉的都是某人自己的身体在

[①] 卢克·瑟斯顿(Luke Thurston),英国当代学者,主要研究现代主义文学与精神分析理论,著有《重新发明症状》《詹姆斯·乔伊斯与精神分析的难题》等,另译有拉康的《研讨班XXIII:圣状》。

镜子中的映像,其自身的形象同时是自体与**他者**(OTHER)(即"小他者")的形象。正是通过认同镜像,人类婴儿才开始在**镜子阶段**(MIRROR STAGE)中建构其**自我**(EGO)。即便当没有真实的镜子的时候,婴儿也会看到自己的行为被反映在对于某个成人或是另一孩子的模仿性姿态当中,这些模仿性姿态能够使他人起到镜像的作用。人类是完全受镜像所迷惑的;这就是想象界在主体身上产生效力的基本原因,同时也解释了人类为何会将其身体的形象投射到周围世界的所有其他对象之上(见:Lacan, 1957b;见:**捕获**[CAPTATION])。

存在着某些没有镜像的事物,它们是不"可镜化"(specularisable)的。这些事物包括:阳具、爱欲源区,以及对象小 a。

言语
英:speech;法:parole

法文术语"parole"给英文译者带来了相当大的困难,因为它并不对应于任何一个英文单词。在某些语境下,它对应着英文的"言语"(speech)一词,而在其他语境下则最好被翻译为"言词"(word)。

从 1950 年代早期开始,"言语"(parole)就变成了拉康著作中最重要的术语之一。在他著名的《罗马报告》中,拉康便谴责当代精神分析理论如何忽视了言语在精神分析中的角色,并且力主将焦点重新聚焦在言语与**语言**(LANGUAGE)之上(Lacan, 1953a)。拉康对"言语"这一术语的使用,较少地归功于索绪尔(索绪尔在"言语"[parole]与"语言"[langue]之间的区分,在拉康的著作中被"言语"[parole]与"语言"[langage]之间的对立所取代),而更多地取决于对人类学、神学以及形而上学的参照。

·**人类学** 拉康把言语的概念看作"将人类彼此联系起来"的一种"象征交换"(S1,142),这明显是受到了莫斯与列维-斯特劳斯著作的影响,尤其是他们关于礼物交换的分析。因而,弗洛伊德的那些解释便被描述为"一种言语的象征性礼物,孕育着一种秘密的契约"(E,79)。言语的概念作为一种契约同时指派了受话人与发话人的角色,这在拉康的**基底言语**(FOUNDING SPEECH)概念中得到了系统的阐述。

·**神学** 在拉康的著作中,言语同样呈现出了一些宗教与神学的意涵,这些意涵皆明确地源自那些东方的宗教(E,106-7)与犹太教—基督教的传统(E,106)。在1954年,拉康便参照圣奥古斯丁的《论词句的表意》(*De locutionis significatione*)来讨论言语(S1,247-60)。如同《创世纪》中上帝所发出的话语那样,言语是一种"象征性的祈灵"(symbolic invocation),它无中生有地(ex nihilo)创造了"人与人之间关系中的一种全新的存在秩序"(S1,239)。

·**形而上学** 拉康援引了海德格尔在"话语"(Rede)与"闲言"(Gerede)之间的区分,以阐述他自己在"充实言语"(parole pleine)与"空洞言语"(parole vide)之间的区分(见:E,40ff.)。拉康最初做出这一区分是在1953年,尽管在1955年之后,这一区分便不再在他的著作中扮演重要的角色,但是它从未完全消失。充实言语(full speech)链接着语言的象征性维度,而空洞言语(empty speech)则链接着语言的想象性维度,即从自我到相似者的言语。"充实言语是一种充满意义(sens)的言语,空洞言语则是一种只有意指(signification)的言语。"(Lacan,1976;*Ornicar?*,nos 17/18:11)

充实言语也被称作"真言"(true speech),因为它比较接近主体欲望的谜一般的真相:"充实言语即指向真理并构成真理的言语,因为真理是在一个人对另一个人的承认中被建立起来的。充实言语是述行（qui fait acte）的言语。"（S1，107）"实际上，充实言语是由它与其所言及之物的同一性来界定的。"（Ec，381）

此外，在空洞言语中，主体是异化于他的欲望的；在空洞言语中"主体似乎是在徒劳地谈论某人……而此人却永远无法变成那个承担起他的欲望的人"（E，45）。

分析家在倾听分析者时的任务之一，便在于识别出那些充实言语冒起的时刻。充实言语与空洞言语是一个连续体上的两个极点，而"言语实现模式的整个范围便展开在这两极之间"（S1，50）。精神分析治疗的目标是链接充实言语，这是一项艰难的工作，真实言语要链接起来可能是相当费力（pénible）的（E，253）。

空洞言语不同于谎言。相反，相比于很多实话，谎言往往会更加充分地揭示出有关欲望的**真理**（TRUTH）（见：S11，139-40）。因为"在欲望与言语之间存在着一种根本的不相容"（E，275），所以永远都不可能在言语中道出某人欲望的全部真理，"我总是在讲述真理，却并非全部的真理，因为我们无法讲出它的全部。讲出它的全部实质上是不可能的"（Lacan，1973a：9）。因而，充实言语便不是在言语中去道出有关主体欲望的全部真理，而是在某个特殊的时间上尽可能充分地去链接这一真理的言语。

言语是触及有关欲望的真理的唯一手段，"唯有言语才是打开那一真理之门的钥匙"（E，172）。此外，精神分析理论还宣称只有一种特殊的言语才能通向这一真理，即以自由联想（free association）而著称的一种不受意识控制的言语。

分裂
英：split；法：refente

弗洛伊德谈到"自我的分裂"（德：Ich-spaltung；法：clivage du moi；英：splitting of the ego）是在恋物癖与精神病中可观察到的一

种过程,借由此种过程,针对现实的两种相互矛盾的态度得以在自我中并存,即接受与**拒认**(DISAVOWAL)的态度(见:Freud, 1940b)。拉康进一步阐发了"分裂"的概念(他更喜欢用"refente"这一术语来翻译弗洛伊德的"Spaltung"一词),用它来指代主体性本身的一种普遍特征,而不是恋物癖或者精神病所独有的一种过程,**主体**(SUBJECT)永远都只是从其自身中被割裂、被分裂并被异化的(见:**异化**[ALIENATION])。分裂是不可化约的,是永远无法被治愈的,没有任何综合的可能性。

分裂的或割裂的主体是由**杠**(BAR)所象征的,这道杠划掉了 S 从而产生了被画杠的主体:$(见:E, 288)。分裂表示了一种充分呈现的自我意识之理想的不可能性,主体永远都不会完全认识自己,而是始终会被切除出他自己的认识。因而,分裂便指明了无意识的在场,并且是一个能指的效果。主体是分裂的,恰恰因为他是一个言说的存在(见:E, 269),因为言语把**能述**(ENUNCIATION)的主体与所述的主体割裂了开来。在其1964—1965 年度的研讨班上,拉康则根据真理与知识(savoir)之间的割裂来理论化分裂的主体(见:Ec, 856)。

结构

英:structure;法:structure

当拉康在其 1930 年代的早期著作中使用"结构"这一术语的时候,该词指涉的是那些"社会结构"(social structures),他借此意指家庭成员之间一组特定的情感关系。相比于成人,孩子会更加深刻地觉察到这些关系,并且将它们内化到**情结**(COMPLEX)之中(Ec, 89)。这个术语起到了一颗钉子的作用,让拉康得以在上面悬挂他自己有关精神的"关系性"本质的那些见解,以反对当时在心理学中盛行的那些原子论学说(Lacan, 1936)。从此时起,

"结构"这一术语便同时保持着此种既带有主体间性（intersubjective）又带有主体内性（intrasubjective）的意义，即人际关系的内在表象。这一点始终是贯穿在拉康著作中的一个关键所在，拉康著作中对于结构的强调不断地提醒我们，决定主体的并非某种假设的"本质"，而仅仅是主体相对于其他主体与其他能指而言的位置。早在1938年，我们便已经发现拉康指出了当时"分析学说的最显著缺陷"即在于它倾向于"忽视结构而支持动力学的方法"（Lacan，1938：58）。这预示了他日后对于象征秩序的强调，即分析家们因为支持想象界而忽视的结构领域，"社会结构皆是象征性的"（Ec，132）。

在1950年代中期，当拉康开始以借自索绪尔的结构语言学的术语来重新阐述他的思想的时候，"结构"这一术语便渐渐被越来越多地联系于索绪尔的**语言**（LANGUAGE）模型。索绪尔将语言（la langue）作为一个系统而加以分析，其中没有任何肯定的词项，有的只是差异（Saussure，1916：120）。这一系统中的每一单元皆是凭借着它与其他单元的差异而构成的，而正是这一系统的概念从此时起渐渐构成了"结构"这一术语在拉康著作中的核心意义。语言是结构的典范，而拉康的那句著名格言"无意识是像语言那样被结构的"因此便是同义反复的，因为"被结构"与"像语言那样"指的是同一回事。

索绪尔的结构语言学方法经由罗曼·雅各布森提出的音素理论而得到了进一步的发展；而后，雅各布森的著作又被法国人类学家克劳德·列维-斯特劳斯所采纳，他用结构化的音素模型来分析非语言性的文化资料，诸如亲属关系与神话等。把结构分析应用到人类学的这种做法，展示了索绪尔的结构概念如何能够被应用于除语言之外的调查对象，从而使结构主义运动兴起。以上三位思想家皆对拉康产生了极大的影响，而从此种意义上来说，他便可以被看作结构主义运动的一分子。然而，拉康则更喜欢使自己脱离于这场运动，并且声称他的研究取径在一些重要的方面有别于结构主义的研究方法（S20，93）。

除了对于语言的参照，拉康同样把结构的概念参照于**数学**（MATHEMATICS），主要是集合论与**拓扑学**（TOPOLOGY）。例如，在1956年，他便声称"一个结构首先是一组元素构成的一个共变的集合"（S3，183）。两年之后，他再度把结构的概念联系于数学的集合论，并且又补充了一处对于拓扑学的参照（Ec，648-9）。到1970年代，拓扑学便取代了语言，对拉康而言变成了结构的主要范式。至此，他指出拓扑学并不仅仅是一种对于结构的隐喻，它就是结构本身（Lacan，1973b）。

结构的概念经常被拿来暗指表面与深层之间的对立，即可直接观察到的现象与并非直观经验对象的"深层结构"之间的对立。拉康在**症状**（SYMPTOMS）（表面）与结构（深层）之间做出的区分中似乎就隐含有这样一种对立。然而，拉康事实上并不同意在结构的概念中隐含有这样一种对立（Ec，649）。一方面，他拒绝"可直接观察到的现象"的概念，认为观察总是已经理论化的。另一方面，他也拒绝结构是某种"深层"或远离经验的思想，指出结构即存在于经验自身的领域当中，无意识是在表面上的，而到"深层"中去寻找它便会错失它。就很多其他的二元对立来说，拉康更喜欢的模型是莫比乌斯带的模型，正如莫比乌斯带的两面其实是连通的，结构与现象也是连通的。

因而，结构分析的最重要特征并不在于表面与深层之间的任何假设的区分，而是正如列维-斯特劳斯在其有关神话的结构分析中所表明的那样，在于发现其本身是空的"位点"（loci）之间的固定关系（Lévi-Strauss，1995）。换句话说，无论什么样的元素都可能被放置在由既定结构所指定的那些位置之上，这些位置之间的关系都是保持不变的。因而，各个元素之间的交互作用便不是基于它们所具有的任何内在的或固有的品质，而仅仅是基于它们在结构中所占据的位置。

同很多其他的精神分析家相一致，拉康区分了三种主要的病情学范畴，即**神经症**（NEUROSIS）、**精神病**（PSYCHOSIS）以及**性倒错**（PERVERSION）。他的独创性在于，他把这些范畴视作结构，而非仅仅将其看作症状的集合（注意：虽然拉康更喜欢用"弗洛伊德式结构"［Freudian structures］而非"临床结构"［clinical structures］的措辞来讲，但是后一术语在现今的拉康派精神分析家的作品中居于主导地位）。

拉康的病情学是基于一种离散序列的范畴分类系统，而非基于一种连续统的次元级数系统。因此，三种主要的临床结构是相互排斥的，例如，一个主体不可能同时既是神经症患者又是精神病患者。此三种主要的临床结构共同构成了主体相对于大他者的所有三种可能的位置，因此，在精神分析治疗中所遇到的每个主体都可以被诊断为要么是神经症患者，要么是精神病患者，要么是性倒错者。每一种结构皆是经由一种不同的运作而得以区分的：神经症经由压抑（repression）的运作，性倒错经由拒认（disavowal）的运作，而精神病则经由排除（foreclosure）的运作。拉康遵循弗洛伊德的观点指出，精神分析治疗的经典方法（涉及自由联想与躺椅的使用）只适用于神经症主体与性倒错主体，而不适用于精神病患者。因而，当拉康派分析家们与精神病人一起工作的时候，他们会使用一种在实质上经过修改的治疗方法。

精神分析最基本的公理之一，即主体的临床结构是由他在生命最初几年中的经验所决定的。在这个意义上，精神分析是以某种"关键期假设"为基础的，生命的最初几年是主体的结构在其中被决定下来的关键时期。尽管人们现在尚不清楚这个关键期会持续多久，但是大家都认为在此关键期之后，临床结构就会永远固定且无法改变。例如，无论是精神分析治疗还是任何其他的疗法，皆无法使一个精神病患者变成神经症患者。在此三种主要临床结构的每一种之中,拉康又区分出了不同的亚型。例如,在神经症的临床结构中,他区分了两种神经症类型(强迫型神经症与癔症);而在精神病的临床结构中,他则区分了偏执狂、精神分裂症与躁狂抑郁型精神病。

主体
英:subject;法:sujet

"主体"这一术语在拉康非常早期的精神分析作品中就已出现(见:Lacan, 1932),而且从1945年开始,它便在拉康的著作当中占据了一个核心的地位。这个术语是拉康著作的一项区分性特征,因为该词并未构成弗洛伊德的理论词汇的一部分,而是更多地联系于哲学、法律与语言学的话语。

在拉康二战前的文章中,"主体"这一术语似乎仅仅意味着"人类的存在"(human being)(见:Ec, 75),此外,这一术语也同样被用来指涉分析者(Ec, 83)。

在1945年,拉康在三种类型的主体之间做出了区分。首先,是非个人性的主体(impersonal subject),即独立于(小)他者的纯粹语法上的主体(主语),能思的主体(noetic subject),"众所周知"(it is known that)中的"众"(即作为形式主语的 it)。其次,是匿名的互易性的主体(reciprocal subject),完全等同于并可替换以任何的(小)他者,此种主体是在与(小)他者的等值中认出其自身的。最后,是个人性的主体(personal subject),其独一性(uniqueness)是由一种自我肯定的行动所构成的(Ec, 207-8)。始终都是这第三种意义上的主体,即有其独一性的主体,构成了拉康著作的焦点。

在1953年,拉康在主体与**自我**(EGO)之间做了一则区分,这一区分将始终是贯穿在他其余著作中的最基本的区分之一。自我隶属于想象秩序,而主体则隶属于象征界。因而,主体并不完全等同于一种有意识的能动感受(sense of agency)，此种能动感受仅仅是由自我所产生的一种幻象，而是等同于无意识，拉康的"主体"即无意识的主体。拉康宣称，这一区分可以追溯至弗洛伊德："[弗洛伊德]写下《自我与它我》(*Das Ich und das Es*)，是为了维持真正的无意识主体与自我之间的这一根本性区分，自我是经由一系列的异化性认同而在无意识主体的核心中构成的。"(E, 128)尽管精神分析治疗会在自我上产生一些强大的效果，然而精神分析首先对之起作用的是主体，而非自我。

拉康玩味了"subject"这一术语的多重意义。在语言学和逻辑学上，一个命题的主词(subject)是谓词(predicated)所表述的东西(见：Lacan, 1967: 19)，同时也是与"宾词"(object)对立的词项。拉康还玩味了"object"这一术语的哲学意涵，以强调他所提出的主体概念涉及的是人类存在(human being)的那些无法将其加以对象化(objectified：即具体化、还原到事物)，或是无法以某种"客观性"(objective)的方式来加以研究的面向。"我们把什么称作一个主体呢？恰恰就是在对象化(客观化)的发展中，处于对象(客体)外部的东西。"(S1, 194)

从1950年代中期开始，对于语言的参照便渐渐支配了拉康的主体概念。他区分了所述的主体(subject of the statement)与**能述的主体**(subject of the ENUNCIATION)来说明，因为主体在本质上是一个言说的存在(英：speaking being；法：parlêtre，即"言在")，所以他便不可避免地会遭到割裂、阉割与**分裂**(SPLIT)。在1960年代早期，拉康把主体定义为一个能指为另一能指所代表的东西，换句话说，主体是一种语言的效果(Ec, 835)。

除了在语言学与逻辑学上的地位之外，"主体"一词也同样具有一些哲学上和法律上的意涵。在哲学话语中，它意指个体的自我意识；而在法律话语中，它则表示一个处在他人权力之下的人(例如：一个臣服于[subject to]君主统治的人)。这个术语同时拥有这些意义的事实也就意味着,它完美地阐明了拉康有关意识是由象征秩序所决定的论题,"主体只有凭借其对于大他者领域的臣服(subjection),才是一个主体"(S2,188,翻译有所修改)。这一术语在法律话语中也具有指代行动支持的功能,主体是能够对自己的**行动**(ACTS)承担责任的人。

拉康特别强调该术语的那些哲学意涵,他将其联系于笛卡尔的**我思**(COGITO)哲学:

> 以"主体"这一术语……我所指涉的并非此种主体的现象所需要的生命基质,也非任何类型的实体,亦非任何在其情感诉求(pathos)上拥有知识的存在……甚至更不是某种具象化的理性诉求(logos)①,而是笛卡尔式的主体,它出现在当怀疑被认作确信的时候。
>
> (S11,126)

主体的符号 S 与弗洛伊德的术语 *Es*(见:**它我**[ID])发音相同,这一事实也表明,对于拉康而言,真正的主体即无意识的主体。在1957年,拉康又划掉了这个符号,从而产生了符号$,即"被画杠的主体",以此来表明主体在本质上是被割裂的事实。

假设知道的主体

英:subject supposed to know;法:sujet supposé savoir

"假设知道的主体"这一术语(通常缩写作 S.s.S)是很难翻译成英文的。谢里丹将其译作"假设知道的主体"(subject supposed

---

① 这里似乎影射的是亚里士多德在其修辞学中提出的三大基本要素,即服之以德的"人格诉求"(ethos)、晓之以理的"理性诉求"(logos)与动之以情的"情感诉求"(pathos)。

to know），而这也是大多数有关拉康的英文著作所采用的译法。然而，施耐德曼建议用另一种译法——"假设的知识主体"（supposed subject of knowledge），其理由在于这里被假设的是主体，而不仅仅是知识（Schneiderman, 1980: vii）。

拉康在1961年引入了这一措辞，以便指明在其认识活动上对其自身是明晰的一种自我意识（德：Selbstbewuβtsein）的幻象（见：**意识**[CONSCIOUSNESS]）。此种在镜子阶段中诞生的幻象，受到了精神分析的质疑。精神分析证明了**知识**（英：KNOWLEDGE，法：savoir）无法被定位于任何特殊的主体，而在事实上是主体间性的（Lacan, 1961-2: 1961年11月15日的研讨班）。

在1964年，拉康在其有关**转移**（TRANSFERENCE）的定义中采纳了这一措辞，把转移定义为将知识归于一个主体，"一旦假设知道的主体存在于某处，便发生了转移"（S11, 232）。这则定义恰恰强调了开启分析过程的正是分析者对于一个知道的主体的假设，而非分析家所实际拥有的知识。

"假设知道的主体"这一术语并非指分析家本人，而是指分析家在治疗中所可能体现出来的一种功能。只有当分析家被分析者感知为体现了此种功能的时候，转移才可以说是被建立了起来。当这发生的时候，分析家被假设拥有的是何种知识呢？"他被假设知道的是一旦他对其加以阐述，便没有人能够从中逃脱的东西——相当简单，即意指"（S11, 253）。换句话说，分析家往往都会被认为是知道分析者话语的隐秘意义，即甚至连言说者都不知道的言语的意指。单凭这一假设（假设分析家是一个知道的人）便导致了那些原本不重要的细节（偶然的姿势、有歧义的评论）对那个"假设"的病人而言会回溯性地获得一个特定的意义。

虽然从治疗的最初时刻开始，甚至是在此之前，病人碰巧都可能会把分析家假设成一个知道的主体，但是为了让转移得以建立，往往还需要花费一些时间。就后一种情况而言，"当主体进入分析的时候,他远远没有给分析家赋予这个[假设知道的主体的]位置"(S11,233),分析者起初可能会把分析家视作一个小丑,或是可能会向他隐瞒信息以便维持他的无知(S11,135)。然而,"即便是遭到质疑的精神分析家,也会在某个时刻上被认为拥有某种绝对可靠性"(S11,234),分析家的某些偶然的姿势,或早或晚都会被分析者当作某种秘密意图、某种隐秘知识的标志。在此时刻,分析家便渐渐化身成了假设知道的主体,转移就此建立。

当分析者不再假设分析家拥有知识,如此以至于分析家从假设知道的主体的位置上跌落下来的时候,分析结束的时刻便来临了。

"假设知道的主体"这一术语同样强调了这样一个事实,即正是与知识的一种特殊关系构成了分析家的独特位置,分析家明白在他自己与被归于他的知识之间存在一种分裂。换句话说,分析家必须认识到,他只是占据着一个(被分析者所)假设知道的人的位置,而不应欺骗自己,以为自己真的拥有那种被归于他的知识。分析家必须认识到,关于分析者归于他的那种知识,他一无所知(Lacan,1967:20)。然而,分析过程的支柱是一种假设的知识,而非分析家所实际拥有的知识,这一事实并不意味着分析家因此便可以满足于一无所知;恰恰相反,拉康指出,分析家应当效仿弗洛伊德,努力变成文化、文学乃至语言学问题方面的专家。

拉康同样评论道,对于分析家而言,分析者也是一个假设知道的主体。当分析家向分析者说明自由联想的基本规则的时候,他实际上是在说:"来吧,说出来吧,一切都将是不可思议的。"(S17,59)换句话说,分析家告诉分析者要表现得好像他知道一切似的,从而把分析者也定立成一个假设知道的主体。

升华

英：sublimation；法：sublimation；德：Sublimierung

在弗洛伊德的著作中，升华是力比多借以被导向那些明显是非性欲活动的一种过程，诸如艺术创作与智识工作等。因而，对于那些必须要另外以社会不可接受的形式（性倒错行为）或神经症性症状来释放的过剩的性欲能量，升华便起着一种社会可接受的安全阀的作用。这样一种见解的逻辑结论即在于，全然的升华可能就意味着一切性倒错与一切神经症的终结。然而，在弗洛伊德有关升华的说明中仍然有很多不清楚的地方。

拉康在其1959—1960年度的研讨班上吸收了升华的概念。他遵循弗洛伊德的观点，强调了这样一个事实，即社会承认的元素是此一概念的核心，因为只有就各种冲动转向了那些具有社会价值的对象而言，这些冲动才可以说是得到了升华（S7, 107）。正是这一共有的社会价值的维度，使拉康得以把升华的概念联系于他有关伦理学的讨论（见：S7, 144）。然而，拉康有关升华的说明也同样在一些观点上有别于弗洛伊德。

（1）弗洛伊德的说明意味着性倒错的性欲作为冲动的一种直接满足的形式是可能的，而升华变得必要则只是因为这种直接的形式是遭到社会禁止的。然而，拉康拒绝此种零度满足（zero degree of satisfaction）的概念（见：Žižek，1991：83-4），他宣称性倒错并不仅仅是释放力比多的一种兽性的自然手段，而是相对于冲动的一种高度结构化关系，就其本身而言，这些冲动皆已然是语言性的而非生物性的力量。

（2）弗洛伊德认为全然的升华对于某些特别有教养或者有文化的人来说或许是可能的，而拉康则指出"全然的升华对个体而言是不可能的"（S7, 91）。

（3）在弗洛伊德的说明中,升华涉及的是把冲动重新导向一种不同的(非性欲的)对象。然而,在拉康的说明中,改变的不是对象,而是对象在幻想结构中的位置。换句话说,升华涉及的不是把冲动导向一种不同的对象,而是改变冲动已然被导向它的那一对象的本质,这是"对象在其本质上的改变",此种改变之所以成为可能,是因为冲动"已然被能指的链接深深地标记了"(S7,293)。因而,一个对象的崇高品质(sublime quality)便并非由于这一对象本身的任何固有属性,而仅仅是由于这一对象在象征性的幻想结构中的位置的一种效果。更确切地说,升华把一个对象重新定位在了**原物**(THING)的位置上。拉康有关升华的公式因而是"它把一个对象抬升至……原物的高位"(S7,112)。

（4）虽然拉康遵循弗洛伊德的观点把升华联系于**艺术**(ART),但是他也同样将其联系于**死亡冲动**(DEATH DRIVE),从而复杂化了此种联系(S4,431)。我们可以举出几点理由来对此进行说明。首先,死亡冲动的概念本身便被看作弗洛伊德自身升华的某种产物(S7,212)。其次,死亡冲动不仅是一种"毁灭性的冲动",而且也是"一种从零创造的意志"(S7,212-13)。最后,由于被抬升至原物的高位,升华的对象发挥着一种最终会导致死亡与毁灭的魅惑性力量。

暗示

英:suggestion;法:suggestion

在19世纪的法国精神病学中,"暗示"这一术语指的是运用催眠来移除神经症的症状,当病人处于一种催眠状态的时候,医生便"暗示"说症状会消失。弗洛伊德曾跟从法国精神病学家夏尔柯与伯恩海姆①学习,并在1880年代开始运用暗示来治疗神经症患者。然而,他渐渐不满足于暗示,且因此最终放弃了催眠技术并发展了精神分析。所以,弗洛伊德不满足于催眠的原因,便是理解精神分析的确切本质的基础。然而,去深入有关这些问题的详细讨论超出了本词条的范围。一言以蔽之,在弗洛伊德的后期著作中,"暗示"这个术语便渐渐代表着弗洛伊德将其联系于催眠且因而与精神分析截然对立的一整套思想。

拉康遵循弗洛伊德的观点,用"暗示"这一术语来指代偏离真正精神分析的一整套做法(拉康也将这些偏离称作"心理治疗"),下面的这些说法在其中或许是最为显著的:

(1)暗示包括了把病人导向某种理想或是某种道德价值的思想(见:**伦理学**[ETHICS])。与此相对,拉康则提醒分析家们注意,他们的任务是指导治疗,而非指导病人(E, 227)。拉康反对任何把精神分析当作一种带有社会影响的规范化过程的观念。

(2)暗示同样发生在当病人的**阻抗**(RESISTANCE)被看作分析家所必须肃清的某种东西的时候。拉康认为,这样一种见解是完全无涉于精神分析的,因为分析家会认识到某种阻抗的剩余是内在于治疗结构之中的东西。

(3)在暗示中,治疗师的那些解释皆是围绕着意指而定向的,而分析家则围绕着意义(sens)及其相关的无意义(nonsense)来定向他的解释。因而,在心理治疗中,便存在着一种试图避免话语的

---

① 伊波利特·伯恩海姆(Hippolyte Bernheim, 1840—1919),法国医生兼神经病学家,南锡学派代表人物,因其关于催眠术的可暗示性理论而闻名,著有《论暗示及其在治疗学上的应用》(*De la Suggestion et de son Application à la Thérapeutique*)等。他把催眠术应用于非神经症患者的人群,发展了"催眠术"的正式命名人詹姆斯·布雷德(James Braid, 1975—1860)有关"心理暗示效应"的思想,赋予催眠术以更加现代的内涵。弗洛伊德曾于1888年翻译过伯恩海姆有关催眠术的著作,翌年还专程到法国南锡跟随伯恩海姆学习催眠技术,因而在弗洛伊德早期临床的催眠治疗中,多反映着伯恩海姆的思想和方法。弗洛伊德说伯恩海姆曾经告诉他,病人在催眠状态下所体验到的种种经历和记忆皆有可能在正常状态下得到恢复,而此种恢复或是丧失之记忆的再现,具有重要的治疗效果。

歧义性与模棱两可的做法,然而精神分析所赖以生长的恰恰是此种歧义性。

暗示与**转移**(TRANSFERENCE)具有一种密切的关系(E,270)。如果说转移涉及分析者把知识归于分析家,那么暗示便指的是回应此种归属的一种特殊方式。拉康指出,分析家必须认识到,他只是占据着一个(被分析者所)假设知道的位置,而不应欺骗自己,以为自己真的拥有那种被归于他的知识。如此一来,分析家便能够把转移转化为"对于暗示的分析"(E,271)。而暗示则发生在分析家占据了那个实际知道的位置的时候。

像弗洛伊德一样,拉康也把催眠看作暗示的典范。在《群体心理学与自我的分析》(*Group Psychology and the Analysis of the Ego*)中,弗洛伊德说明了催眠术何以使对象汇聚于自我理想(Freud,1921)。套用拉康的措辞来说,催眠术涉及的是对象 a 与 I 的汇聚。精神分析恰恰涉及的是相反的事情,因为"分析运作的基本原动力便是维持 I——认同——与 a 之间的距离"(S11,273)。

超我

英:superego;法:surmoi;德:Über-Ich

"超我"这一术语直到相当晚期的时候才出现在弗洛伊德的著作之中,它被首度引入《自我与它我》(Freud,1923b)中。正是在这部著作里,弗洛伊德引入了他所谓的"结构模型"(structural model),在此模型中,精神被划分成三个机构(agencies),即**自我**(EGO)、**它我**(ID)与超我。然而,对自我进行评判和谴责的此种道德机构的概念,早在弗洛伊德把这些功能定位于超我之前,就已出现在他的著作中,例如在审查机制(censorship)的概念当中。

拉康有关超我的首次讨论,出现在他论及家庭的一篇文章里(Lacan,1938)。在其中,他在超我与**自我理想**(EGO-IDEAL)之间做出了明确的区分,而弗洛伊德在《自我与它我》中似乎都是交替使用这些术语的。拉康认为,超我的首要功能即在于压抑针对母亲的性欲望,以便消解俄狄浦斯情结。他遵循弗洛伊德的观点指出,超我产生自对于父亲的俄狄浦斯式认同,但是他也同样参考了梅兰妮·克莱因有关超我的一种古老形式是有其母性根源的论题(Lacan,1938:59-60)。

当拉康在其1953—1954年度的研讨班上重返超我的主题时,他将其定位于象征秩序,与自我的想象秩序相对立:"超我在本质上是被定位在言语的象征性层面之中的。"(S1,102)超我与法则(Law)具有一种密切的关系,但是此种关系是一种悖论性的关系。一方面,法则(Law)本身是一种象征性的结构,它规制着主体性并在此意义上防止着主体性的崩解。另一方面,超我的法则却具有某种"无意义的、盲目的特征,带有纯粹的律令性和简单的暴虐性"(S1,102)。因而,超我便同时既是法则又是对于法则的破坏(S1,102)。超我产生自对于法则的误解,产生自象征链条上的那些缺口,并且以扭曲法则的某种想象性的替代物来填补那些缺口(见:E,143;亦见拉康关于审查机制的一则几乎相同的评论:"审查机制始终都关系着因为没有得到理解而在话语中被联系于法则的事物"——S2,127)。

我们可以更加明确地用语言学的术语来说,"超我是一种命令式"(S1,102)。在1962年,拉康指出,这项命令无非就是康德式的绝对律令(categorical imperative)。它所涉及的特殊律令即"享乐吧!"这一命令,超我是大他者,因为正是大他者在命令主体去享乐。超我因而是享乐意志(英:will-to-enjoy;法:volonté de jouissance)的表达,享乐意志并非主体自身的意志,而是采取了萨德式"至上的邪恶存在"(Supreme Being-in-Evil)的形式的大他者的意志(Ec,773)。超我是一种"淫秽的、残忍的角色"(E,256),它会把"一种无意义的、毁灭性的、纯粹压迫性的、几乎总是反对法律的道德"强加在神经症主体的身上(S1, 102)。超我与声音有关,且因而联系着祈灵冲动(invoking drive)与**施虐狂/受虐狂**(SADISM/MASOCHISM)。

象征界

英:symbolic;法:symbolique[1]

"象征性"这一术语以形容词的形式出现在拉康最早期的精神分析作品当中(例如:Lacan, 1936)。在这些早期著作中,该术语隐含了对数学物理学中所使用的象征逻辑和象征等式的参照(Ec, 79)。在1948年,症状被说成具有某种"象征性的意义"(E, 10)。到1950年,由于拉康在当时称赞马塞尔·莫斯说明了"社会结构是象征性的"(Ec, 132),该术语也获得了一些人类学的寓意。

在1953年,拉康开始把"象征界"这一术语作为一个名词使用,此时这些不同的细微差别便被结合进了一个单一的范畴。它现在变成了贯穿在拉康其后著作中始终居于核心的三种**秩序**(ORDERS)之一。在此三种秩序中,象征界对于精神分析而言是最关键的一环,精神分析家们在本质上即"象征功能的实践者"(E, 72)。在谈到"象征功能"(symbolic function)的时候,拉康明确表示他的象征秩序的概念在很大程度上归功于克劳德·列维-斯特劳斯的人类学著作("象征功能"这一措辞即取自列维-斯特劳斯;见:Lévi-Strauss, 1949a: 203)。特别是,拉康从列维-斯特劳

---

[1] 法文的"symbolique"作为名词性实词,在国内精神分析学界也常常被译作"符号界",然而为了避免同源于"符号"(signe)概念的"符号学"(sémiotique 或 sémiologie),特别是与克里斯蒂瓦的"符号界"(sémiotique)概念相混淆,我在此遵循吴琼教授将其译作"象征界"。另外值得说明的是,该词在法语中同时可以作为阳性和阴性名词来使用,其阳性形式(le symbolique)专指拉康的象征界,而其阴性形式(la symbolique)则专指弗洛伊德的"象征意义"(德:die Symbolik,阴性名词),或文化中固有的"符号体系"。读者可进一步参见拉普朗什和彭塔力斯两人合著的《精神分析词汇》一书中对此区分的相关说明。

斯那里接受了这样一种思想,即社会世界是由调节亲属关系与礼物交换的某些法则所结构的(亦见:Mauss, 1923)①。礼物的概念,以及交换环路的概念,因而便构成了拉康的象征界概念的基础(S4, 153-4, 182)。

因为交换的最基本形式是交流本身(言词的交换、言语的礼物;S4, 189),且因为**法则**(LAW)与**结构**(STRUCTURE)的概念倘若离开**语言**(LANGUAGE)便是无法设想的,所以象征界在本质上是一个语言的维度。因而凡是具有一种语言结构的精神分析经验的面向,皆属于象征秩序。

然而,拉康并未简单地把象征秩序等同于语言。恰恰相反,除了其象征的维度之外,语言还涉及想象的维度与实在的维度。语言的象征性维度即**能指**(SIGNIFIER)的维度,在此维度中的元素没有任何肯定的存在(positive existence),而纯粹是凭借它们相互之间的差异而构成的。

象征界同样是拉康将其指称为**大他者**(OTHER)的那一根本相异性的领域。**无意识**(UNCONSCIOUS)即这个大他者的话语,且因而完全属于象征秩序。象征界是在俄狄浦斯情结中对欲望进行调节的法则(Law)的领域。它是文化的领域,与自然的想象秩序相对立。想象界是以二元关系为特征的,而象征界则是以三元结构为特征的,因为主体间的关系总是以一个第三项(即大他者)为"中介"的。此外,象征秩序也是**死亡**(DEATH)、**缺位**(AB-

---

① 列维-斯特劳斯在《亲属关系的象征结构》中指出,任何文化都可以被看作一个象征结构,即调节亲属关系和社交纽带、语言和艺术的法则的集合。此外,他还论证了原始社会中礼物的交换仪式在社会稳定性的创造和维系中起着重要的作用。列维-斯特劳斯应用索绪尔的结构语言学,把这些象征交换分析成能指交换的结构,并指出象征结构的出现是人类从自然过渡至文化的一项基本特征。拉康把列维-斯特劳斯有关亲属关系和异族通婚的规则如何支配人类社会群团之间交换的研究应用到精神分析领域,从而把俄狄浦斯情结描述成一种把象征结构加诸色欲并使主体得以显现的过程。前俄狄浦斯期的情欲可比作某种自然而放纵的前文明状态,而父亲的名义的作用即在于一方面打断孩子试图与母亲乱伦结合的二元关系,另一方面引入血统和世系的合法性(如……之子或……之女)。

SENCE)与**缺失**(LACK)的领域。象征界既是调节着与原物之间距离的**快乐原则**(PLEASURE PRINCIPLE),同时又是借由重复而"超越快乐原则"的**死亡冲动**(DEATH DRIVE)(S2, 210),事实上,"死亡冲动只是象征秩序的面具"(S2, 326)。

象征秩序是完全自主性的,它并非由生物学或遗传学所决定的一种上层建筑。相对于实在界而言,它完全是偶然的:"没有任何生物学的原因,而且特别是没有任何遗传学的原因,能够解释异族通婚。在人类的秩序中,我们处理的是将整个秩序囊括在其整体之中一种崭新功能的全然呈现。"(S2, 29)因而,尽管象征界可能看似是作为某种预先给定而"源出于实在界"的,然而这是一种幻象,而且"我们也不应该认为那些象征符实际上都是来自实在界的"(S2, 238)。

象征秩序的此种整体化的、包罗万象的效果,导致拉康把象征界说成是一种宇宙:"象征秩序中的整体性即被称作一种宇宙。象征秩序从一开始便呈现出了其宇宙性的特征。它不是一点一点地构成的。那些象征符一旦到来,便会产生一个象征符的宇宙。"(S2, 29)因此,便根本不存在从想象界逐渐连续地过渡至象征界的问题,它们是两种全然异质性的界域。象征秩序一旦出现,它便会创造出它始终都存在于那里的感觉,因为"我们发觉除了经由象征符,我们是绝对不可能推测出先于象征界的事物的"(S2, 5)。严格地讲,正是出于这个原因,我们便不可能去设想语言的起源,更不用说是那些先于语言而存在的事物,这就是为什么发展的问题是处在精神分析领域之外的。

拉康批评他那个时代的精神分析遗忘了象征秩序并且把所有事物统统化约到想象界的做法。对拉康而言,这无异于是背叛了弗洛伊德的那些最基本的洞见,"弗洛伊德的发现即在于他发现了在人类的本性中存在着一个由他跟象征秩序的关系所产生的效应场域。无视于这个象征秩序,便等于湮没了这项发现"(E, 64)。

拉康认为,只有通过在象征秩序中进行工作,分析家才能够在分析者的主体位置上产生改变,这些改变也会产生一些想象的效果,因为想象界是由象征界所结构的。象征秩序才是主体性的决定因素,而形象与外观的想象性领域则只不过是象征界的效果而已。因此,精神分析便必须穿透想象界而在象征秩序之内进行工作。

拉康的象征界概念与弗洛伊德的"象征意义"(symbolism)是截然对立的。对弗洛伊德而言,象征符是意义与形式之间相对固定的——对应关系,而这却更多地对应于拉康的**指示符**(INDEX)概念(见:Freud,1900a:SE V,第六章第五节《论梦中的象征意义》)。然而,对拉康而言,象征界的特征则恰好在于能指与所指之间缺乏任何固定的关系。

症状

英:symptom;法:symptôme

在医学上,症状是在其他方面可能仍未检测到的某种潜在疾病的可感知表现。因而,症状的概念便被建立在表面(surface)与深层(depth)之间的基本区分之上,即被建立在现象(可直接经验到的对象)与那些无法被经验到而必须被推断出的现象的隐匿原因之间的基本区分之上。在拉康的著作中,也有一个类似的区分,即症状总是被区分于"**结构**"(STRUCTURES)。此种区分具有超越表面与深层之间对立的优点,因为这些结构都被认为是像症状本身那样仅仅是"在表面上"的。正是病人的临床结构(神经症、精神病或性倒错)而非他的症状,构成了精神分析的真正焦点,因而**分析的结束**(END OF ANALSYSIS)便必须根据结构而非根据症状的治愈来构想。

在拉康的著作中,"症状"这一术语通常指涉的是那些神经症

(neurotic)的症状,也就是说,它指的是神经症的可感知表现,而非其他临床结构的表现(但是也有一个例外,见:E, 281)。因此,精神病的那些表现,诸如幻觉与妄想等,就不是被称作症状,而是被称作现象(phenomena),而性倒错则表现于那些性倒错的行动(acts)。拉康派精神分析的目标并非消除神经症的症状,因为当一种神经症的症状消失的时候,它往往只是被另一种症状取代而已。正是这一点,将精神分析与其他任何形式的治疗区分开来。

拉康遵循弗洛伊德的观点宣称,神经症的症状皆是无意识的构形,并且它们也总是在两种相互冲突的欲望之间妥协。拉康的原创性则在于他根据语言学来理解神经症的症状:"症状完全是在一种关于语言的分析中得到解决的,因为症状本身就是如同一种语言那样被结构的。"(E, 59)

在拉康的著述历程中,他将症状视同于语言的不同特征:

(1)在1953年,他指出症状是一个**能指**(SIGNIFIER)(E, 59)。这便将精神分析的症状概念与医学的方法区分开来,因为后者不是把症状视作一个能指,而是将其看作一个**指示符**(INDEX)(E, 129;见:S2, 320)。就精神分析的理论所涉及的范围而言,此种区分的一个结果便是,对于一个神经症的症状而言,并不存在任何普遍的意义,因为每种症状都是一个特殊主体的独特历史的产物。所有神经症的症状皆是独特的,尽管它们具有表面上的相似性。另一个结果则是,在神经症的症状与潜在的神经症的结构之间并不存在任何固定的一对一联系,没有任何神经症的症状,就其本身而言是癔症的或者是强迫症的。这就意味着一位医生会基于病人所呈现出来的症状而得出某种诊断,然而一位拉康派分析家则无法单纯基于病人的症状来确定一位神经症患者是癔症患者还是强迫症患者。例如,分析家并不会纯粹因为病人呈现出强迫症的典型症状(仪式动作、强迫行为等)便把一位病人诊断为强迫症患者。相反,分析家可能把一个强迫症的结构归于一位没有呈现出强迫型神经症的任何典型症状的病人。拉康派分析家只能通过鉴别推动着神经症患者的言语的那个基本问题，而得出癔症或是强迫型神经症的诊断。

（2）在1955年，拉康把症状视同于**意指**（SIGNIFICATION）："症状就其本身而言，是彻头彻尾的意指，也就是说，是真理，是正在显形的真理。"（S2，320）

（3）在1957年，症状则被描述为一种**隐喻**（METAPHOR），"症状是一种隐喻，肉身或机能在其中被当成了一个表意的元素"（E，166）。拉康的意思是要在字面上来看待此种描述："如果说症状是一种隐喻，那么此种说法本身却并非一种隐喻。"（E，175）

（4）在最早于1957—1958年度研讨班上所讨论的**欲望图解**（GRAPH OF DESIRE）中，症状被描述为一则信息。在1961年，拉康继续说症状是一则谜一般的信息，主体会认为它是来自实在界的一则晦涩难懂的信息，而不会将其承认为是他自己的信息（S8，149）。

从1962年开始，在拉康的著作中便逐渐形成了一种脱离症状的语言学观念，而转向把症状看作无法得到解释的纯粹享乐（jouissance）的倾向。此种概念上的转变，在1975年随着"**圣状**"（SINTHOME）这一术语的引入而达到巅峰。

T

原物/大写之物

英：Thing；法：chose；德：das Ding

拉康有关"原物"的讨论构成了 1959—1960 年度研讨班的核心论题之一，他在那里交替使用法文术语"la chose"与德文术语"das Ding"。该术语运作于两个主要的语境。

（1）第一个语境是弗洛伊德在"词表象"（德：Wortvorstellungen）与"物表象"（德：Sachvorstellungen）之间做出的区分。这一区分在弗洛伊德的元心理学作品中尤其突出，他在这些作品中指出，在前意识—意识系统中，此两种表象是结合在一起的，而在无意识系统中，则只有物表象被发现（Freud，1915e）。这似乎也就是与拉康同时代的一些人针对拉康有关无意识的语言性本质的理论而提出的异议。拉康则指出在德文中有两个表示"物"的单词，即"原物"（das Ding）与"事物"（die Sache），以此来反驳这样的反对意见（见：S7，62-3；44-5）。正是这后一术语常常被弗洛伊德用来指涉无意识中的物表象，而拉康却认为，尽管在某种层面上"词表象"与"物表象"是相互对立的，但是在象征层面上"它们则是相互协调的"。因而，"die Sache"即某种事物在象征秩序中的表象，而"das Ding"则与之相反，是在其"无言现实"（dumb reality）中的原物（S7，55），是在实在界中"超越所指"（beyond-of-the-signified）的原物（S7，54）。因而，在无意识中所发现的那些物表象，便仍然是语言的现象，而"原物"则与之相反，是完全外在于语言并且外在于无意识的。"原物的特征在于这样一个事实，即我们是不可能把它想象出来的。"（S7，125）拉康把原物构想为一个超越象征化的不可知的 x，而这个概念与康德的"自在之物"（thing-in-itself）有着明显的亲缘关系。

（2）第二个语境是"享乐"（JOUISSANCE）。"原物"不但是语言的对象,而且也是欲望的对象。它就是那个必须被不断重新找回来的丧失的对象,即那个史前的、无法遗忘的大他者(S7,53)——换句话说,即母亲这一遭到禁止的乱伦欲望的对象(S7,67)。快乐原则是维持着主体与原物之间的某种距离的法则(S7,58),它使主体围绕着原物循环却永远无法得到它。因而,原物便是作为主体的"至善"(Sovereign Good)而被呈现给他的,但是倘若主体违反了快乐原则并且获得了这个"善",那么它就会被体验为"痛苦/恶"(拉康就法文的"mal"一词玩了一个文字游戏,该词同时兼有"痛苦"与"恶"的意思,见:S7,179),因为主体"无法忍受'原物'所可能给他带来的那一极端的善"。故而,幸运的是,原物往往都是难以企及的(S7,159)。

在1959—1960年度的研讨班之后,"原物"这一术语便几乎从拉康的著作当中完全消失了。然而,与之相联系的这些思想,提供了拉康从1963年开始提出的"对象小 *a*"(objet petit *a*)这一全新概念的基本特征①。例如,对象小 *a* 是被冲动所环绕的(S11, 168),并且被看作欲望的原因,正如"原物"被看作"最根本的人类激情的原因"(S7, 97)。同样,原物并非想象的对象,而是根植于实在的辖域(S7, 112),但也是"在实在界中遭受能指折磨的东西"(S7, 125),这一事实也预示了拉康从1963年开始日益把对象小 *a* 定位于实在界辖域的思想转变。

时间
英:time;法:temps

拉康派精神分析中最具区分性的特征之一,便是拉康着手研

---

① 拉康通过给法文的"la chose"加上一个表示否定的前缀"a-"而创造了一个新词"l'a-chose"(这里姑且译作"没有之物"),两者发音完全相同,以此来突显"原物"与"对象 *a*"之间的关联。

究时间问题的取径。宽泛地讲,拉康的取径是以两个主要的革新为特征的:逻辑时间(logical time)的概念,以及对于回溯(retroaction)与预期(anticipation)的强调。

· 逻辑时间　在他题为"逻辑时间"(1945)的文章中,拉康展示了某些逻辑运算何以会包括对于时间性的一种不可避免的参照,从而在逻辑上削弱了无时间性与永恒性的主张。然而,这里所涉及的此种时间性无法通过参照时钟来规定,而其本身就是某些逻辑链接的产物。逻辑时间与时序时间之间的这一区分,支撑着拉康的整个时间性理论的基础。

逻辑时间并非客观性的,这一事实并不意味着它仅仅是一种主观感受的问题;相反,正如"逻辑性"这一形容词所表明的,它是可以根据数学而加以严格阐述的一种精密的辩证结构。在1945年的这篇文章里,拉康指出逻辑时间具有一种三重结构,包含三个时刻:(1)看见的瞬间(the instant of seeing);(2)理解的时间(the time for understanding);(3)结论的时刻(the moment of concluding)。凭借一则诡辩(三个囚徒的难题),拉康说明了这三个时刻的建构何以不是根据那些客观性的精密计时单位,而是根据以等待与仓促、犹豫与急迫之间的张力为基础的一种主体间性的逻辑。因而,逻辑时间是"结构了人类行动的主体间性的时间"(E, 75)。

拉康的逻辑时间观念不只是一种逻辑上的操演,对于精神分析治疗而言,它也同样具有一些实践性的影响。从历史上讲,这些影响中最著名的,即拉康对于可变时长(弹性时间)会谈(英:sessions of variable duration;法:séances scandées)的使用,这种做法被国际精神分析协会(IPA)看作开除他会员资格的充分根据。然而,仅仅聚焦于此种特殊的实践,会错失逻辑时间理论的其他有趣的临床维度,譬如拉康的"理解的实践"如何能够阐明弗洛伊德的修通(working-through)概念(见:Forrester, 1990: ch. 8)。

拉康的逻辑时间概念也预示了他对索绪尔式语言学的闯入，后者的基础在于语言的历时性（或时间性）面向与共时性（非时间性）面向之间的区分。因此，在1950年代，拉康便开始越来越强调那些共时性抑或无时间性的**结构**（STRUCTURES），而非那些发展性的"阶段"。因而，当拉康使用"时间"这一术语的时候，它通常都不应被理解为一种转瞬即逝的历时性时刻，而是要被理解为一种结构，即一种相对稳定的共时性状态。相似地，当拉康谈论到"俄狄浦斯情结的三个时间"的时候，这里的次序也属于逻辑上的优先，而非时序上的接续。改变不是被看作沿着一个连续体的某种渐进的或平稳的运动，而是被看作从一个离散结构到另一离散结构的某种突然转变。

拉康对于这些共时性或无时间性的结构的强调，可以被看作一种旨在探究弗洛伊德关于无意识中不存在时间这一命题的尝试。然而，在1964年，拉康用他的如下提议修改了此一命题，即无意识是根据一种打开与关闭的时间运动来特征化的（S11, 143, 204）。

- **回溯与预期**　精神分析的其他形式，诸如自我心理学等，皆是建立在一种线性的时间概念的基础之上的（例如，这可见于它们对孩子所自然经历的那些线性次序的发展阶段的强调；见：**发展**[DEVELOPMENT]）。然而，拉康则全然抛弃了这样一种线性的时间观念，因为在精神中，时间同样能够经由回溯与预期而作用于相反的方向。

- **回溯/事后**（法：après-coup）　拉康的"事后性"（après coup）一词是法国分析家们用来翻译弗洛伊德的Nachträglichkeit的术语（《标准版》将其译作"延迟作用"[deferred action]）。这些术语指的是现在的事件在精神中"后验地"（a posteriori）影响过去的事件的方式，因为过去在精神中仅仅是作为一系列记忆的集合而存在的,而这些记忆又都会根据现在的经验而不断地得到重新加工与重新解释。精神分析关心的并非那些过去事件本身的真实次序,而是这些事件在当下存在于记忆中的方式,以及病人报告它们的方式。因而,当拉康指出精神分析治疗的目标是"对主体历史的完全重构"的时候(S1, 12),他便清楚地说到,他借"历史"一词想要表明的意思完全不是那些过去事件的真实次序,而是"现在对于过去的综合"(S1, 36)。"历史并非过去。就它是在现在得以历史化的而言,历史才是过去。"(S1, 12)因此,各个前生殖阶段便不应被看作在时序上先于生殖阶段的真实事件,而是要被看作被回溯性地投射到过去的各种形式的**要求**(DEMAND)(E, 197)。拉康同样说明了话语是如何经由回溯而结构的,只有当一句话的最后一词被说出来的时候,那些前面的词才会获得充分的意义(E, 303)(见:**标点**[PUNCTUATION])。

· 预期 如果说回溯指的是现在影响过去的方式,那么预期便指的是未来影响现在的方式。如同回溯一样,预期也标记了言语的结构,在一句话中,那些前面的词是在对后续要到来的那些词的预期中得以秩序化的(E, 303)。在镜子阶段,自我也是基于对一种想象的(而事实上从来不会抵达的)未来整体性的预期而建构的。预期的结构可经由将来完成时(即法语中的先将来时)而在语言学上得到最佳的阐明(E, 306)。预期同样在逻辑时间的三重结构中扮演着一个重要的角色,"结论的时刻"便是在仓促之中,即在对于未来确定性的预期之中抵达的(Ec, 209)。

拓扑学

英：topology；法：topologie

拓扑学（原先被莱布尼兹[1]称作"定位分析"[analysis situs]）是数学的一个分支，它处理的是空间中的各种图形在所有连续变形的过程中所保留下来的种种特性。这些特性是连续性（continuity）、临近性（contiguity）与限定性（delimitation）。拓扑学中的空间概念是一种"拓扑空间"（topological space），它并不受限于欧氏几何（二维、三维空间），甚至也完全不受限于那些可以说是只有一个维度的空间。因而，拓扑空间便免除了所有那些对于距离、大小、面积与角度的参照，而且其基础也仅仅在于一种封闭性或邻接性的概念。

弗洛伊德曾经在《释梦》中运用了一些空间隐喻来描述精神，他在那里引用了费希纳的思想，即梦境中的活动场景不同于清醒的观念生活，而且他还提出了"精神位点"（psychical locality）的概念。弗洛伊德审慎地解释说，这个概念是一个纯粹地形学的概念，而不应当以任何解剖学的方式与身体位点相混淆（Freud, 1900a: SE V, 536）。他的"第一地形学"（通常在英文中被称作"地形学系统"[topographic system]）就曾把精神划分为三个系统：意识（Cs）、前意识（Pcs）与无意识（Ucs）。"第二地形学"（通常在英文中被称作"结构系统"[structural system]）则将精神划分为三个机构：自我、超我与它我[2]。

---

[1] 莱布尼兹（Gottfried Wilhelm Leibniz, 1646—1716），德国哲学家、数学家兼物理学家，欧陆唯理论的主要代表人物之一，著有《神义论》《单子论》《论中国人的自然神学》等。
[2] 在第一心理地形学（1900）与第二心理地形学（1923）中，弗洛伊德采用了各种图式来表现精神装置的不同部分及其相互关系。从某种意义上说，这些图式是在精神空间与欧氏空间之间安置了一种绝对的等值。

拉康批评这些模型是不够拓扑学的。他指出,弗洛伊德在《自我与它我》(1923b)中借以阐明其第二地形学的那张图,导致弗洛伊德的大多数读者皆因为形象的直觉性力量而遗忘了该模型以之为基础的分析(见:E,214)。于是,拉康便对拓扑学产生了兴趣,因为他将其看作提供了一种非直觉性的、纯粹智识性的手段来表达就他关注的象征秩序而言是如此重要的**结构**(STRUCTURE)概念。因而,拉康的拓扑学模型的任务便在于"防止想象的捕获"(E,333)。与那些直觉性的形象不同,在这些形象中"知觉遮蔽了结构",在拉康的拓扑学中"没有任何对于象征界的掩蔽"(E,333)。

拉康认为,拓扑学并不只是表达结构概念的一种隐喻性方式;它是结构本身(Lacan,1973b)。他强调拓扑学给切口(英:cut;法:coupure)的功能赋予了特权,因为恰恰是切口把一种断续转化区别于一种连续转化。此两种转化在精神分析治疗中皆扮演着某种角色。拉康称**莫比乌斯带**(MOEBIUS STRIP)是一个连续转化的例子,正如我们沿着这条带子连续地转圈,我们便会从一面转到另一面,所以主体也可以穿越幻想,而无须制造一种从内部到外部的神话性飞跃。拉康同样称莫比乌斯带是一个断续转化的例子,当截断中间的时候,它就转化成了具有不同拓扑性质的一个单一环路,具有两个面而非一个面。正如切口在莫比乌斯带中操作了一种断续转化,所以由分析家提出的一则有效的解释也会以一种根本性的方式修改分析者的话语结构。

虽然在1950年代产生的**L图式**(SCHEMA L)与其他图式可以被看作拉康对于拓扑学的首度入侵,但是那些拓扑学形式则在1960年代才开始凸显出来,当时拉康把他的关注转向了**圆环面**(TORUS)、莫比乌斯带、克莱因瓶(Klein's bottle)以及交叉帽(cross-cap)(见:Lacan,1961-2)。其后,在1970年代,拉康又把他的关注转向了更加复杂的扭结理论的领域,尤其是**博洛米结**

(BORROMEAN KNOT)。至于拉康使用各种拓扑学图形的介绍,见:Granon-Lafont, 1985。

209 圆环面

英:torus;法:tore

圆环面是拉康在其**拓扑学**(TOPOLOGY)研究中所分析的众多图形之一。在其最简化的形式中,它是一个圆环,是由一个圆柱体的两端接合起来而构成的一个三维对象(图17)。

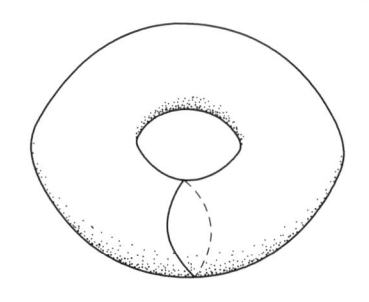

图17 圆环面

拉康对于圆环面的最初提及可以追溯至1953年(见:E, 105),但是直到他在1970年代开展关于拓扑学的工作,它才开始在其著作中凸显出来。圆环面的拓扑学阐明了主体结构的某些特征:

圆环面的一项重要特征在于它的重心是落在它的体积之外的,正如主体的重心是外在于其自身的;主体是去中心的,是离心的。

圆环面的另一项属性则在于"其周围的外缘与其中心的外缘仅仅构成了一个单一的区域"(E, 15)。这便阐明了精神分析如何问题化了"内在"与"外在"之间的区分(见:**外心性**[EXTIMITÉ])。

训练

英：training；法：formation, didactique

英文单词"training"被用来翻译拉康所使用的两个法文术语："训练性分析"（analyse didactique）与"专业性训练"（formation）。

· "训练性分析"（法：analyse didactique） 在1930年代，当拉康开始受训成为一名分析家的时候，在"治疗性分析"（therapeutic analysis）与"训练性分析"（training analysis）之间做出区分便已然成为国际精神分析协会（IPA）中的既定做法（这一区分仍然被国际精神分析协会维持到现在）。在此一区分的语境下，"治疗性分析"这一术语是指分析者出于治疗某些症状的目的而进入分析治疗的过程，而"训练性分析"这一术语则专指分析者出于受训成为分析家的目的而进入分析治疗的过程。根据管理所有那些隶属于国际精神分析协会的学会的规则，所有的成员在被允许作为分析家进行执业之前，都必须首先经历一个训练性分析。然而，只有当一个分析是由少数被选定为"训练性分析家"（training analyst）的一位资深分析家所操作，且只有当这个分析是出于训练的目的而进行的时候，这些学会才会承认它是一个训练性分析。

训练性分析与治疗性分析之间的这一制度性的区分，成为拉康批判的主要对象之一。虽然拉康同意国际精神分析协会的观点，认为如果有人想要成为一名分析家，那么便绝对有必要去经历一个精神分析治疗，但是他坚决反对在治疗性分析与训练性分析之间做出这一人为的区分。对于拉康而言，无论分析者是出于怎样的原因而开始治疗的，分析的过程都只有一种形式，而且此种过程的顶点也并非症状的消除，而是从分析者过渡到分析家的转变（见：**分析的结束**[END OF ANALYSIS]）。

因而，所有的分析都能够产生一位分析家，而由一些制度宣称哪些分析算作训练，哪些分析不算训练的所有那些主张则统统是假的,因为"分析家的授权只能来自他自己"(Lacan,1967:14)。因此,拉康便废除了治疗性分析与训练性分析之间的这一区分,所有的分析都是训练性分析,至少潜在地是训练性分析。"只有一种精神分析,即训练性分析。"(S11, 274)如今,很多拉康派分析家都已经同时摒弃了"治疗性分析"与"训练性分析"这两个术语,而更喜欢使用"个人分析"(personal analysis)这一术语(这是拉康自己偶尔也会使用的一个术语;见:S8, 222)来命名任何分析治疗的过程。

· 分析家的培养(法:formation des analystes) 这指的是人们借以学会如何操作精神分析治疗的过程,即如何成为分析家的过程。对拉康而言,这并不仅仅是分析家们在其职业生涯的开端所经历的一个过程,而是一个不断进行的过程。有两个来源可以让分析家们从中学会如何去操作精神分析治疗:他们自身的治疗经验(首先作为病人,继而作为分析家),以及其他人经由精神分析理论而传递给他们的经验。拉康坚持认为,这些来源中最根本的是分析家自身作为病人的精神分析治疗经验。然而,这并未使分析家免除必须学习很多其他方面的知识的责任,拉康给分析家的训练所开设的教学大纲是非常广泛的,其中包括文学、语言学、数学与历史等(E, 144-5)。正如弗洛伊德所做的那样,分析家必须试图变成"一本艺术与缪斯的百科全书"(E, 169)。这一广泛的课程设置显然存在于拉康的公开研讨班,课程内容对哲学、拓扑学、逻辑学、文学与语言学都有涉猎——所有这些都被拉康看作分析家的训练所必不可少的。

值得注意的是,英文术语"training"与法文术语"formation"有着相当不同的细微差别。英文术语(在此理解为"培训")携带有某种正式程序或某种官僚结构的意涵,而法文术语(尤其在拉康的著作中)则表示使主体在其存在的核心发生改变的一种过程,而且此种过程既无法通过设置各种仪式化的程序来规定,也无法通过某种打印出来的资格证书来保证。

转移

英：transference；法：transfert；德：Übertragung[①]

"转移"这个术语首度出现于弗洛伊德的著作，仅仅是表示情感（affect）从一个观念（idea）转移至另一观念的移置（displacement）的另一名称（见：Freud，1900a；SE V，562）。然而，该术语后来渐渐开始指涉病人与分析家在治疗中所发展起来的关系。这很快就变成了此一术语的核心意义，而且现今的精神分析理论通常也都

[①] 国内精神分析学界通常将弗洛伊德的"transference"译作"移情"，然而这个译法是值得商榷的。首先，德语单词"Übertragung"在字面上兼有"转移""迁移""传递""传输"与"转译"等多重含义，如可用来指涉能量或资产的转移，而其英文的"transference"在心理学上也被学习理论用来指称知识或技能的迁移。该词在弗洛伊德最早于《释梦》中使用时特指无意识表象的移置，而后才被用来指涉治疗关系情结下发生的分析者对于分析家的转移。国内通常的既定译法是"移情"，但是根据《精神分析词汇》一书的作者的观点，被转移的事物并不仅限于情感，诸如行为模式、对象关系类型、力比多贯注、无意识的愿望或幻想，乃至自我与超我等人格组织都可以是被转移的内容，甚至分析者每次步行或乘坐交通工具去分析家的工作室，以及每次分析结束后付给分析家的费用皆可以构成一个"转移"，因此不能单纯地译作"移情"。因为在转移中夹杂的情感只是在表象的错误联结中被激起的一种想象性效果，所以不能只根据被转移的内容或在转移中唤起的结果（即情感）来界定转移作为一种"错误联结"现象的象征结构性本质。其次，"移情"这一术语在我国最早被朱光潜先生用来翻译德国美学家利普斯（Theodor Lipps，1851—1914）的"Einfühlung"概念，此概念此后被引入胡塞尔的现象学作为主体间性的基础，同时也作为"empathy"被引入精神分析与心理治疗，尽管该词在中文语境下被不同地翻译为"共情""同理"与"神入"等，但仍不失其原有的"移情"意味，倘若再以之来翻译"transference"，则不免存在概念混淆的可能，尤其是在当代精神分析的理论与实践特别重视"empathy"的效力（姑且不论临床上的"共情泡沫"与"共情陷阱"的反移情问题）远远大于"transference"的今天，以至还借助于认知神经科学有关位于人脑运动前区的"镜像神经元"的前沿发现，硬是给"感同身受"的现象附会了一个生理学的基础。然而，即便是把"empathy"当作精神分析方法学工具的自体心理学创始人科胡特，也指出弗洛伊德的"transference"其实遭到了普遍的误解，而强调"转移"原本指涉的是无意识（原发过程）突破"压抑屏障"的关卡而对前意识（继发过程）的侵入，譬如无意识的梦念被联系于一个无关紧要的前意识表象，即"日间残余"（其实从这个意义上说，分析家在转移中是作为分析者的日间残余而承载分析者的无意识的媒介），而像梦、口误和过失行为等的解释皆基于此。再者，如果我们更进一步把转移定位于拉康的三界范畴中来讨论，则可以基本区分发生在三个维度上的转移，即（1）想象的转移（基于情感的投射）、（2）象征的转移（基于能指的重复）以及（3）实在的转移（基于身体的在场）。最后，至于把"转移"视作"关系"的理解，如中国台湾就有学者把"transference"译作"转移关系"，则更多是在当代精神分析所呈现的整合趋势下发生的，这种理解本身自然是没有问题的，因为转移

是在这个意义上来理解它的。

用一个特定术语来表示病人与分析家的关系,其依据即在于此种关系的特殊性质。在1882年布洛伊尔对于安娜·欧[①]的治疗中,弗洛伊德首次遭到了病人对医生做出的那些强烈情感反应的冲击,他认为这是由于病人把那些无意识的观念转移到医生身上的缘故(Freud,1895d)。随着弗洛伊德发展出精神分析的方法,他起初只是把转移看作一种**阻抗**(RESISTANCE),它会阻碍对于那些被压抑的记忆的召回,是必须遭到"摧毁"的一种对于治疗的障碍(Freud,1905e:SE VII,116)。然而,渐渐地,他修改了此种见解,而开始把转移也同样看作有助于治疗进展的一个积极因素。转移的积极价值存在于这样的一个事实,即它提供了一种方式,在当下与分析家的现时关系中来面对分析者的历史,在他与分析家建立关系的方式中,分析者不可避免地会重复与其他人物的那些早期关系(尤其是与父母的那些早期关系)。转移的这一悖论性本

必然是在特定的关系框架下发生,且势必涉及对于特定对象的使用,但转移发生的关键机制仍然是在于表象的错误联结,在于分析家出让其自身的表象以支撑分析者的转移,譬如分析家的姓名、性别、年龄、身形样貌、穿着打扮、言谈举止,乃至社会地位、经济阶层、教育水平、专业资历和职业头衔等,皆可能是让转移发生的必要及充分条件,因为分析家自身所携带的这些特征都可能会让分析者联想到其过去生活中某个重要人物的表象,如此原先依附于该表象的正性或负性情感才可能在分析关系的框架下被转移过来而被错误联结到分析家身上。因此,转移的本质并不在于其"关系"的性质,而是在于某个过去的表象受到压抑而导致与之联系的情感被分离出来并转移到当前可利用的另一表象上并与之形成错误联结,如此我们才能理解转移何以会是一个无意识的现象(正如拉康所言,转移是对无意识的现实的搬演),也才能理解过去经验何以会在分析情境或治疗关系下的"此时此地"被重演,以及每当分析家试图揭示或解释转移时所必然遭受的来自分析者的无意识的阻抗。可以说,任何基于情感形成的关系都带有转移的性质,但是"情感"和"关系"本身并非转移的本质,所以不能以此来界定弗洛伊德经典意义上的"转移"概念,何况"transference"一词本身也并不包含"情感"或"关系"的意味,所以用"移情"或"转移关系"来翻译都有失恰当,因而最好是取其最严格的字面意义将其译作"转移",或者中国台湾刘大蕙等人所提议的"转位"以及沈志中先生基于拉康视之为转移条件的"假设知道的主体"而采取的译法"传会"("会"即"savoir")也不失为一种恰当的考量。

① 安娜·欧(Anna O)原名贝尔塔·帕彭海姆(Bertha Pappenheim,1859—1936),她同布洛伊尔的"宣泄法"治疗被看作精神分析的开端,她而后在奥地利成为一位著名的犹太裔女性主义先驱,乃至她那个时代的第一位社会工作者,她创立了"犹太妇女联盟"(Jüdischer Frauenbund)以专门收留妓女和收养孤儿。

质,即同时作为治疗的障碍与驱使治疗前进的动力,或许便有助于说明在当今的精神分析理论中为何会有这么多不同且对立的有关转移的见解。

拉康关于转移的思考经历了几个阶段。他详细处理这个主题的第一部作品是《关于转移的发言》(Lacan,1951),他在这篇文章中是根据借自黑格尔的辩证法来描述转移的。他批评自我心理学根据**情感**(AFFECTS)来定义转移,"转移并不指涉情感的任何神秘特质,即便当它以情绪的外观而被揭示出来的时候,它也仅仅是凭借它被产生的那一辩证时刻而获得意义的"(Ec,225)。

换句话说,拉康认为,尽管转移常常会假借那些特别强烈的情感而表现出来,诸如**爱**(LOVE)与恨等,然而它并非由这些情感所构成的,而是存在于一种主体间关系的结构。转移的这一结构性定义始终是贯穿在拉康其后著作中的一个恒定的主题,他坚持把转移的本质定位于象征界,而非想象界,尽管转移也明显具有一些强大的想象性效果。后来,拉康又评论说,如果说转移往往是在爱的外观下表现出来的,那么它所涉及的也首先是对于知识(savoir)的爱。

在1953—1954年度的研讨班上,拉康又返回了转移的主题。这一次,他没有根据借自黑格尔的辩证法来构想转移,而是根据借自人类学的交换来对其进行构想(莫斯、列维-斯特劳斯)。转移内隐于言语的行动,它涉及的是转换言说者与倾听者的某种符号交换:

> 在其本质上,我们认为有效的转移只不过就是言语的行动而已。每当某人以一种真诚且充分的方式对着另一个人言说的时候,便产生了真正意义上的转移,即象征性的转移——发生了某种事情,从而改变了当下的两个存在的本质。
>
> (S1, 109)

在接下来一年的研讨班上,拉康又继续详细阐述了转移的象征性本质,他将其视同于强制性重复,即主体的象征性决定因素的坚持(S2, 210-11)。这要与转移的想象性面向区分开来,即爱与侵凌性的情感反应。在转移的象征性面向与想象性面向之间的这一区分中,拉康提供了一种有益的方式来理解转移在精神分析治疗中的悖论性功能,在其象征性的面向(**重复**[REPETITION]),转移通过揭示出主体历史中的那些能指而有助于治疗的进展,而在其想象性的面向(爱与恨),转移则充当着某种阻抗(见:S4, 135;S8, 204)。

拉康再度着手转移的主题,是在其简单题为"转移"的第八年度的研讨班上(Lacan, 1960-1)。在此,他运用柏拉图的《会饮篇》来阐明分析者与分析家之间的关系。阿尔喀比亚德把苏格拉底比作装有某种珍贵对象(希腊语:agalma,即"神像")的一个普通盒子,正如阿尔喀比亚德把某种隐藏的珍宝归于苏格拉底那样,所以分析者也会在分析家的身上看到其欲望的对象(见:**对象小 *a*** [OBJET PETIT *A*])。

在1964年,拉康把转移的概念链接于他的**假设知道的主体**(SUBJECT SUPPOSED TO KNOW)的概念,从此时起,这个概念便始终是拉康的转移观的核心;实际上,正是此种转移观渐渐被看作拉康旨在理论化这一问题的最完整尝试。根据此种观点,转移是把知识归于大他者,假设大他者是一个知道的主体;"一旦假设知道的主体存在于某处……转移便发生了"(S11, 232)。

尽管转移的存在是精神分析治疗的一项必要条件,然而就其本身而言,它是不充分的,分析家以一种独特的方式来处理转移也是同样必要的。正是这一点把精神分析与**暗示**(SUGGESTION)区分开来,虽然两者皆是以转移为基础,但是精神分析不同于暗示,因为分析家拒绝使用转移赋予他的力量(见:E, 236)。

在精神分析的历史上,从相当早期的时候开始,人们便在区分病人与分析家关系中的那些"适应现实"与"不适应现实"的方面达成了共识。但凡是由"以一种扭曲的方式来感知分析家"所导致的那些病人的反应,统统都会落入后一范畴中。有些分析家用"转移"这一术语来指涉分析者与分析家关系中的所有面向,就此而言,他们便把经过扭曲的"神经症性转移"(neurotic transference)或"转移性神经症"(transference neurosis)区分于"转移中无可非议的部分"(unobjectionable part of the transference)或"治疗联盟"(therapeutic alliance)(例如爱德华·比布林[Edward Bibring]和伊丽莎白·蔡策尔[Elizabeth Zetzel])。另一些分析家则认为,"转移"这一术语应当仅限于分析者的那些"不现实"(unrealistic)或"非理性"(irrational)的反应(例如威廉·西尔弗伯格[William Silverberg]和弗朗兹·亚历山大[Franz Alexander])。然而,潜藏在这两种立场之下的共同假定,都在于分析家能够分辨出病人针对他的反应在何时并非基于他的真实人格,而是基于同其他人的先前关系。分析家之所以被认为拥有此种能力,是因为他理应比病人更好地"适应现实"。由于分析家了解其自身正确的现实感知,他便能够提供那些"转移的解释"(transference interpretations),也就是说,他能够指出真实情境与病人对此做出反应的非理性方式之间的不一致。据称,此种转移的解释有助于分析者获得深入其自身神经症性转移的"洞见",从而消除转移或是"肃清"转移。

拉康最尖刻的一些批评,都针对的是此种表现精神分析治疗的方式。这些批评皆是基于以下的几点论证:

(1)适应现实的整个观念都是基于一种天真的经验主义的认识论,涉及诉诸把"现实"作为某种客观且自明的给定这一毫无疑问的观念。这全然忽视了精神分析的发现,即自我是经由其自身的"误认"(méconnaissance)来建构现实的。因此,当分析家假定自己比病人更好地"适应现实"的时候,他便无非是在求助于"退回到他自己的自我",因为这是"他唯一知道的一丁点儿现实"(E,

231)。病人自我中的健康部分,于是便被简单地定义为"像我们那样去思考的部分"(E,232)。这便使精神分析沦落成了某种形式的暗示,分析家在其中仅仅是"把他自己的现实观念强加"在分析者的身上(E,232)。因而,"[分析家]无法以一种真正的方式来维持一个实践,如同人类常有的情况那样,其结果便导致了权力的实施"(E,226)。

(2)凭借解释能够肃清分析者"对于分析家的扭曲感知",这种思想是一种逻辑上的谬误,因为"转移的解释既是以转移本身为基础的,也是以转移本身为工具的"(S8,206)。换句话说,根本就没有转移的**元语言**(METALANGAUGE),在转移之外没有任何能够让分析家提供某种解释的有利位置,因为他所提供的任何解释都"将会被认为来自转移将其转嫁给的那个人"(E,231)。因而,当转移本身恰恰规定着分析者对于那一解释的接受的时候,这种主张通过解释能够消解转移的说法便显得相当矛盾了,"主体从转移中的摆脱因而便被无限延期了"(E,231)。

这是否意味着拉康派的分析家们从来都不会解释转移?当然不是。拉康虽然断言"自然是要解释转移"(E,271),但他同时又对此种解释消解转移的力量不抱有任何的幻想。正如任何其他的解释一样,分析家必须运用他的全部技艺来决定是否以及何时要解释转移,而且尤其是必须避免让他的解释专门适合于解释转移。此外,他还必须知道自己通过这样的解释而试图实现的究竟是什么,不是旨在纠正病人与现实的关系,而是旨在维持分析的对话。"解释转移,这意味着什么呢?无非是用某种引诱来填补这一僵局的空隙。虽然它可能是欺骗性的,但是这个引诱会通过再度发动整个过程而服务于某种目的。"(Ec,225)

在将转移描述为"正性"(positive)或"负性"(negative)的时候,拉康采取了两种取径。遵循弗洛伊德的观点,拉康有的时候会用这些形容词来指涉情感的本质,用"正性转移"来指涉那些爱的情感,而用"负性转移"来指涉那些侵凌性的情感(Ec,222)。然而,有的时候,拉康也会拿"正性"或"负性"来指涉转移对治疗产生的那些有利的或不利的效果(见:E,271;拉康在此指出,当分析者的阻抗是反对暗示的时候,此种阻抗就必须被"放置在正性转移的等级上",因为它维持了分析的方向)。

尽管拉康偶尔也确实会谈到**反转移**(COUNTERTRANSFERENCE),但是他通常不愿使用这个术语①。

互易感觉

英:transitivism;法:transitivisme

互易感觉是由夏洛特·布勒②首先发现的一种现象(见:E,5),它指的是经常在小孩子的行为中观察到的一种特殊的**认同**(IDENTIFICATION)。例如,一个孩子可能打了另一个同龄孩子的左脸,然后摸着他自己的右脸,并且带着想象出来的痛苦而哭泣。对拉康而言,互易感觉阐明了在想象性认同中所固有的自我与小他者之间的混淆。这种(左右)**颠倒**(INVERSION)便是镜子功能的进一步证据。

互易感觉也明显存在于偏执狂当中,其中的攻击与反攻击便被共同绑定"在一种绝对的等价之中"(Lacan,1951b:16)。

---

① 拉康注意到了在20世纪四五十年代于英国精神分析学界兴起的"反转移"概念,从而他在1960年代提出了"分析家的欲望"作为对"反转移"问题的解决。
② 夏洛特·布勒(Charlotte Bühler,1893—1974),德国著名发展心理学家,代表作有《童年期与青春期:意识的起源》《儿童与家庭:孩子与其家人的互动研究》等。

治疗

英：treatment；法：cure

"治疗"这一术语指的是与精神分析的理论相对而言的**精神分析**（PSYCHOANALYSIS）的实践。尽管该术语是精神分析从医学那里承袭而来的，然而它在拉康派的精神分析理论中获得了一种特殊的意义，相当不同于该词在医学中被理解的方式。特别是，精神分析治疗的目标并不被拉康看作在产生完全健康的精神的意义上给人们以"医治"（healing）或"治愈"（curing）。神经症、精神病与性倒错的临床结构皆被看作在本质上"不可治愈"的，而且分析治疗的目标也仅仅是引导分析者道出（articulate）他的真理。

拉康认为，治疗是具有明确方向的一种过程，是有其开始、中间与结束的一种结构性进程（见：**分析的结束**[END OF ANALYSIS]）。分析的开始，抑或"进入分析情境的时刻"，即分析者与分析家之间达成的某种协议或是"契约"，包括分析者对于遵守基本规则的同意。紧接着初始的咨询之后，还需要进行一系列面对面的预备性会谈。这些预备性会谈具有几个目标。首先，它们使一个严格意义上的精神分析性的症状得以被建构出来，以取代病人通常带来的大量含混不清的主诉。其次，它们给转移的发展留出了时间。最后，它们允许分析家得以探明是否真的存在一个对于精神分析的请求，同样也允许分析家得以假设分析者的临床结构。

在这些预备性会谈之后，治疗便不再面对面地来操作，而是要分析者斜靠在躺椅上，而分析家则要坐在他的身后，离开分析者的视野范围（躺椅不被用于对精神病患者的治疗）。随着其自由联想的展开，分析者便会修通那些此前在他的历史中一直决定着他的能指，并且会受到这一言说过程本身的驱使，去道出有关其欲望的某种东西。这是一种动力性的过程，涉及一种驱使治疗继续的力量(见:**转移**［TRANSFERENCE］;**分析家的欲望**［DESIRE OF THE ANALYST］)与一种阻碍此一过程的相反力量(见:**阻抗**［RESISTANCE］)之间的冲突。分析家的任务在于指导这个过程(而非指导病人),并且在此一过程被卡住的时候再度让它运转起来。

真理
英:truth;法:vérité

在拉康的话语中,真理是最为核心却也最为复杂的术语之一。在拉康的真理概念中,有着几个清晰且恒定的基本观点:真理总是指涉有关欲望的真理,而精神分析治疗的目标便是引导分析者去道出这一真理。真理并不等待以某种预先形成的充分状态而由分析家向分析者揭示出来,相反,它是在治疗本身的辩证运动中被逐渐建构出来的(Ec,144)。拉康指出,与古典哲学的传统相反,真理并不是美的(S7,217),而且了解真理也并不必然是有益的(S17,122)。虽然拉康在谈到"真理"的时候总是会使用该词的单数形式,但是这并非一种单一的、普遍的真理,而是一种绝对的、特殊的真理,即对每个主体而言都是独一无二的真理(见:S7,24)。然而,除了这几个简单的观点之外,我们不可能对拉康使用该术语的方式给出一种意义明确的定义,因为它同时运作于多重语境,对立于各种术语。因此,我们在这里所能做出的一切尝试,便是对它运作于其中的某些语境给出一种一般性的标示。

・**真理相对于正确** 正确(exactitude)涉及的是"把尺度引入实在"(E,74),并且构成了精确科学的目标。然而,真理则关涉欲望,欲望不是关乎精确科学而是关于主体性科学的问题。因此,唯有在语言的脉络下,真理才是一个有意义的概念:"正是由于语言的出现，真理的维度才得以显现。"(E, 172)精神分析治疗便被建立在这样一个根本前提的基础之上，即言语是揭示出有关欲望的真理的唯一手段。"多亏有言语的维度，真理才得以挖通了其通往实在的道路。在言语之前是没有任何真假可言的。"(S1, 228)

•**真理与科学**(SCIENCE) 从拉康最早期的作品开始，"真理"这一术语便具有了一些形而上学甚至是神秘主义的细微差别，从而问题化了任何旨在链接真理与科学的企图。这并不是说拉康否认科学的目标是认识真理，而仅仅是说科学不能宣称将真理垄断为自己的独有财产(Ec, 79)。拉康后来又指出，科学的基础其实恰恰在于它排除了作为原因的真理概念(Ec, 874)。真理的概念对于理解疯癫而言是必不可少的，现代科学却因为无视真理的概念而把疯癫变得毫无意义可言(Ec, 153-4)。

•**真理、谎言与欺骗** 真理与欺骗密切相关，因为相比于实话，谎言往往能够更加富于表现力地揭示出有关欲望的真理。欺骗与谎言并非真理的对立面：恰恰相反，它们皆被铭刻在真理的文本当中。分析家的角色便在于揭示出铭刻在分析者言语的欺骗中的真理。尽管分析者实际上可能对分析家说的是"我在欺骗你"，然而分析家会对分析者说："在这句'我在欺骗你'当中，你将其作为信息发送过来的就是我要向你表达的，而在这么做的时候，你是在讲述真理。"(S11, 139-40；见：S4, 107-8)

•**真理相对于假象** 分析者所呈现出的那些假象(false appearances)并不仅仅是分析家为了发现真理而必须揭露且摒弃的障碍；恰恰相反，分析家必须把这些假象纳入考量(见：**假相**[SEMBLANCE])。

•**真理、谬误与过失** 精神分析业已表明，有关欲望的真理往往都是经由那些过失(即过失行为；见：**行动**[ACT])而被揭示出来的。拉康曾经说过一句典型的难以捉摸的话，从而引起了真理、过失、谬误与欺骗之间的复杂关系，当时他把"言语在寻求真理时的结构化作用"描述为"谬误在欺骗中逃之夭夭，却被过失重新捕获"(S1，273)。

・**真理与虚构** 拉康并未把"虚构"(fiction)这一术语使用在某种"虚假性"(falschood)的意义上，而是将其使用在某种科学性建构(scientific construct)的意义上(拉康在此是从边沁那里得到的提示，见：S7，12)。因而，拉康的"虚构"一词便对应着弗洛伊德所谓的"约定俗成"(英：convention；德：Konvention)(见：S11，163)，相较于虚假性而言，它与真理有着更多的共同之处。实际上，拉康声称："真理是像虚构那样被结构的。"(E，306；Ec，808)

・**真理与实在**(REAL) 拉康在真理与实在之间做出的区分，可以追溯至他在二战前的那些作品(例如：Ec，75)，而且他在不同的地方也都对此有所论及，"我们习惯于实在，我们压抑了真理"(E，169)。然而，拉康也同样指出，真理是与实在相类似的；我们不可能道出全部的真理，而且"正是因为此种不可能性，真理才渴求着实在"(Lacan，1973a：83)。

U

无意识

英：unconscious；法：inconscient；德：das Unbewußte[①]

尽管"无意识"这一术语早在弗洛伊德之前就已经为一些作者所使用，然而它在弗洛伊德的著作中获得了一种完全原创性的意义，而且构成了其中最重要的概念。

弗洛伊德在"无意识"一词的两种用法之间做出了区分（Freud, 1915e）。作为一个形容词，它仅仅指的是主体在特定的时刻上并未加以有意识注意的那些心理过程。作为一个名词（das Unbewußte），它则指的是弗洛伊德在其有关心理结构的第一理论（即"地形学模型"）中所描述的精神系统之一。根据此种理论，心灵被划分成了三个系统或是"精神位点"（psychical localities）：意识（Cs）、前意识（Pcs）与无意识（Ucs）。无意识系统并不仅仅是在特定的时间上处在意识领域之外的，而是经由压抑而与意识发生根本性的分离，因而也是倘若没有经过扭曲便无法进入意识—前意识系统的。

在弗洛伊德有关心理结构的第二理论（即"结构模型"）中，心灵则被划分成了三个"机构"（agencies）：自我（ego）、超我（super-ego）、它我（id）。在此一模型中，没有任何一种机构等同于无意识，因为即便是自我与超我也都具有一些无意识的部分。

在1950年以前，拉康主要是以其形容词的形式来使用"无意识"这一术语的，从而使他的早期著作在那些比较熟悉弗洛伊德作

[①] 国内精神分析学界通常将弗洛伊德的"unconscious"翻译为"潜意识"，然而此种既定译法是值得商榷的，一则是因为翻译成"潜意识"在汉字读音上极易与"前意识"（pre-conscious）发生混淆，再则也是因为"潜意识"的译法会暗示出"unconscious"是某种潜在或潜藏的意识，在概念的内涵上容易与"下意识"（subconscious）发生混淆，鉴于这里的前缀"un"是否定的意思，故而译作"无意识"更加准确。

品的人们看来是特别奇怪的。然而,在1950年代,随着拉康开始他的"回到弗洛伊德",这个术语则更加频繁地作为名词出现,而且拉康也越来越注重弗洛伊德的无意识概念的原创性,强调它并不仅仅是意识的对立面;"尽管在排除了那些意识特征的意义上,大量的精神效应都可以被相当合法地命名为无意识,然而它们与弗洛伊德意义上的无意识丝毫没有任何关系"(E, 163)。此外,他还坚持认为,无意识不能仅仅被等同于"遭到压抑的事物"。

拉康指出,弗洛伊德的大多数追随者都严重误解了无意识的概念,他们将无意识化约为"仅仅是本能的所在地"(E, 147)。针对此种生物学的思维模式,拉康声称"无意识既非原始性的,也非本能性的"(E, 170),它首先是语言性的。这一点被总结在拉康的著名格言之中,即"无意识是像一种语言那样被结构的"(S3, 167;见:**语言**[LANGUAGE]、**结构**[STRUCTURE])。拉康根据共时性结构对无意识的分析,后来又得到了他的另一种思想的补充,即无意识是在一种时间性的脉动上打开和关闭的(S11, 143, 204)。

一些精神分析家们反对拉康探究无意识的语言学取径,他们的理由是此种方法过度局限,而且弗洛伊德本人也把词表象排除在无意识之外(S7, 44;关于拉康针对这些异议的反驳,见:**原物**[THING])。拉康自己则证明了其语言学方法的合理性,他指出无意识有如语言般被结构的原因,恰恰是在于"只有当它被阐述出来的时候,只有在其经由言语化而道出的那个部分之中,我们才能够最终把握无意识"(S7, 32)。

拉康同样把无意识描述为一种话语:"无意识是大他者的话语。"(Ec, 16;见:**他者**[OTHER])这个谜一般的句子变成了拉康的最著名格言之一,我们可以用很多方式来对其加以理解。或许,最重要的意义即在于"我们应当在无意识中看到言语作用在主体上的那些效果"(S11, 126)。更确切地说,无意识是**能指**(SIGNIFIER)作用在主体上的那些效果,因为能指恰恰就是受到压抑并且在那些无意识的构形(症状、诙谐、过失行为、梦、等等)中返回的东西。

所有这些对于语言、言语、话语和能指的参照,皆明确地把无意识定位在了**象征界**(SYMBOLIC)的秩序当中。实际上,"无意识是作为象征界的某种功能而被结构化的"(S7, 12)。无意识是象征秩序对于主体的决定性作用。

无意识并非内在的:恰恰相反,因为言语与语言皆是主体间的现象,所以无意识便是"超个人性"(transindividual)的(E, 49),可以说,无意识是"外在"(outside)的。"象征界相对于人类而言的此种外在性,恰恰就是无意识的概念本身。"(Ec, 469)如果说无意识看似是内在的,那么这便是一种想象性的效果,此种效果不但阻碍了主体与大他者之间的关系,而且颠倒了大他者的信息。

尽管无意识尤其可见于那些无意识的构形,然而"无意识不会让我们的任何行为跳脱出它的领域之外"(E, 163)。无意识的法则,即那些有关重复和欲望的法则,就像结构本身一样是无所不在的。无意识是不可化约的,因此分析的目标便不可能是无意识的意识化。

除了拉康借以对无意识进行概念化的各种语言学隐喻(话语、语言、言语)之外,他还根据其他术语对无意识进行了构想:

· 记忆(MEMORY)　因为是能指在主体的生命历程中决定着主体的命运,所以在这些能指所构成的象征性历史的意义上说,无意识也同样是一种记忆,"我们教导主体将其认作他的无意识的东西,恰恰就是他的历史。"(E, 52)

· 知识(KNOWLEDGE)　因为知识是能指在能指链条上的链接,所以无意识也同样是一种知识(即象征性的知识,或者"savoir")。更确切地说,它是一种"未知的知识"(或"不知道的知识")。

W

女人
英：woman；法：femme

弗洛伊德有关**性别差异**(SEXUAL DIFFERENCE)的说明乃是基于以下的观点：存在着一些可以被称作"男性"(masculine)的精神特征，而其他的精神特征则可以被称作"女性"(feminine)，而且它们彼此之间也有显著的不同。然而，弗洛伊德一贯拒绝对"男性"和"女性"这些术语给出任何定义，认为它们都是精神分析理论可以使用却无法阐明的基本概念(Freud, 1920a：SE XVIII, 171)。

此种对立的一项特征，即在于这两项术语并非以某种恰好对称的方式运作。男性特质(masculinity)被弗洛伊德拿来当作范式，他宣称只有一种力比多，即男性的力比多，而女孩的精神发展则起初与男孩的相同，只是在后来的时刻上才有所偏离。因而，女性特质(femininity)便是从男性范式中偏离出来的东西，弗洛伊德将其看作某种神秘莫测的、未经探索的领域，即"黑暗大陆"(Freud, 1926e：SE XX, 212)。"女性特质的本质之谜"(Freud, 1933a：SE XXII, 113)在弗洛伊德的晚期作品中渐渐占据了他的思想，并且驱使他问出了一个著名的问题，即"女人想要什么？"（见：Jones, 1953-7：vol. 2, 468）。男性特质是一种自明的给定，而女性特质则是一个神秘的地带：

> 精神分析并不试图去描述什么是一个女人——那将会是它几乎不可能完成的一项任务——而是着手去询问她是如何生成的，即一个女人是如何从一个带有双性倾向的孩子发展而来的。
>
> (Freud, 1933a：SE XXII, 116)

除了对于**母亲**（MOTHER）在家庭情结中的作用有少数的评论之外（Lacan，1938），拉康二战前的著作并未着手处理关于女性特质的争论。在1950年代早期偶然出现在拉康著作中的几则有关此一主题的陈述，也都是根据克劳德·列维-斯特劳斯的措辞来表达的，女人们被看作像符号一般在亲属关系群团之间流通的交换对象（见：Lévi-Stauss，1949b）。"女人们在现实的秩序中充当着……亲属关系的基本结构所需要的交换的对象。"（E，207）拉康指出，女人被推向了一个交换对象的位置，正是这一事实构成了女性位置的困难性：

> 对她来说，在象征秩序中被置于一个对象的位置；而另一方面，她对于象征秩序的臣服又丝毫不亚于男人，在这一事实中存在着某种无法克服的东西，让我们说，是无法接受的东西。
>
> （S2，262）

拉康有关杜拉个案的分析也得出了同样的观点：杜拉无法接受的恰恰是她在自己父亲与K先生之间作为交换对象的位置（见：Lacan，1951a）。处在这个交换对象的位置上，即意味着女人"跟象征秩序之间具有一种次等的关系"（S2，262；见：S4，95-6）。

在1956年，拉康接纳了**癔症**（HYSTERIA）与女性特质之间的传统联系，指出癔症其实无非就是女性特质本身的问题，这个问题可以被表述为"什么是一个女人？"。这对男性与女性的癔症患者而言皆是如此。"女人"这一措辞在此指涉的并非某种生物性的本质，而是象征秩序中的一个位置，它是"女性位置"（feminine position）这一术语的同义词。此外，拉康还声称"就其本身而言，并不存在女人性别的任何象征化"，因为由阳具所提供的那个"极其盛行的符号"并没有任何女性的等价物（S3，176）。此种象征性的不对称,便迫使女人采取了跟男孩同样的道路来通过俄狄浦斯情结,即认同父亲。然而,这对女人而言是更加复杂的,因为她必须把一个异性成员的形象作为其认同的基础(S3,176)。

在1958年的一篇题为《针对一届女性性欲大会的指导性言论》(Lacan,1958d)的文章里,拉康又回到了女性特征的问题上。在这篇文章里,他注意到一些僵局阻碍了精神分析对于女性性欲的探讨,并且指出女人既是对于男人们而言的大他者,同时又是对于女人们而言的大他者;"男人在此充当着中继,女人从而变成了对她自己而言的这一大他者,正如她是对他而言的这一大他者那样。"(Ec,732)

如同弗洛伊德一样,拉康对于有关女性特征的争论所做出的那些最重要的贡献,在很晚的时候才出现在他的著作当中。在1972—1973年度的研讨班上,拉康提出了一种"超越阳具"(beyond the phallus)的专指女性"享乐"(JOUISSANCE)的概念(S20,69)。此种享乐"属于无限的秩序",譬如神秘主义的出神(S20,44)。女人们虽然可以体验到此种"享乐",但是她们对此一无所知(S20,71)。同样是在这期研讨班上,拉康又再度论及他在1970—1971年度的研讨班上首次提出的那句颇有争议的格言,即"女人并不存在"(la femme n'existe pas;见:Lacan,1973a:60),而他在这里则将其重新表述为"没有大写的女人"(il n'y a pas La femme;见:S20,68)。正如法语原文所清楚地显示的那样,拉康在质疑的并非"女人"这个名词,而是它前面的那个定冠词。在法语中,这个定冠词表示普遍性,而这恰恰是女人们所缺乏的特征;女人们"并不屈从于普遍化,哪怕是阳具中心的普遍化"(Lacan,1975b)。因此,每当这个定冠词出现在"女人"一词的前面,拉康都会将其画掉,正如他划掉A以产生被画杠的大他者的符号那样,因为像女人一样,大他者也是不存在的(见:杠[BAR])。为了极力主张此种观点,拉康便把女人说成是"并非全部"(英:not-all;法:pastoute)的(S20,13),男性特征是基于阳具的例外而建立的一种普遍的功能(阉割)。与此不同,女人则是不容许任何例外的一种并非普遍(non-universal)。女人之所以被比作真理,是因为两者皆享有并非全部的逻辑(根本没有全部女人这样的东西,也不可能道出"全部真理"[①])(Lacan,1973a:64)。

在1975年,拉康又继续声称"女人是一个症状"(Lacan,1974-5:1975年1月21日的研讨班)。更确切地说,一个女人即是一个男人的症状,因为在某种意义上说,一个女人永远都只能作为一个幻想的对象(a),即作为男人们的欲望的原因,而进入他们的精神经济(psychic economy)。

拉康有关女人与女性性欲的这些评论,已然在女性主义理论中变成了争论与争议的焦点。女性主义者们在把拉康视作女性主义事业的盟友抑或敌人的问题上分成了两派。一些人把他的理论看作在给父权制提供一种尖刻的描述,是在挑战有关性别同一性的那些固定概念的一种方式(例如:Mitchell and Rose,1982)。其他人则认为他的象征秩序的概念是把父权制作为一种超历史性的给定(transhistorical given)而重新安置了下来,而且他赋予阳具的特权也只不过是在重复弗洛伊德自己的所谓厌女症(例如:Gallop,1982;Grosz,1990)。至于这场争论中的代表性样本,见:Adams and Cowie(1990)与Brennan(1989)。至于拉康有关女性性欲的说明,见:Leader(1996)。

[①] 不可能道出全部的真理,即拉康所谓的真理的"半说"(mi-dire)。

附录：拉康《著作集》页码索引

本书中有关拉康《著作集》的页码索引都尽可能地参照阿兰·谢里丹的英文译本（Jacques Lacan, *Écrits: A Selection*, trans. Alan Sheridan, London: Tavistock, 1977）；这些参考皆以缩写字母 E 来表示。由于这个译本只是对于原作的部分翻译，对于《著作集》中那些未翻译章节的页码索引便参照法文版本（Jacques Lacan, *Écrits*, Paris: Seuil, 1966）；这些参考皆以缩写字母 Ec 来表示。为了克服这一参照系所可能导致的混淆，本书收录了以下的清单以便读者能够鉴别出自《著作集》的所有引文的出处。

英文版页码索引

E，1-7　　The Mirror Stage as Formative of the Function of the I (1949).
　　　　　《镜子阶段作为"我"的功能之构成者》

E，8-29　　Aggressivity in Psychoanalysis (1948).
　　　　　《精神分析中的侵凌性》

E，30-113　The Function and Field of Speech and Language in Psychoanalysis (1953a).
　　　　　《言语与语言在精神分析中的功能与领域》

E，114-45　The Freudian Thing (1955c).
　　　　　《弗洛伊德的原物》

E，146-78　The Agency of the Letter in the Unconscious or Reason Since Freud (1957b).
　　　　　《无意识中文字的动因或自弗洛伊德以来的理性》

E, 179-225　On a Question Preliminary to Any Possible Treatment of Psychosis (1957-8b).
　　　　　《论精神病的任何可能治疗方法的一个先决问题》
E, 226-80　The Direction of the Treatment and the Principles of Its Power (1958a).
　　　　　《治疗的方向及其力量的原则》
E, 281-91　The Signification of the Phallus (1958c).
　　　　　《阳具的意指》
E, 292-325　The Subversion of the Subject and the Dialectic of Desire in the Freudian Unconscious (1960a).
　　　　　《弗洛伊德式无意识中的主体的颠覆与欲望辩证法》

法文版页码索引

Ec, 9-10　Overture to This Collection (1966b).
　　　　　《卷首导言》
Ec, 11-61　Seminar on 'The Purloined Letter' (1955a).
　　　　　《关于〈失窃的信〉的研讨班》
Ec, 65-72　On Our Predecessors (1966c).
　　　　　《论我们的前辈》
Ec, 73-92　Beyond the 'Reality Principle' (1936).
　　　　　《超越"现实原则"》
Ec, 125-49　A Theoretical Introduction to the Functions of Psychoanalysis in Criminology (1950).
　　　　　《精神分析在犯罪学中的功能的理论性导言》
Ec, 151-93　Remarks on Psychical Causality (1946).
　　　　　《有关精神因果性的评论》
Ec, 197-213　Logical Time (1945).
　　　　　《逻辑时间》
Ec, 215-26　An Intervention on the Transference (1951a).

附录：拉康《著作集》页码索引　　　　　　　　　423

《关于转移的发言》
Ec, 229-36　On the Subject at Last in Question (1966d).
　　　　　《终于谈到了主体》
Ec, 323-62　Variants of the Typical Treatment (1955b).
　　　　　《典型治疗的变体》
Ec, 363-7　On a Design (1966e).
　　　　　《论一幅图案》
Ec, 369-80　Introduction to Jean Hyppolite's Commentary on Freud's 'Negation' (1954a).
　　　　　《让·伊波利特关于弗洛伊德〈否定〉一文的评论的导言》
Ec, 381-99　Reply to Jean Hyppolite's Commentary on Freud's 'Negation' (1954b).
　　　　　《对让·伊波利特关于弗洛伊德〈否定〉一文的评论的回应》
Ec, 437-58　Psychoanalysis and Its Teaching (1957a).
　　　　　《精神分析及其教学》
Ec, 459-91　The Situation of Psychoanalysis and the Training of the Analyst in 1956 (1956a).
　　　　　《1956年精神分析的处境与分析家的训练》
Ec, 647-84　A Remark on Daniel Lagache's Report: 'Psychoanalysis and the Structure of Personality' (1960b).
　　　　　《论丹尼尔·拉加什的报告:〈精神分析与人格结构〉》
Ec, 697-717　In Memory of Ernest Jones: On His Theory of Symbolism (1959).
　　　　　《纪念欧内斯特·琼斯:论他的象征意义理论》
Ec, 717-24　On a Retroactive Syllabarium (1966f).
　　　　　《论回溯性的音节文字》
Ec, 725-36　Guiding Remarks for a Congress on Feminine Sexuality (1958d).
　　　　　《针对一届女性性欲大会的指导性言论》

Ec, 739-64　　Gide's Youth, or the Letter and Desire (1958b).
　　　　　　《青年纪德,或文字与欲望》
Ec, 765-90　　Kant with Sade (1962).
　　　　　　《康德同萨德》
Ec, 829-50　　Position of the Unconscious (1964c).
　　　　　　《无意识的位置》
Ec, 851-4　　 On Freud's 'Drive' and the Desire of the Psychoanalyst (1964d).
　　　　　　《论弗洛伊德的"冲动"与精神分析家的欲望》
Ec, 855-77　　Science and Truth (1965a).
　　　　　　《科学与真理》

参考文献

为了避免哈佛论文引用系统（Harvard reference system）造成的年代错误,拉康的著作一律以其创作的日期作为参照。其他作者的著作则一律以首次出版的日期作为参照。

至于弗洛伊德著作的卷次与页码,则一律引用的是詹姆斯·斯特雷奇主编的《西格蒙德·弗洛伊德心理学著作全集标准版》（24卷本）,由伦敦霍加斯出版社（Hogarth Press）与精神分析学院（Institute of Psycho-Analysis）联合出版（这里缩写为 SE）。附属于弗洛伊德著作的书信日期与收录在《标准版》第XXIV卷中的文献目录相一致。

有关拉康著作的更完整的参考文献,读者可参阅多尔（Dor,1983）。

Adams, Parveen and Cowie, Elizabeth (1990) *The Woman in Question*, Cambridge, Mass: MIT Press.

American Psychiatric Association (1987) *Diagnostic and Statistical Manual of Mental Disorders* (3rd edn, revised), New York: American Psychiatric Association.

Balint, Michael (1947) 'On genital love', in *Primary Love and Psychoanalytic Technique*, London: Hogarth Press and the Institute of Psycho-Analysis, 1952.

Benvenuto, Bice and Kennedy, Roger (1986) *The Works of Jacques Lacan: An Introduction*, London: Free Association Books.

Blakemore, Diane (1992) *Understanding Utterances*, Oxford: Blackwell.

Borch-Jacobsen, Mikkel (1991) *Lacan: The Absolute Master*, trans. Douglas Brick, Stanford: Stanford University Press.

Bowie, Malcolm (1991) *Lacan*, London: Fontana.

Bracher, Mark, Alcorn, Marshall, Corthell, Ronald and Massardier-Kenney, Françoise (eds) (1994) *Lacanian Theory of Discourse. Subject, Structure and Society*, New York: New York University Press.

Brennan, Teresa (ed.) (1989) *Between Feminism and Psychoanalysis*, London and New York: Routledge.

Burks, Arthur W. (1949) 'Icon, index, and symbol', *Philosophy and Phenomenological Research*, vol. 9:673-89.

Caton, Stephen C. (1987) 'Contributions of Roman Jakobson', *Ann. Rev. Anthropol.*, vol. 16:223-60.

Chemama, Roland (ed.) (1993) *Dictionnaire de la Psychanalyse. Dictionnaire actuel dessignifiants, concepts et mathèmes de la psychanalyse*, Paris: Larousse.

Clavreul, Jean (1967) 'The perverse couple', trans. Stuart Schneiderman, in Stuart Schneiderman(ed.), *Returning to Freud: Clinical Psychoanalysis in the School of Lacan*, New Haven and London: Yale University Press, 1980, pp. 215-33.

Clément, Cathérine (1981) *The Lives and Legends of Jacques Lacan*, trans. A. Goldhammer, New York: Columbia University Press, 1983.

Copjec, Joan (1989) 'The orthopsychic subject: film theory and the reception of Lacan', *October*, 49, reprinted in *Read My Desire: Lacan against the Historicists*, Cambridge, Mass. and London:MIT Press, 1994, pp. 15-38.

——(1994) 'Sex and the euthanasia of reason', in Joan Copjec (ed.), *Supposing the Subject*, London: Verso, pp. 16-44.

Davis, Robert Con (ed.) (1983) *Lacan and Narration. The Psychoanalytic Difference in Narrative Theory*, Baltimore and London: Johns Hopkins University Press.

Derrida, Jacques (1975) 'Le facteur de la vérité', in *The Post Card: From Socrates to Freud and Beyond*, trans. Alan Bass, Chicago and London: University of Chicago Press, 1987, pp. 413-96.

Descartes, René (1637) *Discourse on the Method of Properly Conducting One's Reason and of Seeking the Truth in the Sciences*, trans. F. E. Sutcliffe, Harmondsworth: Penguin, 1968.

Dor, Joël (1983) *Bibliographie des travaux de Jacques Lacan*, Paris: InterEditions.

Ducrot, Oswald and Todorov, Tzvetan (1972) *Dictionnaire encyclopédique des sciences du langage*, Paris: Seuil.

Feldstein, Richard, Fink, Bruce and Jaanus, Marie (eds) (1995) *Reading Seminar XI: Lacan's Four Fundamental Concepts of Psychoanalysis*, Albany: State University of New York.

Felman, Shoshana (1987) *Jacques Lacan and the Adventure of Insight. Psychoanalysis in Contemporary Culture*, Cambridge, Mass. and London: Harvard University Press.

Ferenczi, Sándor (1909) 'Introjection and transference', in *Sex in Psychoanalysis*, New York: BasicBooks, pp. 35-57.

Ferenczi, Sándor and Rank, Otto (1925) 'The development of psychoanalysis', trans. Caroline Newton, *J. Nerv. Ment. Dis.*, Monograph no. 40.

Forrester, John (1990) *The Seductions of Psychoanalysis: On Freud, Lacan and Derrida*, Cambridge and New York: Cambridge University Press.

Freud, Anna (1936) *The Ego and the Mechanisms of Defence*, London: Hogarth, 1937.

Freud, Sigmund (1894a) 'The Neuro-Psychoses of Defence', SE III, 43.

—— (1895d) with Josef Breuer *Studies on Hysteria*, SE II.

—— (1900a) *The Interpretation of Dreams*, SE IV-V.

—— (1901b) *The Psychopathology of Everyday Life*, SE VI.

—— (1905c) *Jokes and their Relation to the Unconscious*, SE VIII.

—— (1905d) *Three Essays on the Theory of Sexuality*, SE VII, 125.

—— (1905e [1901]) 'Fragment of an Analysis of a Case of Hysteria', SE VII, 3.

—— (1907b) 'Obsessive Actions and Religious Practices', SE IX, 116.

—— (1908c) 'On the Sexual Theories of Children', SE IX, 207.

—— (1908d) '"Civilized" Sexual Morality and Modern Nervous Illness', SE IX, 179.

—— (1909b) 'Analysis of a Phobia in a Five-Year-Old Boy', SE X, 3.

—— (1909c) 'Family Romanies', SE IX, 237.

—— (1909d) 'Notes upon a Case of Obsessional Neurosis', SE X, 155.

—— (1910c) *Leonardo da Vinci and a Memory of his Childhood*, SE XI, 59.

—— (1911b) 'Formulations on the Two Principles of Mental Functioning', SE XII, 215.

—— (1911c) 'Psycho-Analytic Notes on an Autobiographical Account of a Case of Paranoia (Dementia Paranoides)', SE XII, 3.

——(1912-13) *Totem and Taboo*, SE XIII, 1.

——(1913c) 'On Beginning the Treatment', SE XII, 122.

——(1913j) 'The Claims of Psycho-Analysis to Scientific Interest', SE XIII, 165.

——(1914b) 'The Moses of Michelangelo', SE XIII, 211.

——(1914c) 'On Narcissism: An Introduction', SE XIV, 69.

——(1914d) 'On the History of the Psycho-Analytic Movement', SE XIV, 3.

——(1915a) 'Observations on Transference Love', SE XII, 160.

——(1915e) 'The Unconscious', SE XIV, 161.

——(1915c) 'Instincts and their Vicissitudes', SE XIV, 111.

——(1917c) 'On the Transformations of Instinct, as Exemplified in Anal Erotism', SE XVII, 127.

——(1918b [1914]) 'From the History of an Infantile Neurosis', SE XVII, 3.

——(1919a [1918]) 'Lines of Advance in Psycho-Analytic Therapy', SE XVII, 159.

——(1919e) 'A Child Is Being Beaten', SE XVII, 177.

——(1919h) 'The Uncanny', SE XVII, 219.

——(1920a) 'The Psychogenesis of a Case of Female Homosexuality', SE XVIII, 147.

——(1920g) *Beyond the Pleasure Principle*, SE XVIII, 7.

——(1921c) *Group Psychology and the Analysis of the Ego*, SE XVIII, 69.

——(1923a) 'Two Encyclopaedia Articles', SE XVIII, 235.

——(1923b) *The Ego and the Id*, SE XIX, 3.

——(1923e) 'The Infantile Genital Organisation', SE XIX, 141.

——(1924b [1923]) 'Neurosis and Psychosis', SE XIX, 149.

——(1924d) 'The Dissolution of the Oedipus Complex', SE XIX, 173.

——(1924e) 'The Loss of Reality in Neurosis and Psychosis', SE XIX, 183.

——(1925d) *An Autobiographical Study*, SE XX, 3.

——(1925e [1924]) 'The Resistances to Psycho-Analysis', SE XIX, 213.

——(1925h) 'Negation', SE XIX, 235.

——(1925j) 'Some Psychical Consequences of the Anatomical Distinction between the Sexes', SEXIX, 243.

——(1926e) *The Question of Lay-Analysis*, SE XX, 179.

——(1927c) *The Future of an Illusion*, SE XXI, 3.

——(1927e) 'Fetishism', SE XXI, 149.

——(1930a) *Civilization and Its Discontents*, SE XXI, 59.

——(1931b) 'Female Sexuality', SE XXI, 223.

——(1933a) *New Introductory Lectures on Psycho-Analysis*, SE XXII, 3.

——(1937c) 'Analysis Terminable and Interminable', SE XXIII, 211.

——(1939a [1937-9]) *Moses and Monotheism*, SE XXIII, 3.

——(1940a [1938]) *An Outline of Psycho-Analysis*, SE XXIII, 141.

——(1940e [1938]) 'Splitting of the Ego in the Process of Defence', SE XXIII, 273.

——(1941d [1921]) 'Psycho-Analysis and Telepathy', SE XVIII, 177.

Gallop, Jane (1982) *Feminism and Psychoanalysis: The Daughter's Seduction*, London: Macmillan.

——(1985) *Reading Lacan*, Ithaca and London: Cornell University Press.

Granon-Lafont, Jeanne (1985) *La topologie ordinaire de Jacques Lacan*, Paris: Point Hors Ligne.

Groddeck, Georg (1923) *The Book of the It*, London: Vision Press, 1949.

Grosz, Elizabeth (1990) *Jacques Lacan: A Feminist Introduction*, London and New York: Routledge.

Hartmann, Heinz (1939) *Ego Psychology and the Problem of Adaptation*, New York: International Universities Press, 1958.

Hegel, G.W.F. (1807) *Phenomenology of Spirit*, trans. A.V.Miller, with Analysis of the Text and Foreword by J.N.Findlay, Oxford: Clarendon Press, 1985.

Heidegger, Martin (1927) *Being and Time*, trans. J.Macquirrie and E. Robinson, London: SCM Press, 1962.

——(1956) *The Question of Being*, trans. William Kluback and Jean T. Wilde, London: Vision, 1959.

Heimann, Paula (1950) 'On counter-transference', *Int. J. Psycho-Anal.*, vol. 31: 81-4.

Hinshelwood, R.D. (1989) *A Dictionary of Kleinian Thought*, London: Free Association

Books, 1991 (2nd edn, revised and enlarged).

Hughes, Jennifer (1981) *An Outline of Modern Psychiatry*, Chichester: Wiley, 1991 (3rd edn).

Hugo, Victor (1859-83) *La légende des siècles*, Paris: Garnier-Flammarion, 1979.

Jakobson, Roman (1956) 'Two aspects of language and two types of aphasic disturbances', in *Selected Writings*, vol. II, *Word and Language*, The Hague: Mouton, 1971, pp. 239-59.

——(1957) 'Shifters, verbal categories, and the Russian verb', in *Selected Writings*, vol. II, *Word and Language*, The Hague: Mouton, 1971, pp. 130-47.

——(1960) 'Linguistics and poetics', in *Selected Writings*, vol. III, *Poetry of Grammar and Grammar of Poetry*, The Hague: Mouton, 1981, pp. 18-51.

Jay, Martin (1993) *Downcast Eyes: Denigration of Vision in Twentieth-Century French Thought*, Berkeley: University of California Press.

Jones, Ernest (1927) 'Early Development of Female Sexuality' in *Papers on Psychoanalysis* (5th edn), Baltimore: Williams & Wilkins, 1948.

——(1953-7) *Sigmund Freud: Life and Work*, 3 vols, London: Hogarth Press.

Juranville, Alain (1984) *Lacan et la philosophie*, Paris: Presses universitaires de France.

Kauftman, Phillipe (ed.) (1994) *L'apport freudien*, Paris: Bordas.

Klein, Melanie (1930) 'The importance of symbol-formation in the development of the ego', in Roger Money-Kyrle (ed.), *The Writings of Melanie Klein*, London: Hogarth Press and the Institute of Psycho-Analysis, 1975, vol. 1, pp. 219-32.

Kris, Ernst (1951) 'Ego-psychology and interpretation in psychoanalytic therapy', *Psychoanalytic Quarterly*, vol. 20:15-30.

Kojève, Alexandre (1947 [1933-39]) *Introduction to the Reading of Hegel*, trans. James H.Nichols Jr., New York and London: Basic Books, 1969.

Lacan, Jacques (1932) *De la psychose paranoiaque dans ses rapports avec la personalité*, Paris: Seuil, 1975.

——(1936) 'Au-delà du "principe de realité"', in Jacques Lacan, *Écrits*, Paris: Seuil, 1966, pp. 73-92.

——(1938) *Les complexes familiaux dans la formation de l'individu. Essai d'analyse d'une fonction en psychologie*, Paris: Navarin, 1984.

——(1945)'Le temps logique', in Jacques Lacan, *Écrits*, Paris: Seuil, 1966, pp. 197-213.

——(1946)'Propos sur la causalité psychique', in Jacques Lacan, *Écrits*, Paris: Seuil, 1966, pp. 151-93.

——(1948)'L'agressivité en psychanalyse', in Jacques Lacan, *Écrits*, Paris: Seuil, 1966, pp. 101-24 ['Aggressivity in psychoanalysis', trans. Alan Sheridan, in Jacques Lacan, *Écrits: A Selection*, London: Tavistock, 1977, pp. 8-29].

——(1949)'Le stade du miroir comme formateur de la fonction du Je', in Jacques Lacan, *Écrits*, Paris: Seuil, 1966, pp. 93-100 ['The mirror stage as formative of the function of the I', trans. Alan Sheridan, in Jacques Lacan, *Écrits: A Selection*, London: Tavistock, 1977, pp. 1-7].

——(1950)'Introduction théorique aux fonctions de la psychanalyse en criminologie', in Jacques Lacan, *Écrits*, Paris: Seuil, 1966, pp. 125-49.

——(1951a)'Intervention sur le transfer!', in Jacques Lacan, *Écrits*, Paris: Seuil, 1966, pp. 215-26['Intervention on the transference', trans. Jacqueline Rose, in Juliet Mitchell and Jacqueline Rose (eds), *Feminine Sexuality: Jacques Lacan and the école freudienne*, London: Macmillan,1982, pp. 61-73].

——(1951b)'Some reflections on the ego', *Int. J. Psycho-Anal.*, vol. 34, 1953: pp. 11-17.

——(1953a)'Fonction et champ de la parole et du langage en psychanalyse', in Jacques Lacan, *Écrits*, Paris: Seuil, 1966, pp. 237-322 ['The function and field of speech and language in psychoanalysis', trans. Alan Sheridan, in Jacques Lacan, *Écrits: A Selection*, London: Tavistock, 1977, pp. 30-113].

——(1953b)'The neurotic's individual myth', trans. Martha Evans, in L. Spurling (ed.), *Sigmund Freud: Critical Assessments*, vol. II, *The Theory and Practice of Psychoanalysis*, London and New York: Routledge, 1989, pp. 223-38. [Originally published in *Psychoanalytic Quarterly*, 48(1979)].

——(1953-4) *Le Séminaire. Livre I. Les écrits techniques de Freud*, 1953-4, ed. Jacques-Alain Miller, Paris: Seuil, 1975 [*The Seminar. Book I. Freud's Papers on Technique*. 1953-4, trans. John Forrester, with notes by John Forrester, Cambridge: Cambridge University Press, 1987].

——(1954a)'Introduction aux commentaire de Jean Hyppolite sur la "Verneinung" de Freud', in Jacques Lacan, *Écrits*, Paris: Seuil, 1966, pp. 369-80.

——(1954b)'Réponse aux commentaire de Jean Hyppolite sur la "Verneinung" de Freud', in Jacques Lacan, *Écrits*, Paris: Seuil, 1966, pp. 381-99.

——(1954-5)*Le Séminaire. Livre II. Le moi dans la théorie de Freud et dans la technique de la psychanalyse*, 1954-55, ed. Jacques-Alain Miller, Paris: Seuil, 1978 [*The Seminar. Book II. The Ego in Freud's Theory and in the Technique of Psychoanalysis*, 1954-55, trans. Sylvana Tomaselli, notes by John Forrester, Cambridge: Cambridge University Press, 1988].

——(1955a)'Le séminaire sur "La lettre volée"', in Jacques Lacan, *Écrits*, Paris: Seuil, 1966, pp. 11-61 ['Seminar on "The Purloined Letter"', trans. Jeffrey Mehlman, *Yale French Studies*, 48(1972):38-72, reprinted in John Muller and William Richardson (eds), *The Purloined Poe. Lacan, Derrida and Psychoanalytic Reading*, Baltimore: Johns Hopkins University Press, 1988, pp. 28-54].

——(1955b)'Variantes de la cure-type', in Jacques Lacan, *Écrits*, Paris: Seuil, 1966, pp. 323-62.

——(1955c)'La chose freudienne', in Jacques Lacan, *Écrits*, Paris: Seuil, 1966, pp. 401-36 ['The Freudian thing', trans. Alan Sheridan, in Jacques Lacan, *Écrits: A Selection*, London: Tavistock, 1977, pp. 114-45].

——(1955-6) *Le Séminaire. Livre III. Les psychoses*, 1955-56, ed. Jacques-Alain Miller, Paris: Seuil, 1981 [*The Seminar. Book III. The Psychoses*, 1955-56, trans. Russell Grigg, with notes by Russell Grigg, London: Routledge, 1993].

——(1956a)'Situation de la psychanalyse et formation du psychanalyste en 1956', in Jacques Lacan, *Écrits*, Paris: Seuil, 1966, pp. 459-91.

——(1956b)'Fetishism: the symbolic, the imaginary and the real'(with W. Granoff), in M. Balint (ed.), *Perversions: Psychodynamics and Therapy*, New York: Random House, London: Tavistock, pp. 265-76.

——(1956-7) *Le Séminaire. Livre IV. La relation d'objet*, 1956-57, ed. Jacques-Alain Miller, Paris: Seuil, 1994.

——(1957a)'La psychanalyse et son enseignement', in Jacques Lacan, *Écrits*, Paris: Seuil, 1966, pp. 437-58.

——(1957b)'L'instance de la lettre dans l'inconscient ou la raison depuis Freud', in Jacques Lacan, *Écrits*, Paris: Seuil, 1966, pp. 493-528 ['The agency of the letter in the unconscious orreason since Freud', trans. Alan Sheridan, in Jacques Lacan, *Écrits: A Selection*, London: Tavistock, 1977, pp. 146-78].

——(1957-8a) *Le Séminaire. Livre V. Les formations de l'inconscient*, 1957-58, unpublished [partial summary by Jean-Bertrand Pontalis in *Bulletin de Psychologie*, XII/2-3, November 1958, pp. 182-92 and XII/4, December 1958, pp. 250-6].

——(1957-8b) 'D'une question préliminaire à tout traitement possible de la psychose', in Jacques Lacan, *Écrits*, Paris: Seuil, 1966, pp. 531-83 ['On a question preliminary to any possible treatment of psychosis', trans. Alan Sheridan, in Jacques Lacan, *Écrits: A Selection*, London: Tavistock, 1977, pp. 179-225].

——(1958a) 'La direction de la cure et les principes de son pouvoir', in Jacques Lacan, *Écrits*, Paris: Seuil, 1966, pp. 585-645 ['The direction of the treatment and the principles of its power', trans. Alan Sheridan, in Jacques Lacan, *Écrits: A Selection*, London: Tavistock, 1977, pp. 226-80].

——(1958b) 'Jeunesse de Gide ou la lettre et le désir', in Jacques Lacan, *Écrits*, Paris: Seuil, 1966, pp. 739-64.

——(1958c) 'La signification du phallus', in Jacques Lacan, *Écrits*, Paris: Seuil, 1966, pp. 685-95 ['The signification of the phallus', trans. Alan Sheridan, in Jacques Lacan, *Écrits: A Selection*, London: Tavistock, 1977, pp. 281-91].

——(1958d) 'Propos directifs pour un congrès sur la sexualité féminine', in Jacques Lacan, *Écrits*, Paris: Seuil, 1966, pp. 725-36 ['Guiding remarks for a congress on feminine sexuality', trans. Jacqueline Rose, in Juliet Mitchell and Jacqueline Rose (eds), *Feminine Sexuality: Jacques Lacan and the école freudienne*, London: Macmillan, 1982, pp. 86-98].

——(1958-9) *Le Séminaire. Livre VI. Le désir et son interprétation*, 1958-59, published in part in *Ornicar?*, 24-27, 1981-83 ['Desire and the Interpretation of Desire in *Hamlet*', trans. James Hulbert, *Yale French Studies*, vol. 55/6, 1977:11-52].

——(1959) 'A la mémoire d'Ernest Jones: sur sa théorie du symbolisme', in Jacques Lacan, *Écrits*, Paris: Seuil, 1966, pp. 697-717.

——(1959-60) *Le Séminaire. Livre VII. L'éthique de la psychanalyse*, 1959-60, ed. Jacques-

Alain Miller, Paris: Seuil, 1986 [*The Seminar. Book VII. The Éthics of Psychoanalysis*, 1959-60, trans. Dennis Porter, with notes by Dennis Porter, London: Routledge, 1992].

——(1960a) 'Subversion du sujet et dialectique du désir dans l'inconscient freudien', in Jacques Lacan, *Écrits*, Paris: Seuil, 1966, pp. 793-827 ['The subversion of the subject and the dialectic of desire in the Freudian unconscious', trans. Alan Sheridan, in Jacques Lacan, *Écrits: A Selection*, London: Tavistock, 1977, pp. 292-325].

——(1960b) 'Remarque sur la rapport de Daniel Lagache: "Psychanalyse et structure de la personalité"', in Jacques Lacan, *Écrits*, Paris: Seuil, 1966, pp. 647-84.

——(1960-1) *Le Séminaire. Livre VIII. Le transfert*, 1960-61, ed. Jaques-Alain Miller, Paris: Seuil, 1991.

——(1961-2) *Le Séminaire. Livre IX. L'identification*, 1961-62, unpublished.

——(1962) 'Kant avec Sade', in Jacques Lacan, *Écrits*, Paris: Seuil, 1966, pp. 765-90 ['Kant with Sade', trans. James B.Swenson Jr, *October*, no. 51, winter 1989, pp. 55-75].

——(1962-3) *Le Séminaire. Livre X. L'angoisse*, 1962-63, unpublished.

——(1964a) *Le Séminaire. Livre XI. Les quatre concepts fondamentaux de la psychanalyse*, 1964, ed. Jacques-Alain Miller, Paris: Seuil, 1973 [*The Seminar. Book XI. The Four Fundamental Concepts of Psychoanalysis*, trans. Alan Sheridan, London: Hogarth Press and the Institute of Psycho-Analysis, 1977].

——(1964b) 'Acte de fondation', *Annuaire de l'École Freudienne de Paris*, Paris: Les presses artistiques, 1977.

——(1964c) 'Position de l'inconscient', in Jacques Lacan, *Écrits*, Paris: Seuil, 1966, pp. 829-50.

——(1964d) 'Du "Trieb" de Freud et du désir du psychanalyste', in Jacques Lacan, *Écrits*, Paris: Seuil, 1966, pp. 851-4.

——(1964-5) *Le Séminaire. Livre XII. Problèmes cruciaux pour la psychanalyse*, 1964-65, unpublished.

——(1965a) 'La science et la vérité', in Jacques Lacan, *Écrits*, Paris: Seuil, 1966, pp. 855-77.

——(1965b) 'Hommage fait à Marguérite Duras, du ravissement de Lol V. Stein', *Ornicar?*, no. 36, 1986.

——(1965-6) *Le Séminaire. Livre XIII. L'objet de la psychanalyse*, 1965-66, unpublished.

——(1966a) 'Of structure as an inmixing of an otherness prerequisite to any subject whatever', in Richard Macksey and Eugenio Donate (eds), *The Structuralist Controversy*, Baltimore and London: Johns Hopkins University Press, 1970:186-200.

——(1966b) 'Ouverture de ce recueil', in Jacques Lacan, *Écrits*, Paris: Seuil, 1966, pp. 9-10.

——(1966c) 'De nos antécédents', in Jacques Lacan, *Écrits*, Paris: Seuil, 1966, pp. 65-72.

——(1966d) 'Du sujet enfin en question', in Jacques Lacan, *Écrits*, Paris: Seuil, 1966, pp. 229-36.

——(1966e) 'D'un dessein', in Jacques Lacan, *Écrits*, Paris: Seuil, 1966, pp. 363-7.

——(1966f) 'D'un syllabaire après coup', in Jacques Lacan, *Écrits*, Paris: Seuil, 1966, pp. 717-24.

——(1966-7) *Le Séminaire. Livre XIV. La logique du fantasme*, 1966-67, unpublished.

——(1967) 'Proposition du 9 octobre 1967 sur le psychanalyste de l'École', *Scilicet*, no. 1(1968) pp. 14-30.

——(1967-8) *Le Séminaire. Livre XV. L'acte psychanalytique*, 1967-68, unpublished.

——(1968-9) *Le Séminaire. Livre XVI. D'un Autre à l'autre*, 1968-69, unpublished.

——(1969-70) *Le Séminaire. Livre XVII. L'envers de la psychanalyse*, 1969-70, ed. Jacques-Alain Miller, Paris: Seuil, 1991.

——(1970) 'Radiophonie', *Scilicet*, nos 2-3, 1970.

——(1970-1) *Le Séminaire. Livre XVIII. D'un discours qui ne serait pas du semblant*, 1970-71, unpublished.

——(1971) 'Lituraterre', *Littérature*, no. 3, p. 3.

——(1971-2a) *Le Séminaire. Livre XIX... Ou pire*, 1971-72, unpublished.

——(1971-2b) *Le savoir du psychanalyste*, lectures given in the Hospital of Sainte Anne, 1971-72, unpublished.

——(1972-3) *Le Séminaire. Livre XX. Encore*, 1962-63, ed. Jacques-Alain Miller, Paris: Seuil, 1975.

——(1973a) *Télévision*, Paris: Seuil, 1973 [*Television: A Challenge to the Psychoanalytic Establishment*, ed. Joan Copjec, trans. Denis Hollier, Rosalind Krauss and Annette Michelson, New York: Norton, 1990].

——(1973b) 'L'Étourdit', *Scilicet*, no. 4, 1973, pp. 5-52.

——(1973-4) *Le Séminaire. Livre XXI. Les non-dupes errent/Les noms du père*, 1973-74, unpublished.

——(1974-5) *Le Séminaire. Livre XXII. RSI*, 1974-75, published in *Ornicar?*, nos. 2-5, 1975.

——(1975a) 'Joyce le symptôme', in Jacques Aubert (ed.), *Joyce avec Lacan*, Paris: Navarin, 1987.

——(1975b) 'Conférence à Genève sur le symptôme', *Les Block-Notes de la psychanalyse*, Brussels.

——(1975-6) *Le Séminaire. Livre XXIII. Le sinthome*, 1975-76, published in *Ornicar?*, nos 6-11, 1976-7.

——(1976) 'Conférences et entretiens dans des universités nord-américaines', *Scilicet*, nos 6-7, 1976.

——(1976-7) *Le Séminaire. Livre XXIV. L'insu que suit de l'une bévue s'aile à mourre*, 1976-77, published in *Ornicar?*, nos 12-18, 1977-9.

——(1977-8) *Le Séminaire. Livre XXV. Le moment de conclure*, 1977-78, published in part in *Ornicar?*, no. 19, 1979.

——(1978-9) *Le Séminaire. Livre XXVI. Le topologie et le temps*, 1978-79, unpublished.

——(1980a) *Le Séminaire. Livre XXVII. Dissolution*, 1980, published in *Ornicar?*, nos 20-23, 1980-1.

——(1980b) 'Séminaire de Caracas', *L'Ane*, no. 1, July 1981.

Lacoue-Labarthe, Philippe, and Nancy, Jean-Luc (1973) *Le Titre de la lettre*, Paris: Galilée.

Laplanche, Jean and Pontalis, Jean-Bertrand (1967) *The Language of Psycho-Analysis*, trans. Donald Nicholson-Smith, London: Hogarth Press and the Institute of Psycho-Analysis, 1973.

Leader, Darien (with Judith Groves) (1995) *Lacan for Beginners*, Cambridge: Icon.
——(1996) *Why Do Women Write More Letters than they Post?*, London: Faber & Faber.
Lemaire, Anika (1970) *Jacques Lacan*, trans. David Macey, London: Routledge & Kegan Paul, 1977.
Lévi-Strauss, Claude (1945) 'Structural analysis in linguistics and in anthropology', in *Structural Anthropology*, trans. Claire Jacobson and Brooke Grundfest Schoepf, New York: Basic Books, 1963, pp. 29-53.
——(1949a) 'The effectiveness of symbols', in *Structural Anthropology*, trans. Claire Jacobson and Brooke Grundfest Schoepf, New York: Basic Books, 1963, pp. 186-205.
——(1949b) *The Elementary Structures of Kinship*, Boston: Beacon Press, 1969.
——(1950) 'Introduction à l'œuvre de Marcel Mauss', in Marcel Mauss, *Sociologie et Anthropologie*, Paris: Presses Universitaires de France, 1966, pp. ix-lii.
——(1951) 'Language and the analysis of social laws', in *Structural Anthropology*, trans. Claire Jacobson and Brooke Grundfest Schoepf, New York: Basic Books, 1963, pp. 55-66.
——(1955) 'The structural study of myth', in *Structural Anthropology*, trans. Claire Jacobson and Brooke Grundfest Schoepf, New York: Basic Books, 1963, pp. 206-31.
MacCannell, Juliet Flower (1986) *Figuring Lacan. Criticism and the Cultural Unconscious*, London: Croom Helm.
Macey, David (1988) *Lacan in Contexts*, London and New York: Verso.
——(1995) 'On the subject of Lacan', in Anthony Elliott and Stephen Frosh (eds), *Psychoanalysis in Contexts: Paths between Theory and Modern Culture*, London and New York: Routledge, 1995, pp. 72-86.
Mauss, Marcel (1923) *The Form and Reason for Exchange in Archaic Societies*, trans. W.D. Halls, with foreword by Mary Douglas, London and New York: Routledge, 1990.
Metz, Christian (1975) *The Imaginary Signifier: Psychoanalysis and the Cinema*, trans. Annwyl Williams, Ben Brewster and Alfred Guzetti, Bloomington: Indiana University Press, 1977.

Meyerson, Émile (1925) *La déduction relativiste*, Paris: Payot.

Miller, Jacques-Alain (1977) 'Introduction aux paradoxes de la passé', *Ornicar?*, nos 12-13.

——(1981) 'Encyclopédic', *Ornicar?*, no. 21:35-44.

——(1985) *Entretien sur le Séminaire*, avec François Ansermet, Paris: Navarin.

——(1987) 'Préface' in Jacques Aubert (ed.) *Joyce avec Lacan*, Paris, Navarin.

Mitchell, Juliet and Rose, Jacqueline (eds) (1982) *Feminine Sexuality: Jacques Lacan and the école freudienne*, London: Macmillan.

Muller, John and Richardson, William (1982) *Lacan and Language: A Reader's Guide to Écrits*, New York: International Universities Press.

——(eds) (1988) *The Purloined Poe. Lacan, Derrida and Psychoanalytic Reading*. Baltimore: Johns Hopkins University Press.

Mulvey, Laura (1975) 'Visual pleasure and narrative cinema', *Visual and Other Pleasures*, Bloomington: Indiana University Press, pp. 14-26.

Nietzsche, Friedrich (1886) *Beyond Good and Evil*, trans. R.J.Hollingdale, Harmondsworth: Penguin, 1990.

Peirce, Charles S. (1932) *Collected Papers of Charles Sanders Peirce*, vol. II, *Elements of Logic*, Cambridge, Mass: Harvard University Press.

Poe, Edgar Allan (1844) 'The Purloined Letter', in *Great Tales and Poems of Edgar Allan Poe*, New York: Pocket Library, 1951.

Ragland-Sullivan, Ellie (1986) *Jacques Lacan and the Philosophy of Psychoanalysis*, London and Chicago: Croom Helm and the University of Illinois Press.

Rivière, Joan (1929) 'Womanliness as mascarade', *Int. J. Psycho-Anal.*, 10: 303-13.

Rose, Jacqueline (1986) *Sexuality in the Field of Vision*, London: Verso.

Roudinesco, Elisabeth (1986) *Jacques Lacan & Co.: A History of Psychoanalysis in France, 1925-1985*, trans. Jeffrey Mehlman, London: Free Association Books, 1990.

——(1993) *Jacques Lacan, esquisse d'une vie, histoire d'un système de pensée*, Paris: Fayard.

Roustang, François (1986) *The Lacanian Delusion*, trans. Greg Sims, Oxford: Oxford University Press, 1990.

Rycroft, Charles (1968) *A Critical Dictionary of Psychoanalysis*, Harmondsworth:

Penguin, 1972.

Sade, Marquis de (1797) *Juliette*, trans. Austryn Wainhouse, New York: Grove Press, 1968.

Saint-Drôme, Oreste (1994) *Dictionnaire inespéré de 55 termes visités par Jacques Lacan*, Paris: Seuil.

Samuels, Andrew, Shorter, Bani and Plant, Fred (1986) *A Critical Dictionary of Jungian Analysis*, London and New York: Routledge.

Samuels, Robert (1993) *Between Philosophy and Psychoanalysis. Lacan's Reconstruction of Freud*, London and New York: Routledge.

Sartre, Jean-Paul (1943) *Being and Nothingness: An Essay on Phenomenalogical Ontology*, trans. Hazel E.Barnes, London: Methuen, 1958.

Sarup, Madan (1992) *Jacques Lacan*, Hemel Hempstead: Harvester Wheatsheaf.

Saussure, Ferdinand de (1916) *Course in General Linguistics*, ed. Charles Bally and Albert Sechehaye, trans. Wade Baskin, Glasgow: Collins Fontana.

Schneiderman, Stuart (1980) *Returning to Freud: Clinical Psychoanalysis in the School of Lacan*, New Haven and London: Yale University Press.

——(1983) *Jacques Lacan: The Death of an Intellectual Hero*, Cambridge, Mass. and London: Harvard University Press.

Sheridan, Alan (1977) 'Translator's note', in Jacques Lacan, *Écrits: A Selection*, trans. Alan Sheridan, London: Tavistock, pp. vii-xii.

Spinoza, Baruch (1677) *Ethics*, trans. A.Boyle, London: Dent, 1910.

Strachey, James (1934) 'The nature of the therapeutic action of psychoanalysis', *Int. J. Psycho-Anal.*, vol. 15:126-59.

Turkle, Sherry (1978) *Psychoanalytic Politics: Freud's French Revolution*, New York: Basic Books.

Wilden, Anthony (ed.) (1968) *The Language of the Self: The Function of Language in Psychoanalysis*, Baltimore and London: Johns Hopkins University Press.

Wright, Elizabeth (1984) *Psychoanalytic Criticism: Theory in Practice*, London: Methuen.

——(ed.) (1992) *Feminism and Psychoanalysis: A Critical Dictionary*, Oxford: Blackwell.

Žižek, Slavoj (1991) *Looking Awry: An Introduction to Jacques Lacan through Popular Culture*, Cambridge, Mass: MIT Press.

术语索引

c 因素 factor c 59
L 图式 schema L 168

爱 love 103
暗示 suggestion 199
巴黎弗洛伊德学派 École Freudienne de Paris, EFP; 见学派 school
本能 instinct 85
编码 code 25
辩证法 dialectic 42
标点 punctuation 157
并非全部 not-all; 见女人 woman
剥夺 privation 150
博洛米结 Borromean knot 18
捕获 captation 20
部分对象 part-object 134

场景 scene 168
超我 superego 200
冲动 drive 46
重复 repetition 164
闯入情结 intrusion complex; 见情结 complex
存在 being 16
存在/实存 existence 58
存在之想 want-to-be; 见缺失 lack

挫折 frustration 69

大写之物 das Ding; 见原物/大写之物 Thing
代数学 algebra 7
单一特征 trait unaire; 见认同 identification
颠倒 inversion 90
对象关系理论 object-relations theory 123
对象小 a objet petit a 124

俄狄浦斯情结 Oedipus complex 127
二元关系 dual relation 49

发展 development 40
法则 law 98
反转移 countertransference 29
防御 defence 33
分裂 split 192
分析的结束 end of analysis 53
分析家的欲望 desire of the analyst 39
分析者/精神分析者 analysand/psychoanalysand 9
疯癫 madness 105
缝合点 quilting point; 见结扣点 point de capiton

术语索引

奉献性 oblativity；见生殖 genital
否定 negation 122
否认 denial；见否定 negation
符号 sign 182
父亲 father 61
父亲的名义 Name-of-the-Father 119
父性功能 paternal function；见父亲 father
父性隐喻 paternal metaphor 137

肛门阶段 anal stage；见要求/请求 demand；发展 development
杠 bar 14
割裂 division；见分裂 split
格式塔 gestalt 74
构形/培养 formation 66
光学模型 optical model 130
国际精神分析协会 International Psycho-Analytical Association 86

后验 a posteriori；见回溯 retroaction
互易感觉 transitivism 214
滑动 slip 190
话语 discourse 44
幻觉 hallucination 77
幻想 fantasy 59
换喻 metonymy 113
回到弗洛伊德 Freud(return to) 67
回溯作用 retroaction；见时间 time
回忆 recollection 162

机遇 tyche；见偶然 chance
基底言语 founding speech 66
记忆 memory 109
假设知道的主体 subject supposed to know 196
假相 semblance 174
交流 communication 26
焦虑 anxiety 10
结构 structure 192
结扣点 point de capiton 149
结论的时刻 moment of concluding；见时间 time
解释 interpretation 87
进展 progress 152
精神病 psychosis 154
精神分析 psychoanalysis 152
镜像 specular image 190
镜子阶段 mirror stage 114
拒认 disavowal 43

卡特尔 cartel 20
开裂 dehiscence；见缺口 gap
看见的瞬间 instant of seeing；见时间 time
科学 science 172
克莱因派精神分析 Kleinian psychoanalysis 93
肯定 Bejahung 17
恐怖症 phobia 145
口腔阶段 oral stage；见要求/请求 demand；发展 development

快乐原则　pleasure principle　148

理解的时间　time for understanding；见时间 time
理想自我　ideal ego；见自我理想 ego-ideal
力比多　libido　101
恋物癖　fetishism　63
伦理学　ethics　55
逻辑时间　logical time；见时间 time

锚定点　anchoring point；见结扣点 point de capiton
美的灵魂　beautiful soul　16
莫比乌斯带　moebius strip　116
母亲　mother　117
目光　gaze　72

内摄　introjection　90
内心法则　law of the heart；见美的灵魂 beautiful soul
能述　enunciation　55
能指　signifier　186
能指链条　signifying chain　187
凝缩　condensation；见隐喻 metaphor
女人　woman　219
女性位置　feminine position；见女人 woman

偶然　chance　24

排除/除权　foreclosure　64
偏执狂　paranoia　134

前俄狄浦斯期　preoedipal phase　149
前生殖　pregenital；见发展 development
强迫型神经症　obsessional neurosis　126
侵凌性　aggressivity　6
情感　affect　4
情结　complex　27
情绪　emotion；见情感 affect
缺口　gap　71
缺失　lack　95
缺位　absence　1

认识　connaissance；见知识 knowledge
认识/知识　knowledge　94
认同　identification　80

神经症　neurosis　122
神像　agalma；见对象小 a objet petit a；转移 transference
升华　sublimation　198
生物学　biology　17
生殖　genital　73
圣状　sinthome　188
施虐狂/受虐狂　sadism/masochism　167
时间　time　205
实在界　real　159
适应　adaptation　4
受虐狂　masochism；见施虐狂/受虐狂 sadism/masochism

术语索引

书写　writing；见字符　letter
殊死搏斗　struggle to the death；见主人　master
数学　mathematics　107
数元/数学型　matheme　108
死亡　death　31
死亡冲动　death drive　32
四元组　quaternary　158
碎裂的身体　fragmented body　67
所述　statement；见能述　enunciation
所指　signified　186
索绪尔式算法　Saussurean algorithm；见符号　sign

它/它我　id　79
通过　pass　135
投射　projection　152
退行　regression　162
拓扑学　topology　207

外心性/外密性　extimacy　58
妄想　delusion　33
唯物主义　materialism　106
唯心主义　idealism；见唯物主义　materialism
我思　cogito　25
无意识　unconscious　217
无知　ignorance；见误认　méconnaissance
无助　helplessness　77
误认　méconnaissance　109
误认　misrecognition；见误认　méconnaissance

辖域　register；见秩序　order
现实原则　reality principle　161
相似者　counterpart　28
享乐　enjoyment；见享乐　jouissance
享乐　jouissance　91
想象界　imaginary　82
象征界　symbolic　201
消失　aphanisis　12
消隐　fading；见消失　aphanisis
小他者/大他者　other/Other　132
心理学　psychology　153
行动　act　1
行动搬演　acting out　2
行动宣泄　passage to the act　136
形象　image；见镜像　specular image
性别关系　sexual relationship　181
性别差异　sexual difference　176
性倒错　perversion　138
虚构　fiction；见真理　truth
需要　need　121
学派　school　171
训练　training　209

压抑　repression　165
阉割情结　castration complex　20
延迟作用　deferred action；见回溯　retroaction
言语　speech　190
言在　parlêtre；见存在　being
研讨班　seminar　175
扬弃　Aufhebung；见辩证法　dialectic

阳具　phallus　140
阳具阶段　phallic phase；见阉割情结 castration complex；生殖 genital
要求/请求　demand　34
移置　displacement；见换喻 metonymy
遗传论　geneticism；见发展 development
艺术　art　12
异化　alienation　9
意识　consciousness　25
意象　imago　84
意义　meaning；见意指 signification
意义　sense；见意义 meaning
意指　signification　184
癔症　hysteria　78
阴茎嫉羡　penis envy；见剥夺 privation
引诱　lure　104
隐喻　metaphor　111
语言　language　96
语言学　linguistics　101
预期　anticipation；见时间 time
欲望　desire　35
欲望图解　graph of desire　75
元语言　metalanguage　110
原物/大写之物　Thing　204

原因/事业　cause　23
圆环面　torus　209
愿望　wish；见欲望 desire
哲学　philosophy　144
真理　truth　216
症状　symptom　203
指示符　index　84
治疗　treatment　214
秩序　order　131
主人　master　105
主体　subject　195
主体间性　intersubjectivity　89
转换词　shifter　182
转移　transference　211
自发　automaton；见偶然 chance
自恋　narcissism　119
自然　nature　120
自我　ego　50
自我　moi；见自我 ego
自我理想　ego-ideal　52
自我心理学　ego-psychology　52
自主的自我　autonomous ego　14
字符　letter　99
宗教　religion　163
阻抗　resistance　166

译后记

> 没有人能够单凭一本辞典来掌握一门语言，
> 然而想要掌握一门语言，精神分析的语言，
> 我们却无论如何也离不开一本辞典的帮助。

本书与我相伴已近十载有余，岁月不居，想来也是颇多感慨。毕竟，本书是我早年接触到的第一本真正意义上的"拉康入门"，也是我尝试去翻译的第一部外国文献，又是后来被我用于自己第一次精神分析教学的课程教材。它之于我个人而言，可谓具有里程碑式的意义，说它是我在精神分析领域内的"第一本书"亦不足言过。

遥想 10 年前的彼时，我才刚刚踏上自己的分析之旅不久，无论是对于精神分析这门学问还是与之相关的一切，都正怀揣着无尽的热情，只可惜除了知网上能找到的一些零星的学术论文之外，国内当时引进的研究拉康思想的文献资料并不多见。于是，当我在各种机缘之下遇到这样一本介绍拉康派精神分析的英文辞典的时候，便顿觉如获至宝，犹如一个饥饿的婴儿在贪婪地吮吸着母亲的乳汁一般……

随后，幸蒙一帮圈内朋友不吝的鼓励与长久的支持，我着手本书的翻译，就这样敲击着一个又一个的词条，就这样让自己一次又一次地被敲击着，被挤压在概念的堆砌和语言的缝隙之间。不过，也正是早前的这番"死磕般"的磨炼，奠定了我在日后阅读国外文献和翻译拉康原著的基础，从而也让"翻译"变成了自己名副其实的"症状"。

幸运的是，在我的力荐之下，拜德雅拿到了本书的版权，并

同意将其作为我先前的译作——《导读弗洛伊德》和《导读拉康》——的后续。然而，本书的成稿与出版也并非一帆风顺，撇除一些出版环节上的因素，我自己无意识的拖延与精力上的耗散也险些造成本书的难产，好在经过反复的修改与校订，磋磋磨磨了多日，它终于能够呈现在广大读者面前。在此，我必须特别感谢我的编辑邹荣先生给予我的信任，尤其是他在诸多出版事宜上进行的沟通和付出的努力，我还要特别感谢吴琼教授与我的好友潘恒博士为本书代写译序，以及一直以来关注本书出版的业界同仁。

限于篇幅，我不得不省却对于本书的学术性评价以及我个人穿行它的系统性方法，在此仅希望借由它的出版来澄清目前国内的拉康研究在一些术语的翻译上存在的混乱，或者至少希望它在这样的混乱上能够带来一种讨论的可能，而非去统一对于拉康概念的理解。当然，我也期盼本书的出版能够更进一步推进国内的拉康研究，特别是能够给我们在日后去翻译拉康的原著带来一些可能的契机和文本的参照。译本若有错译或漏译之处，恳请专家学者批评和指正。

最后，尽管本书的作者早已背离了拉康派精神分析的阵地，转而投向了进化心理学的科学主义怀抱，而作为它的译者，本书之于我个人的意义也早已如同一堆被我"翻"烂的废纸，静静地躺在我布满灰尘的书架的角落里；然而，我仍旧希望读者可以再次地将它翻开，从中发现那个属于你们自己的拉康，让它来陪伴你们，一如它曾对我的陪伴。

谨此拙译献给所有与我同行并热爱精神分析的人们！

李新雨
2019年·春

图书在版编目（CIP）数据

拉康精神分析介绍性辞典 /（英）迪伦·埃文斯著；李新雨译. -- 上海：上海社会科学院出版社，2024.
ISBN 978-7-5520-4558-1

Ⅰ. B84-065；B565.59-61

中国国家版本馆 CIP 数据核字第 2024HF6406 号

拜德雅·精神分析先锋译丛

拉康精神分析介绍性辞典
An Introductory Dictionary of Lacanian Psychoanalysis

著　者：[英]迪伦·埃文斯（Dylan Evans）
译　者：李新雨
责任编辑：熊　艳　张　宇
书籍设计：黄林涵
出版发行：上海社会科学院出版社
上海顺昌路 622 号　邮编 200025
电话总机 021-63315947　销售热线 021-53063735
https：//cbs.sass.org.cn　E-mail：sassp@sassp.cn
照　排：重庆樾诚文化传媒有限公司
印　刷：上海盛通时代印刷有限公司
开　本：889 毫米×1194 毫米　1/32
印　张：15.125
字　数：400 千
版　次：2024 年 11 月第 1 版　2024 年 11 月第 1 次印刷

ISBN 978-7-5520-4558-1/B·538　　　　　　　　定价：128.00 元

版权所有　翻印必究

An Introductory Dictionary of Lacanian Psychoanalysis, by Dylan Evans, ISBN: 978-0-415-13523-8

Copyright © 1996 by Routledge

Authorized translation from English language edition published by Routledge, part of Taylor & Francis Group LLC; All Rights Reserved.

本书原版由 Taylor & Francis 出版集团旗下 Routledge 出版公司出版,并经其授权翻译出版。版权所有,侵权必究。

Simplified Chinese translation copyright ©2024 by Chongqing Yuanyang Culture & Press Ltd.
All rights reserved.

版贸核渝字(2020)第 143 号

Copies of this book sold without a Taylor & Francis sticker on the cover are unauthorized and illegal.

本书贴有 Taylor & Francis 公司防伪标签,无标签者不得销售。